应急管理系列丛书 ✤ 案 例 研 究

主 编／中共中央党校（国家行政学院）应急管理培训中心

地方灾害治理研究

——以四川长宁"6·17"6.0级地震为例

RESEARCH ON LOCAL DISASTERS GOVERNANCE

- AN ANALYSIS BASED ON CHANGNING EARTHQUAKE

钟雯彬 等 著

社会科学文献出版社
SOCIAL SCIENCES ACADEMIC PRESS (CHINA)

应急管理系列丛书编委会

主　　任：马宝成

副主任：杜正艾　杨永斌　张　伟

成　　员：马宝成　杜正艾　杨永斌　张　伟　李雪峰
　　　　　邓云峰　宋劲松　张小明　钟开斌　李　明
　　　　　游志斌　刘　萍

应急管理系列丛书专家评审委员会

主　　任：闪淳昌

副主任：刘铁民　薛　澜

成　　员（以姓氏笔画为序）：

马怀德　王志坚　尹光辉　全春来　张　侃　陈家强
武和平　袁宏永　柴俊勇　高小平　黄崇福　彭宗超
曾　光

应急管理系列丛书·案例研究工作组

组　　长：钟开斌

副组长：张　磊　王　华

成　　员（以姓氏笔画为序）：

王永明　王　华　王彩平　李雪峰　邹积亮　张　磊

钟开斌　柴　华　游志斌

总　序

　　全面加强应急管理工作，是全面履行政府职能的内在要求和重要举措，是维护国家安全、社会稳定和人民利益的重要保障。党中央、国务院长期高度重视应急管理工作。党的十八大以来，以习近平同志为核心的党中央，站在时代前沿和战略全局高度，从增强忧患意识、防范风险挑战，树立红线意识、统筹安全发展，坚持底线思维、强化应急准备，完善体制机制、加强能力建设，抓好安全生产、推进防灾减灾救灾"三个转变"等方面，对加强和改进应急管理工作提出了一系列新观点、新论断、新要求，回答了新时代应急管理工作的一系列根本性、战略性、全局性问题。

　　应急管理是干部教育培训的重要内容。2015 年 1 月 12 日，习近平总书记在接见中共中央党校第一期县委书记研修班全体学员并合影座谈时，要求加强对学员进行危机处理、国家安全和公共安全的教育培训等。2018年 3 月，根据《深化党和国家机构改革方案》新组建的应急管理部，整合九个部门和四个议事协调机构的相关职责，成为国务院组成部门。2018 年10 月，中共中央印发《2018—2022 年全国干部教育培训规划》，把应急管理列为干部教育培训的重要内容。

　　2018 年 3 月，中共中央党校和国家行政学院职责整合，组建了新的中共中央党校（国家行政学院）。新组建的中共中央党校（国家行政学院），设立应急管理培训中心（中欧应急管理学院），承担应急管理教育培训和相关科研、咨询、国际交流合作职责，参与研究制定国家应急管理规划、规范、标准、预案，开展应急管理人员培训和师资培训，建设国家安全与应急管理学科，指导地方校（院）应急管理业务。

　　为总结近年来全国应急管理培训基地教学培训、科研咨询、案例开发工作成果，服务于各级党委政府决策和领导干部应急管理培训工作，原国家行政学院应急管理培训中心（中欧应急管理学院）自 2015 年开始组织编写应急管理系列丛书。作为全国应急管理干部教育培训的主渠道、主阵地，中共中央党校（国家行政学院）应急管理培训中心（中欧应急管理学院）将继续认真学习贯彻习近平总书记关于应急管理的重要论述，密切跟踪应急管理理论前沿和实践发展，结集出版"应急管理系列丛书"，为全面推进新时代我国应急管理事业改革发展建言献策。

本丛书包括"应急管理教材""应急管理理论前沿""应急管理案例研究""应急管理中外研究"四个系列。

"应急管理教材"系列旨在系统梳理国内外突发事件应急管理的前沿理论与先进经验，为应急管理实际工作者、公共管理专业硕士及理论研究人员提供一般性知识参考框架，力求反映应急管理研究的知识演进脉络，兼顾最新发展趋向。该系列具体又包括两大类。一是 MPA 教材。以在中共中央党校（国家行政学院）MPA 应急管理方向研究生中开设的专业课程为基础，编辑出版 MPA 教材。二是公务员培训教材。结合中共中央党校（国家行政学院）相关应急管理专题培训班次，组织编写应急管理培训专题教材和通用教材。

"应急管理理论前沿"系列旨在跟踪应急管理理论发展与创新，推动应急管理理论研究与学科建设，发挥各级政府应急管理培训基地的学术引领作用，保持其理论研究的前瞻性、前沿性，持续推动高水平应急管理学术专著的出版。该系列研究的主要领域包括：公共安全与应急管理领域的基础理论、综合研究，自然灾害、事故灾难、突发公共卫生事件和社会安全事件四大类突发事件的分类研究，预防与应急准备、监测与预警、应急处置与救援、事后恢复与重建等分阶段应急管理研究，国外应急管理理论与实践研究，公务员应急管理培训工作研究，等等。

"应急管理案例研究"系列旨在系统总结和科学评估国内外突发事件典型案例，推进应急管理案例库项目成果开发和应用，逐步建立在国内外有一定影响力的中国应急管理案例库，服务于教学培训、科研咨询和对外合作。该系列具体又包括两大类：一是"应急管理典型案例研究报告"，主要收录每年 10 起左右典型突发事件的案例研究报告；二是"重大突发事件案例研究报告"，主要收录每年重特大突发事件的深度案例研究报告。

"应急管理中外研究"系列旨在总结提炼国际合作的丰硕成果和经验，分享不同国家的灾害风险治理与应急管理方式方法，介绍国际组织在风险治理、危机应对、人道主义救援等方面的做法，同时也贡献中国智慧、介绍中国解决方案。该系列拟包含三个方面的研究：一是国别应急管理体系研究，二是国际组织灾害风险与应急管理研究，三是重点专题研究。

　　应急管理在我国是一个跨学科的新兴研究领域，实际部门的经验积累和学术界的理论研究都还比较有限。希望本丛书的出版，对我国应急管理理论研究和实践发展能起到积极的推动作用。为全面做好丛书的组织编写工作，应急管理培训中心（中欧应急管理学院）专门成立应急管理系列丛书编委会并设立由应急管理相关领域领导干部和专家学者组成的专家评审委员会。本丛书在研究和出版过程中，得到了中共中央党校（国家行政学院）领导和兄弟部门、应急管理实际部门和理论界相关人士以及出版社的大力支持和帮助。同时，由于能力和水平有限，本丛书缺点和错误在所难免，欢迎广大同行和读者提出宝贵意见，以帮助我们不断提高丛书质量。

应急管理系列丛书编委会

2019 年 5 月

《应急管理系列丛书·案例研究》出版前言

俗话说："亡羊补牢。""吃一堑、长一智。"建立独立、权威、专业的调查制度，对所发生的突发事件进行深入剖析，全面总结经验教训，在此基础上有针对性地提出整改措施，是应急管理工作的题中应有之义，也是转"危"为"机"、"在历史的灾难中实现历史的进步"的重要手段。《中华人民共和国突发事件应对法》第六十二条规定："履行统一领导职责的人民政府应当及时查明突发事件的发生经过和原因，总结突发事件应急处置工作的经验教训，制定改进措施，并向上一级人民政府提出报告。""7·23"甬温线特别重大铁路交通事故发生后，党中央、国务院要求调查处理工作做到"查明白、写明白、讲明白、听明白"。山东省青岛市"11·22"中石化东黄输油管道泄漏爆炸特别重大事故发生后，习近平总书记强调"用生命和鲜血换取的事故教训，不能再用生命和鲜血去验证"，要做到"一厂出事故、万厂受教育，一地有隐患、全国受警示"。天津港"8·12"瑞海公司危险品仓库特别重大火灾爆炸事故发生后，中共中央政治局常务委员会会议强调，要彻查事故责任并严肃追责，给社会一个负责任的交代。

案例研究是推动应急管理教学培训、科研咨询、对外合作、人才培养的重要途径。从教学培训来看，案例教学作为一种行之有效的教学方法，已被广泛运用于法律、医学、工商管理、公共管理等实践性较强的教育培训领域中。从科研咨询来看，通过开展案例研究，建立案例库，有利于及时掌握全国应急管理理论与实践的前沿动态，提高科研咨询的针对性和时效性。从对外合作来看，通过联合进行案例开发、共享案例资料等，有利于建设一个学术信息资源共享的案例库资源平台。从人才培养来看，案例研究有利于推进应急管理理论与实践相结合，形成一支业务熟练、结构合理、分工明确的教学科研队伍。近年来，部分国际组织和发达国家特别重视突发事件案例库建设。联合国开发计划署（UNDP）、欧盟（EU）、世界

卫生组织 (WHO) 等组织，美国、日本、加拿大、澳大利亚、比利时等国家，以及美国哈佛大学肯尼迪学院 (HKS)、锡拉丘兹大学马克斯维尔 (Maxwell) 学院、瑞典国防学院危机管理研究与培训中心 (CRISMART) 等机构，开发建设了各类突发事件案例库或数据库，内容包括全球性或本国范围内的各类突发事件。

2014 年 12 月，国家行政学院应急管理培训中心启动了应急管理案例研究活动，以优秀案例推动应急管理教学培训、科研咨询、对外合作、人才培养及应急管理实践的发展。围绕应急管理案例研究，我们重点开展了以下三个方面的工作。一是以"国家应急管理案例库"项目为支撑，按照统一的案例分析框架，进行重特大突发事件案例研究。二是与有关机构合作，开展"中国公共安全创新"评选活动，总结并弘扬地方和基层一线在推进公共安全治理创新、健全公共安全体系、提高公共安全水平方面的好做法、好经验。三是基于数据挖掘技术，进行突发事件实时信息记录跟踪和统计分析，搭建一个多功能、多层次、全范围、宽领域、可视化的应急管理案例库。

为及时跟踪研究每年发生的典型突发事件，总结推广地方和基层一线公共安全创新的做法和经验，并提高我国应急管理理论研究水平、实践工作能力及开展应急管理国际交流合作提供鲜活的案例素材，我们与社会科学文献出版社合作，编写出版《应急管理系列丛书·案例研究》。"案例研究"共包括三类：一是"应急管理典型案例研究报告"，主要收录每年 10 起左右典型突发事件的案例研究报告。二是"重大突发事件案例研究"，主要收录每年有代表性的重特大突发事件的深度案例研究报告。三是"公共安全创新案例研究报告"，主要收录"中国公共安全创新"评选活动所评出的项目。

为提高案例研究的规范性和科学性，更好地进行不同案例之间的比较分析和不同地区之间的案例经验交流，我们在借鉴美国哈佛大学肯尼迪学院、锡拉丘兹大学马克斯维尔学院、瑞典国防学院危机管理研究与培训中心等机构案例研究经验的基础上，组织制定了《国家应急管理案例库案例开发工作方案（试行稿）》，提出了应急管理案例的分类标准和案例研究报告的基本结构，希望借助统一的研究标准、严格的研究程序、科学的研究方法来保证研究结果的信度和效度，尽量减少研究的随意性和主观性。

根据研究内容的不同，应急管理案例分为综合性案例和专题性案例两大类。其中，综合性案例是指覆盖突发事件整个应对过程的案例。综合性案例以突发事件为对象，深入探讨突发事件预防与应急准备、监测与预警、应急处置与救援、事后恢复与重建四个阶段的各个主题。专题性案例是指仅涉及突发事件应对过程中的一个或多个环节的案例。专题性案例以管理环节为对象，围绕应急管理的一个或若干个主题（如应急准备、风险评估、风险监测、突发事件预警、信息报告、应急指挥、危机沟通、社会动员、调查评估、应急保障等）展开讨论。

案例研究报告一般由以下五个部分组成：一是事件的基本情况，即描述整个突发事件的概况和简要的应对经过。二是突发事件应对的主要过程，即按照突发事件应对的时间先后，客观准确地还原预防与应急准备、监测与预警、应急处置与救援、事后恢复与重建四个阶段突发事件应对过程的基本情况。三是关键问题分析，即选择突发事件应对过程中的一个或多个焦点问题，对若干重要节点或专题进行深入分析，发现突发事件应对过程的问题。其中，综合性案例要求对突发事件应对全过程各个环节的各个主题进行全面、系统分析，专题性案例只对突发事件应对过程中的某一个或若干个专题进行深入分析。四是基本结论与对策建议，即根据相关问题分析，得出基本结论，并提出有针对性的建议。五是附录，即案例相关主要资料，如突发事件应对大事记、政府部门适合公开的案例相关资料、访谈调研资料、相关案例资料、相关学术文献资料等。

"案例研究"系列的出版，是对应急管理案例研究阶段性成果的总结和回顾。应急管理是一个实践性、操作性很强的领域，部分突发事件案例研究具有一定的敏感性和特殊性，因此应急管理案例研究是一项难度比较大的工作，需要在实践中不断探索、积累经验。"案例研究"涉及的相关应急管理案例研究，得到了很多专家学者和有关机构的理解、支持和帮助，在此深表谢意。同时，也恳请研究同行、应急管理工作者、广大读者朋友在使用和阅读的过程中，随时反馈意见和建议，帮助我们不断完善和改进案例研究的质量。

前　言

国家治理的重心在地方，国家治理体系和治理能力的现代化需要在地方治理的区域场景中实践并实现。地方治理是国家治理在中观层面的贯彻落实与微观层面的延伸延展，处于风险治理与突发事件应对的第一线与主战场。应急管理依托并内嵌于国家治理和地方治理体系，突发事件应对是对地方治理水平的集中检验，直观反映着地方应急管理体系与能力的现代化程度。我国进入新发展阶段，面临着新的发展难题和发展环境，必须在一个更加不稳定不确定的世界中谋求发展。随着新冠肺炎疫情在全球的持续蔓延和其他自然灾害的频繁发生，世界身处高风险社会阶段，风险形势和应对挑战十分严峻。"亨廷顿悖论"曾言："现代性孕育着稳定，而现代化过程却滋生着动乱。"① 我国应急管理体系与能力的现代化建设面临重大考验，亟须对国家应急管理宏观治理体系作整体性和系统性思考，也需要对国家治理能力的中观落实作区域性和有效性思考。

2018年党和国家机构改革后，各级地方党委和政府灾害治理能力显著提升，防范化解重大风险体制机制不断健全，突发事件应急处置与应对水平显著提升，机构改革成效明显，体制红利正在逐渐释放。以新冠肺炎疫情防控为例，疫情发生以来，各地在中央的集中统一领导下，全力以赴，各出招数，地方党委和政府的应急管理、社区基层的微观治理、全民参与的社会治理都发挥了重要作用，展现出了不同水平、不同特点、不同风格的地方治理模式。但是，基于对我国近年来的一系列重特大突发事件应对处置的案例分析观察，我们应当清醒认识到，地方应急治理仍有很大的提升空间，急需更多的创新探索。我国应急管理工作目前仍处于初级发展阶

---

① 〔美〕塞缪尔·P. 亨廷顿：《变化社会中的政治秩序》，王冠华等译，三联书店，1989，第38页。

段，基础总体薄弱，亟须破解应急管理事责日趋下沉与基层治理基础薄弱之间的矛盾，地方治理模式依然大体属于一种典型的"动员领导型"①，从治理主体组合看，普遍存在单一主体推动和操作、地方社会介入程度低、地方政府与社会合作水平不高等特点；从治理风格看，运动式、动员式、分散式仓促应急特征依然明显；从风险治理看，前期的风险防范、应急准备阶段，责任主体模糊，风险源头治理责任不够明确。尤其是在应急响应环节，很多地方在初期应急响应阶段被动撞击式反应特征明显，应急成本较高，专业性不够强，协同机制运转不够顺畅有序，一些应急措施不够张弛有度，施策不够从容精准，等等。

同自然灾害抗争是人类生存发展的永恒课题。"我国是世界上自然灾害最为严重的国家之一，灾害种类多，分布地域广，发生频率高，造成损失重。"② 这是我国的基本国情。当前，百年变局叠加世纪疫情，外部环境更趋复杂严峻和不确定，极端天气灾害明显增多，长期积累的安全隐患和新风险集中显现，面临的挑战尤为艰巨。这是目前我国地方治理的基本盘，地方各级党委和政府对此要有清醒认识。

天灾不足畏，关键在于应对有策，防治有方。好的地方干部应当如何应对灾情？这是一个现实考题，也是一个历史考题，我们需要总结经验，吸取教训。历史上关于救灾记载浩如烟海，惜乎称颂多、反思少，碎片多、详尽少。唐宋八大家曾巩的名篇《越州赵公救灾记》因其翔实如画，清晰条畅，尤为宝贵。熙宁八年夏天，越州（今绍兴）发生了严重旱灾，饥疫兼作，动乱在即。当时执掌越州的资政殿大学士赵抃指挥若定，规划得当，策略有方，执行得力，表现出卓越的见识和吏治才能，很快平息了这场灾难。曾巩曾为地方官，深知花团锦簇文章易，管用实干济世难。真正对后世有意义的，是类似赵抃救灾这样案例的救灾思路与具体措施。因此他撰文全面复盘救灾举措，朴实无华，有条不紊，不唯赞颂宣传，意在"半使吏之有志于民者不幸而遇岁之灾，推公之所已试，其科条可不待顷而具，则公之泽岂小且近乎！"③。《越州赵公救灾记》堪称一本实实在在的地方政府救灾工作手册，"其事虽行于一时，其法足以传后"④，虽经近千年时光辗转，

---

① 彭勃、杨志军：《参与和协商：地方治理现代化问题》，《上海行政学院学报》2014 年第 3 期。
② 《十七大以来重要文献选编》上，中央文献出版社，2009，第 505 页。
③ 乔万民主编《唐宋八大家·曾巩》，天津人民出版社，2001，第 332 页。
④ 乔万民主编《唐宋八大家·曾巩》，天津人民出版社，2001，第 332 页。

至今仍具有较高借鉴与参考价值。

灾害治理历来都是各国政府的重要使命和基础职能。习近平总书记强调：“防灾减灾救灾事关人民生命财产安全，事关社会和谐稳定，是衡量执政党领导力、检验政府执行力、评判国家动员力、体现民族凝聚力的一个重要方面。”① 灾害应对与防治是检验地方党委和政府是否对人民群众负责的重要标志，是衡量地方治理是否有效的一个很重要的试金石。地方党委和政府如何更好地统筹发展与安全，着眼应急管理体系和能力现代化建设全局，更加注重正确处理中央和地方、政府和市场、长远和近期的关系，高效有序做好灾害应对与防治，进一步推进应急管理体系与能力现代化建设？这需要我们从地方治理的视角多加关注，立足地方应急管理与灾害治理的大量实践，围绕促一方发展、保一方平安两大基本任务，进行深入研究。

地方灾害治理实践及其背后理念的变化，既是应急管理体系改革发展的反映，又为这种变化提供了现代化的诠释与演绎。地震是群灾之首，我国地震安全形势严峻复杂，刚性约束持续增强。在“6·17”长宁地震中，汶川地震、芦山地震、九寨沟地震等以往重特大地震灾害应对处置与恢复重建的成果得到了充分验证，进一步显示了提升各级党委和政府能力、推进我国灾害风险防治工作的重要作用。与之同时，“6·17”长宁地震本身具有的特点与阶段特殊性，使得抢险救援与灾后恢复重建各阶段需求各有侧重，短期应对措施与长期治理策略呈现个性化与差异性，展示了与以往不同的发展阶段特征与地方创新特色，为我们深刻理解与研究改革转型背景下我国应急管理体系与能力现代化建设提供了一个独特视角与地方鲜活实践。通过对这个地方典型案例的深入观察与剖析、复盘与梳理、总结与反思，各级党委和政府及全社会可以进一步提高应对突发自然灾害的能力，进一步改进与塑造地方灾后恢复与重建治理体系。有关地方实践与创新还可以充实我国应急管理理论研究。

本书综合管理学、社会学、经济学、法学、政治学、传媒学、心理学等学科背景，通过文献研究、访谈调查、问卷调查、研讨交流等研究方法，以2019年6月17日四川省宜宾市长宁6.0级强烈地震为例，研究了在社会从高速发展转向高质量发展的背景下、在机构改革进程中，地方党

① 《习近平关于总体国家安全观论述摘编》，中央文献出版社，2018，第149页。

委和政府进行地震灾害应对处置与恢复重建的情况，对其灾害治理的举措、成效进行较为系统全面的分析，提炼灾害治理规律，总结治理经验与启示，并对体制转型脆弱期的治理体系短板与治理能力不足进行客观分析，提出有关政策建议。本书在对宜宾"6·17"长宁地震的基本情况、抢险救援及灾后恢复重建进行全方位全过程系统分析的基础上，对地方应急管理体制机制改革、应急响应、转移安置、舆论引导、恢复重建、心理援助与心理重建等专题进行深入研究，重点关注了诸如首创的地震应急省市联合指挥组织体系、高敏感度状态下的新闻发布和舆情应对、基于特殊县情的群众转移安置、地质构造复杂情景下的次生灾害防范、灾后恢复重建与高质量发展等内容。长宁"6·17"地震案例的研究与开发，对于理顺机构改革后地方应急管理体制机制，进一步整合各类应急救援力量，夯实应急管理基层基础工作，提升各级党委和政府应对与防范地震等自然灾害的组织指挥能力、应急救援能力、救灾保障能力、灾民安置安抚能力、信息发布能力、应急沟通能力以及灾后恢复重建能力等具有重要参考意义。本书通过案例分析，以小见大，为地方灾害治理体系与治理能力现代化建设提供有益借鉴与参考，也为应急管理实践工作者与理论研究人员提供了一个观察样本与研究参考。

各类灾害形势严峻复杂是我国经济和社会发展不可回避的客观现实，当前的全球公共安全风险更凸显了应急管理的重要性，并赋予了应急管理艰难的新任务。在自然灾害多发频发的基本国情和机构改革进一步深化的背景下，地方党委和政府要加快适应新发展阶段的新要求，坚持人民至上、生命至上，坚持总体国家安全观，更好地统筹发展和安全，以推动高质量发展为主题，以防范与化解重大安全风险为主线，深入推进应急管理体系和能力现代化，最大限度降低灾害事故损失，全力保护人民群众生命财产安全和维护社会稳定，实现更高质量、更有效率、更加公平、更可持续、更为安全的发展。

目　录

总报告：关于四川长宁"6·17"6.0级地震抗震救灾与灾后恢复重建案例分析

钟雯彬*

第一节 引言

我国是世界上自然灾害最为严重的国家之一，灾害种类多，分布地域广，发生频率高，造成损失重，这是一个基本国情。我国的自然灾害中地震灾害频发，地震高危险区面积约占全球地震高危险区总面积的 13.79%，占中国国土总面积的 22.94%。[①] 在这个地震危险区分布广泛、地震灾害频发的国家，地方党委、政府需要保持敏锐的应急反应处置能力和强大的灾害治理能力，以防范和应对地震灾害及其衍生灾害。1949 年以来，新中国的地震灾害管理经历了从无到有、日趋完善的过程。2008 年汶川 8.0 级特大地震之后，中国又接连经历了 2010 年玉树 7.1 级地震、2013 年雅安 7.0 级地震和 2017 年九寨沟 7.0 级地震等重大地震。从震前预防到应急救援再到灾后处置，中央和各级党委政府从中汲取经验，完善法律政策与制度，国家和地方地震应急管理体系日渐完善，抗震救灾、灾后恢复重建以及灾害风险治理正在逐步走向成熟。

但是，随着近年来我国经济社会快速发展，承灾体的暴露度不断增加，地震导致的灾害损失越来越严重。研究发现，在人口的暴露度方面，按照 2018 年的统计数据，过去 20 年居住在地震危险区的人口增长了

---

* 钟雯彬，中共中央党校（国家行政学院）应急管理培训中心（中欧应急管理学院）副书记、博士，研究方向：应急管理，法治。

① Dou Y. Y., Huang Q. X., He C. Y., et. al., "Rapid Population Growth throughout Asia's Earthquake-Prone Areas: A Multiscale Analysis," *Interna-tional Journal of Environmental Research and Public Health*, 2018, 15 (9): 1893.

3200万。① 在资产的暴露度方面，同期地震危险区的资产价值年均增长率达到14.4%。② 在灾害损失方面，2008~2017年地震造成的总直接经济损失是1950~2007年损失的7.8倍。③ 地震灾害越来越引起全社会的高度重视。在地方高速度发展转向高质量发展的进程中，如何平衡好发展与安全的关系，做好包括地震在内的灾害风险防范治理工作，是对地方政府治理能力的检验与挑战。

四川地域辽阔，地形气候多样。受地形地势地貌等客观因素影响，全省自然灾害种类多、发生频率高，面临的自然灾害风险形势严峻。1949年以来，四川省多次发生7.0级以上的地震（见表1）。近十余年内连续遭受三次7.0级以上大地震破坏，地震灾害的影响需要引起地方党委政府的高度重视。宜宾市作为四川省经济社会发展版图中具有重要战略地位的地级市，近年来呈现高增长跨越式大发展态势，围绕加快建成四川省经济副中心和成渝经济圈副中心的城市目标，加压奋进，脱贫任务胜利完成，综合实力全面提升，经济社会强劲发展。但是，在高速发展转向高质量发展的进程中，宜宾市也面临着地震、洪涝等自然灾害的考验与挑战。自然灾害带来的连锁衍生风险复杂多样，地方风险防范治理工作面临很大压力与挑战。宜宾市由于地形复杂，地质构造特殊，历史上多次发生中强度破坏性地震，是四川省政府确定的地震重点监视防御区。2019年6月17日长宁6.0级地震，到达了宜宾潜在震源区的上限，超过了宜宾有历史记载的5.5级地震的纪录，地震频度和强度呈上升趋势，造成一定的人员伤亡和财产损失，引起了社会的高度关注。

2019年6月17日22时55分，四川省宜宾市长宁县（北纬28.34度，东经104.90度）发生6.0级地震。此次地震是新中国成立以来宜宾遭受的震级最高、烈度最强的地震灾害，最高烈度为8度，其中烈度6度及以上区域共涉及61个乡镇32.98万人，造成直接经济损失52.68亿元，因灾死亡

① Huang Q. X., Meng S. T., He C. Y., et al., "Rapid Urban Land Expansion In Earthquake-Prone Areas of China," *International Journal of Disaster RiskScience*, 2018, 10 (1), 43–56.

② Xu J. D., Wang C. L., He X., et al., "Spatiotemporal Changes in Both Asset Value And Gdp Associated with Seismic Exposure in China in the Contextof Rapid Economic Growth from 1990 To 2010," *Environmental Research Letters*, 2017, 12 (3): 034002.

③ He X., Wu J. D., Wang C. L., et al, "Historical Earthquakes and Their Socioeconomic Consequences in China: 1950–2017," *International Journalof Environmental Research and Public Health*, 2018, 15 (12): 2728.

表1 1949年以来四川省发生的7.0级以上地震

序号	地震名	时间	地点	震级烈度	灾区损失（包括死伤人数、财产损失等）	备注
1	1955年康定7.5级大地震	1955年4月14日	四川省甘孜藏族自治州康定县折多塘地区	7.5级，震中烈度为6度	死亡70人，受伤217人。康定全县房屋和寺庙共倒塌624间，倾斜、破坏1083间	—
2	1973年炉霍7.9级大地震	1973年2月6日	四川省甘孜州炉霍县雅德	7.9级，震中烈度为6度	死亡2175人，受伤2756人。房屋倒塌1.57万幢，破坏2867幢	—
3	1976年松潘、平武两次7.2级大地震	1976年8月16日和23日	四川省西北部的松潘、平武地区	7.2级，最大烈度为9度	人员伤亡800余人，其中轻伤600余人，耕地被毁十几万公顷，粮食损失达500万公斤，牲畜死亡2000余头	—
4	2008年汶川8.0级特大地震	2008年5月12日14时28分04秒	四川省汶川县映秀镇与漩口镇交界处	8.0级，震中烈度最高达11度	共计造成69227人遇难，17923人失踪，374643人不同程度受伤，1993.03万人失去住所，受灾总人口达4625.6万人。截至2008年9月，"5·12"汶川地震造成直接经济损失8451.4亿元	5·12汶川地震是中华人民共和国成立以来破坏性最强、波及范围最广、灾害损失最重、救灾难度最大的一次地震
5	2013年芦山7.0级强烈地震	2013年4月20日8时02分	四川省雅安市芦山县	7.0级，震中烈度为9度	地震共计造成196人死亡，21人失踪，11470人受伤。截至2013年4月21日18时，地震造成房屋倒塌1.7万余户、5.6万余间，严重损房4.5万余户、14.7万余间，一般损房15万余户、71.8万余间，芦山县和宝兴县的倒损房屋为25万余间	—

序号	地震名	时间	地点	震级烈度	灾区损失（包括死伤人数、财产损失等）	备注
6	2017 年九寨沟 7.0 级地震	2017 年 8 月 8 日 21 时 19 分 46 秒	四川省阿坝州九寨沟县	7.0 级，震中烈度为 9 度	地震造成 25 人死亡，525 人受伤，5 人失踪，176492 人（含游客）受灾，73671 间房屋不同程度受损（其中倒塌 76 间）	—

13 人，因伤住院人员 236 人。地震还对当地文旅产业、地质环境和自然资源等造成了不同程度的损害。转移安置群众数量大，累计紧急转移安置受灾群众 8.4 万人，集中安置 3.2 万人。地震发生后，四川、重庆、云南、贵州多地有明显震感。震中人员伤亡、财产损失较大，社会关注度非常高。特别是余震频发且震级时有起伏，提升了社会关注度和影响力。灾害发生后，在党中央、国务院的亲切关怀和省委省政府的坚强领导下，宜宾市委市政府团结带领全市干部群众，圆满完成抗震救灾阶段任务，全力推进灾后恢复重建各项工作。截至 2021 年 1 月，提前半年实现"两年全面完成恢复重建"目标。

　　和"5·12"汶川特大地震、"4·20"芦山地震、"8·8"九寨沟地震等相比，"6·17"长宁地震具有地震本身的固有特点，以及地域、人群、自然条件、社会经济影响、发展阶段等特殊性，抢险救援与灾后恢复重建各阶段需求各有侧重，短期应对与长期治理措施策略呈现个性化与差异性。加之"6·17"长宁地震是当地应急管理体制改革后应对处置的首个重大自然灾害，独具阶段性特征，具有体制及范式转换背景下典型案例研究剖析价值。有必要通过对"6·17"长宁地震应急抢险救援与灾后重建工作过程、阶段进行复盘、梳理、分析，系统回顾和总结处置应对成效和经验，结合本次地震特点，对地方灾害治理的短板与不足进行较为全面的剖析和反思，对进一步完善地方应急管理体系与能力现代化建设进行系统思考，并提出对策建议，为进一步提高各级党委政府和全社会应对突发自然灾害的能力，进一步改进与塑造地方灾后恢复重建治理体系提供借鉴与参考。

　　从"5·12"汶川地震到"4·20"芦山地震、"8·8"九寨沟地震，再到此次"6·17"长宁地震的应对，经历数次大地震检验磨炼的四川省各级党委政府，不断积累经验，不断完善应急管理体制机制，提升应急管理能力，成长迅速。"6·17"长宁地震应对处置高效、有序，成效明显。在抢险救援阶段，克服地震烈度高破坏大，余震频繁震害叠加；自然条件复杂，救援难度大；交通通信损毁严重，救援力量驰援困难；场镇人口分布集中，疏散转移安置压力大；受灾信息传播快影响大，社会关注程度高；地方机构改革转型变换，体制机制磨合备受考验等困难，在人员搜救、伤员救治、群众安置、抢修保通、救灾投入与物资发放、次生灾害防范、卫生防疫、信息发布、舆论引导管控、维护社会秩序、发挥社会力量、提供金融保险服务、灾损评估、开展地震科考、回应社会关切等方面及时、有效。在灾后恢复重建阶段，突出地方为主、地方创新的重建思路，通过高标准完成灾后恢复重建规划的编制，及时出台灾后恢复重建资金筹措办法，制订完善灾后恢复重建政策体系，充分发挥灾区主体作用和社会各界积极性，创新重建体制机制，整合资源，形成合力等措施，抓好过渡安置和因灾受伤人员医治，全力推进灾后恢复重建项目建设，强力确保灾区社会和谐稳定，提前半年实现重建任务。

分析表明，"6·17"长宁地震的应对处置总体表现不错，与以往类似案例相比，应急响应更加迅速，决策指挥更加科学，协调调度更加有序，人员转移更加高效，恢复重建效果更加显著，沟通交流更加主动，信息公开更加及时，应对处置更加娴熟。包括地方防灾减灾救灾基础、救灾效率、救灾能力、公众认识、民众反应、社会力量参与等方面，都有了长足的成长与进步，显示地方党委和政府自然灾害治理与应对处置的巨大进步。"6·17"长宁地震的应急抢险救灾有许多值得提炼与借鉴的成功经验。例如：党委集中统一领导，指挥有力；各级党委和政府迅速响应，主动作为，抓住了抢险救援的先手；省市抗震救灾应急救援联合指挥部火速成立，加大了统筹协调的力度，指挥调度高效、有序；四川省委省政府积极统筹协调，宜宾市委市政府充分发挥属地主体责任；全新机构高效形成合力，反应迅速；瞄准实战提升能力，应急救援队伍改革经受住了考验；基于特殊县情的救灾转移安置理念合理高效；灾后恢复重建突出本土化与地方创新，构建了"省级指导、市级统筹、县区主体、群众参与、社会支持"的灾后恢复重建新机制，科学制定灾后重建规划和灾后恢复重建政策体系，更加突出民生，着眼发展；各级党组织政治引领和战斗堡垒作用充分发挥；等等。这表明，历经多次重大自然灾害考验、不断完善的四川综合减灾救灾应急指挥体系不断完善，近年来各地基础工作更加扎实，基层防灾减灾抗灾能力显著提高，应对地震的经验及基础设施改善发挥了作用，防灾减灾救灾和应急管理体制改革的红利进一步显现。

但是，研究中也发现，"6·17"长宁地震应对处置、恢复重建以及灾害治理中，存在一些值得反思和亟待改进提升的地方，表现在以下几个方面。应急响应阶段，被动撞击式的反应特点还是很明显，应急成本较高，专业性不够强，协同机制运转还不够顺畅有序，一些应急措施不够张弛有度，施策不够从容精准。灾后恢复重建阶段，政策和制度体系虽快速建立，但零碎化问题严重，临时性问题突出，不具备前瞻性和预见性。多元主体参与恢复重建格局基本形成，但有序有效调度市场主体和社会组织参与灾害治理的机制尚未真正建立，重建阶段政府高姿态介入主导甚至包揽，使重建可持续发展的动力不足。在前期的风险防范、应急准备阶段，责任主体模糊，尤其是灾害风险源头治理责任不够明确，风险预警监测手段缺乏、风险防范力量薄弱。这说明，机构转制过程中化学融合尚未完成，体制机制磨合不够顺畅；现行法律法规政策还存在供给不足、支撑不够的问题；城乡灾害治理基础依然薄弱，在各种突如其来的灾害面前，往往表现出较强的脆弱性。此次地震暴露出比较突出的薄弱点是：城乡建筑抗震隐忧与道路交通脆弱性；地方党委和政府以及基层组织防范化解重大风险认识不足；基层减灾救灾能力亟待增强；灾后恢复重建治理体系需要进一步完善，需要注意全周期、全方位重建，有效平衡重建与发展关系，进一步处理好政府主导与多方参与的关系。

需要高度关注的是新成立的地方应急管理部门的作用和价值发挥问题。2019年3月，宜宾市基本完成地方党委、政府机构改革调整，此次地震，正好处于地方机构改革调整的转换期与体制"脆弱期"，集中暴露出综合统筹的"空窗期""磨合期"带来的突出问题。应急管理部门的职责履行，尤其是其在整个应急管理组织体系中发挥承上启下、左联右动的枢纽作用备受实践检验。"6·17"长宁地震应急处置过程中，党委集中统一领导有力，协调性强，但是没有充分发挥出机构改革后的应急管理部门的综合协调作用，各有关部门的合力还需要进一步增加。强大的政治动员能力覆盖了本应发挥作用的体制改革设计。这说明，从灾害管理到灾害治理，从多部门分割到一部门主导，改革仍在进行，新一轮的应急管理改革尚在"物理相加"阶段，"化学反应"与"化学融合"尚未形成。诸多调整划转的部门尚未完全厘清职责边界，人和事、职责与能力没有迅速衔接匹配到位，体制上仍需进一步磨合优化。尽管各级各部门在灾情面前高度讲政治顾大局，但是为长期计，仍然需要进一步厘清权责，加强协同配合。如何在党的集中统一领导更加制度化的基础上，健全中国特色应急管理体制，切实发挥综合部门与专业部门的作用，这是需要进一步研究的重要议题。

通过研究，对地方灾害治理提出如下政策建议：地方党委政府应当切实提高对严峻复杂形势的认识，立足底线思维，积极谋划地方风险治理；发挥地方创新精神，进一步健全体制机制，与国家顶层改革同频共振；进一步完善灾害治理法律法规政策体系与制度支撑；注重综合防范，进一步优化灾害治理体系；进一步筑牢城乡防灾减灾基础，全面提升基层风险防范能力；进一步改进灾后恢复重建治理体系；进一步探索研究地方为主灾后重建新思路。

当今世界，各类灾害风险呈现复杂性、多样性等特征。地方党委和政府对各种风险的防范与应对，是检验其能否取信于民、是否对人民群众负责的重要标志，是衡量地方治理是否有效的一个很重要的"试金石"。不仅体现着应对突发事件的关键能力，也是保障和维持地方社会安全和社会秩序的重要手段和途径。"6·17"长宁地震案例的研究开发，对于理顺机构改革后地方应急管理体制机制，进一步整合各类应急救援力量，夯实应急管理基层基础工作，提升各级党委和政府应对防范地震等自然灾害的组织指挥能力、应急救援能力、救灾保障能力、灾民安置安抚能力、信息发布能力、应急沟通能力以及灾后恢复重建能力等方面具有重要参考意义。在自然灾害多发频发的基本国情和机构改革进一步深化的背景下，在转型发展、创新发展和跨越发展的关键时期，地方党委和政府如何适应新发展阶段应急管理新要求，在如何防范应对重大自然灾害、如何做好大量受灾群众生活保障、如何应对敏感舆论话题、如何科学实施灾后重建等方面探索创新，并将有关地方实践与经验提升为具有参考价值的理论，本案例具有独特的借鉴价值。

第二节 相关背景与灾害概况①

一 宜宾市经济社会发展情况

宜宾市是四川省辖地级市，地处川滇黔三省结合部，位于金沙江、岷江、长江三江交汇处，有2200多年建城史、3000多年种茶史、4000多年酿酒史，是万里长江第一城、中国白酒之都、中华竹都、国家历史文化名城、国家卫生城市、国家森林城市、中国优秀旅游城市。宜宾全市辖3区7县和1个国家级临港经济技术开发区、四川省首个省级新区——宜宾三江新区，面积13283平方公里，总人口556万，其中有苗、回等39个少数民族近10万人。宜宾年平均气温18℃，总降雨量1017.6毫米，日照时数938.3小时，自然概貌为"七山一水两分田"。② 宜宾交通区位独特、资源富集配套、发展基础坚实，是长江上游生态屏障的重要组成部分，是《成渝城市群发展规划》确定的沿江城市带区域中心城市和全国63个综合性交通枢纽、50个高铁枢纽城市、66个区域级流通节点城市之一，全市经济总量自2000年以来一直稳居四川省前列和川渝滇黔结合部城市第一位。

近年来，宜宾践行新发展理念，落实高质量发展要求，紧扣建成四川省经济副中心和成渝经济圈副中心城市目标，深入实施"产业发展双轮驱动"战略，大力推动城市建设、交通枢纽打造和大学城、科创城"双城"建设，成效明显。2018年，全市GDP突破2000亿元大关，达到2026.37亿元，增长9.2%，总量居四川省第4位，增速居四川省第2位；各项主要经济指标高于全国、四川省平均水平，绝大多数指标增速位居四川省前列。2019年，全市经济社会发展继续保持良好势头，实现GDP 2601.9亿元，增长8.8%，GDP、服务业增加值、城镇居民人均可支配收入3项指标增速均位居四川全省第1位；GDP总量上升至全省第三位。从中期发展数据看，"十三五"期间，宜宾综合实力全面提升，经济社会强劲发展。

---

① 本节相关数据除特别标注外，均源于四川省地震局、宜宾市减灾委、宜宾市应急管理局以及宜宾市减灾委有关成员单位提供材料的汇总、梳理、分析。

② 《认识宜宾 宜宾市情》，宜宾市人民政府网站，http://www.yibin.gov.cn/zjyb/rsyb/ybgk/201810/t20181012_715.html，最后访问日期：2021年8月25日。

全市 GDP 年均增长 7.9%，2020 年 GDP 总量达到 2802.12 亿元，是 2015 年的 1.9 倍，由全省第 4 位上升至第 3 位，实现近 20 年来的历史性突破。2020 年，宜宾市全面完成脱贫攻坚目标任务，23.05 万贫困人口精准脱贫，全面消除绝对贫困；471 个贫困村精准退出，1 个国贫县、4 个省贫县全部"摘帽"，全面解决区域性整体贫困。① 圆满完成"十三五"规划主要目标任务，宜宾市在四川省经济版图中的战略地位更加凸显。

二 宜宾地震地质构造和历史地震活动

(一) 地震地质构造背景

宜宾在全国地质构造中处于南北地震带中南段边缘，在四川区域地质构造中处于华蓥山基底断裂带的中南段。华蓥山基底断裂带长 300 多公里，以北东方向贯穿宜宾全境，延伸至云南境内，主要控制着宜宾的地震活动。该基底断裂带与北西向的峨眉—宜宾基底断裂带、筠连—叙永基底断裂带以及宜宾南部东西向的弧形构造带，形成深部基底断裂构造格局，具备发生中强破坏性地震的地质构造背景。宜宾历史上曾多次发生中强破坏性地震，是四川省政府确定的地震重点监视防御区。邻区云南是发生强烈破坏性地震的潜在震源区，一旦发生强破坏性地震，对宜宾邻区县的波及影响很大。

宜宾地表断层较多，地震地质断层构造分布较为复杂，地震活动主要受这些深大断裂所控制，历史上多次发生中强破坏性地震。根据历史记载，宜宾前后发生过公元前 26 年宜宾 5.5 级地震，1610 年高县庆符 5.5 级地震，1892 年南溪 5.0 级地震，1936 年江安 5.0 级地震，1996 年孔滩 5.4 级地震，等等。近几年，在宜宾市珙县、长宁、兴文、筠连交界区域范围内相继发生 2013 年长宁 4.8 级地震，2017 年筠连 4.9 级地震、珙县 4.9 级地震，2018 年兴文 5.7 级地震以及 2019 年珙县 5.3 级地震，这几起地震震中相互间的距离在 15 公里左右。2019 年 6 月 17 日发生的长宁 6.0 级地震为宜宾市有历史记录以来最大震级的地震。此次地震还发生了 5.1 级、5.3 级、5.4 级、5.6 级四次较大余震。该区域经过多次中强破坏性地震，形成震害叠加效应，导致地震震害重、余震强、社会影响大、波及范围广。

---

① 《2021 年宜宾市人民政府工作报告》，宜宾市人民政府网站，http://www.yibin.gov.cn/xxgk/zdlyxxgk/gzbg/202101/t20210129_1417902.html，最后访问日期：2021 年 8 月 25 日。

（二）中强地震活动情况

宜宾地震地质构造较为复杂，根据对《四川地震全记录（公元前 26 年—公元 2009 年)》《中国地震局大震速报目录》等文献梳理，截至 2019 年，宜宾历史上有记载的 5.0 级以上地震有 12 次，震级最大的地震为 2019 年 6 月 17 日长宁 6.0 级地震（具体见表 2)。2018 年以来，宜宾 5.0 级以上的地震占历史上有记载地震的 58%，呈现出多发、集中的特点。长宁 6.0 级地震到达宜宾地震潜在震源区地震振级的上限，打破了国内专家对川南地区地震活动的认知。

表 2　宜宾 5.0 级以上地震统计

序号	发震日期	纬度（°N）	经度（°E）	震级（M）	地点
1	公元前 26 年 3 月 26 日	28.80	104.60	5.5	宜宾一带
2	1610 年 2 月 3 日	28.50	104.50	5.5	宜宾高县庆符
3	1892 年 2 月 10 日	28.90	105.00	5.0	宜宾南溪
4	1936 年 9 月 25 日	28.70	105.10	5.0	宜宾江安
5	1996 年 2 月 28 日	29.10	104.80	5.4	宜宾孔滩
6	2018 年 12 月 16 日	28.24	104.95	5.7	宜宾兴文
7	2019 年 1 月 3 日	28.20	104.86	5.3	宜宾珙县
8	2019 年 6 月 17 日	28.34	104.90	6.0	宜宾长宁
9	2019 年 6 月 17 日	28.43	104.77	5.1	宜宾珙县
10	2019 年 6 月 18 日	28.37	104.89	5.3	宜宾长宁
11	2019 年 6 月 22 日	28.43	104.77	5.4	宜宾珙县
12	2019 年 7 月 4 日	28.41	104.74	5.6	宜宾珙县

（三）宜宾地震活动监测情况

1. 地震监测情况

2009 年以前，四川地震台网对四川盆地南部地震监测能力有限，主要监测 2.0 级以上的地震活动。2007 年，宜宾市开始建设宜宾数字地震监测台网，2009 年建成正式投入运行。宜宾数字地震监测台网由 8 个野外地震监测台站组成，地震监测能力达到 ML1.0 级以上，监测范围 13 万平方公里，达到国内地方地震监测台网先进水平。从 2014 年底开始，珙县上罗区域出现十分明显的地震活动增强现象，当地居民反映震感明显。由宜宾市防震减灾局牵头，四川省地震局水库地震监测中心与珙县政府合作，于

2015 年 12 月在该区域架设 6 个流动地震观测台站。2017 年 1 月 28 日筠连 4.9 级地震后，当年 5 月，川滇国家地震监测预报实验场在宜宾南部再次架设 15 个流动地震观测台站，加强该区域地震活动监测。

2. 地震活动情况

从 2006 年开始，宜宾地震活动主要集中在长宁、珙县、筠连、兴文区域。宜宾南部地区总体上以北纬 28.3 度为分界线，分为两个片区，一个是北部的长宁双河—珙县巡场区域，另一个是南部的筠连东侧、珙县南部、兴文西侧区域。

以上两个片区的地震活动，在空间分布上存在分区性。北部片区地震活动分布主要沿北西向的长宁背斜展布，南部片区地震活动为东西向分布，且在地震活动时间序列上有所差异。北部片区 ML 2.0 级以上地震频次从 2007 年开始迅速提升，持续多年，并在 2019 年 6 月 17 日发生 6.0 级地震序列。南部片区地震活动主要集中在筠连东部、珙县南部、兴文西部区域，ML 2.0 级以上地震活动频次从 2015 年开始显著提升，并一直处于较高水平（具体见图 1）。

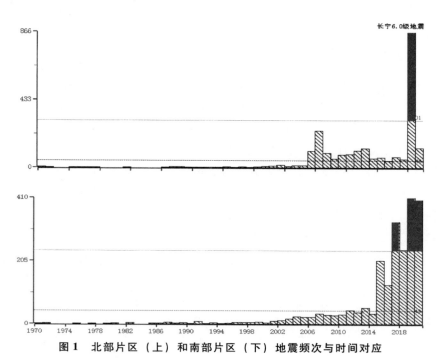

图 1 北部片区（上）和南部片区（下）地震频次与时间对应

三 "6·17"长宁地震灾害概况

2014 年以来，宜宾地震活动相对频繁，呈现震级越来越高、间隔时间越来越短、破坏力度越来越大的趋势。截止到 2020 年 10 月，ML1.0 级以上地震达 23928 次，其中 3.0 ~ 3.9 级地震占四川全省的 22%；4.0 ~ 4.9 级地震占全省的 31%；5.0 ~ 5.9 级地震占全省的 35%。其中，兴文 5.7 级地震、长宁 6.0 级地震，超过了宜宾有历史记载的 5.5 级地震上限。

（一）灾区概况

宜宾市部分县（区）地处四川南缘的丘陵向高原过渡的山区地带，地形、地貌、地质构造复杂，原生环境脆弱，全市大部分区域处于较高地震烈度区。

"6·17"长宁地震涉及宜宾市长宁县、珙县、兴文县、高县、江安县、翠屏区、南溪区、叙州区、筠连县、屏山县 10 个县（区）和临港经开区，共 157 个乡镇（街道）不同程度受灾；地震烈度 6 度以上涉及长宁县、珙县、高县、兴文县、翠屏区、江安县 6 县（区）61 个乡镇。

1. 自然地理环境

长宁县，地处四川盆地南缘，宜宾市腹心地带，位于东经 104°44′ ~ 105°03′，北纬 28°15′ ~ 28°47′。南北长约 60 公里，东西宽 30 公里，面积 1000.2 平方公里，森林覆盖率 51.6%，空气中负氧离子含量最高可达 4700 个/立方厘米，是风景名胜蜀南竹海所在地，著名的长寿之乡。

珙县，地处宜宾市境南部，位于东经 104°38′ ~ 105°02′，北纬 27°53′ ~ 28°31′。面积 1149.5 平方公里，是川滇黔结合部宜宾半小时经济圈的重要组成部分，是四川省重要的能源、建材、化工基地，境内有贯通云、贵、川三省的叙高公路、川云公路、宜威公路等主干公路，成珙铁路、金筠铁路贯穿县境，是宜宾市南部重要交通枢纽和物资集散地。森林覆盖率达 43.68%，绿化覆盖率达 47.28%，是四川省第一个实现绿化达标的盆周山区县。

高县，地处宜宾市境西南部，东经 104°21′ ~ 104°48′，北纬 28°11′ ~ 28°47′。县境南北长 61 公里，东西宽 32 公里，总面积 1323 平方公里。境内山地、丘陵、槽坝相间，有大小溪河 31 条，分属金沙江和长江水系。

兴文县，位于宜宾市境东南部，总面积 1379.89 平方公里。是古代僰人繁衍生息和最终消亡之地，是四川省苗族聚居人口最多的县，也是川南早期革命的主要发源地，红军北上抗日的途经地，川滇黔边区红军游击纵队的主要策源地和转战地。拥有国家重点风景名胜区、世界地质公园、国家 AAAA 级旅游景区——"兴文石海"。

江安县，位于长江之滨，宜宾之东，三市（宜宾、泸州、自贡）之交，地跨北纬 28°22′~28°56′，东经 104°57′~105°14′。盛产水稻、小麦、红薯、高粱、油菜、豆类等农作物，是全国夏橙基地县、商品粮基地县、蚕桑生产县、瘦肉型生猪基地县，享有"中国橙海和竹海故都"之称。

翠屏区，位于宜宾市腹心地带，面积 1502 平方公里，金沙江和岷江在此汇聚成浩浩荡荡的长江。翠屏区地势呈南北两翼高而中部低，总体由西向东倾斜，主要地貌有低山、丘陵、槽谷、河谷、平坝五类形态。

2. 社会经济状况

长宁县，2018 年常住总人口 34.70 万人，有汉族、苗族、彝族等 9 个民族。

珙县，2018 年常住总人口 37.91 万人，民族人口结构为：汉族 35.70 万人，占 94.17%；少数民族 2.21 万人，占 5.83%。

高县，2018 年常住总人口 41.5 万人，民族人口结构为：汉族 41 万人，占 98.8%；少数民族 0.5 万人，占 1.2%。

兴文县，2018 年常住总人口 38.80 万人，民族人口结构为：汉族 34.88 万人，占 89.9%；苗族 3.92 万人，占 10.1%。

江安县，2018 年常住总人口 41.76 万人，民族人口结构为：汉族 41.69 万人，占 99.8%；少数民族 663 人，占 0.2%。

翠屏区，2018 年常住总人口 89.22 万人。

长宁 6.0 级地震受灾县 2018 年经济状况见表 3。

表3 长宁6.0级地震受灾县2018年经济状况

项目 县	国内生产总值（亿元）	第一产业产值（亿元）	第二产业产值（亿元）	第三产业产值（亿元）	人均国内生产总值（元）	地方财政收入（亿元）	地方财政支出（亿元）
长宁县	142.74	26.23	59.75	56.76	41220	11.42	30.38
珙县	160.78	19.30	93.73	47.71	42874	8.93	26.44

项目 县	国内生产 总值 （亿元）	第一产业 产值 （亿元）	第二产业 产值 （亿元）	第三产业 产值 （亿元）	人均国内 生产总值 （元）	地方财政 收入 （亿元）	地方财政 支出 （亿元）
高　县	146.68	22.50	78.14	46.03	35370	6.17	28.7
兴文县	107.30	21.05	37.08	49.16	27654	12.80	39.11
江安县	154.47	25.01	79.23	50.24	36928	9.86	26.30
翠屏区	700.09	25.72	366.09	308.28	79106	25.90	42.87

3. 交通地理情况

长宁县位于四川盆地南缘，宜宾市腹心地带，位于四川盆地与云贵高原的过渡带，东邻江安县，南界兴文县，西与高县、珙县交邻，北与南溪区、宜宾市相连。宜长路是长宁通往宜宾、成都的重要干线，长宁县境内有宜泸渝高速、宜叙高速两条高速。震中长宁县双河镇距离宜宾市区72公里，行车时间约1小时10分钟；距离成都市360公里，行车时间约4小时30分。

4. 天气情况

2019年6月17日当天，灾区以阴转中雨为主，昼夜温差起伏较大，气温17~31℃，风力以1级西北风为主。18日，多云转阵雨，气温21~27℃，无持续风向微风。19日，阴转阵雨，气温23~28℃，无持续风向微风。20日，多云转中雨，气温23~30℃，无持续风向微风。

（二）地震概况

1、基本参数

2019年6月17日22时55分，宜宾市长宁县（北纬28.34度，东经104.90度）发生6.0级地震，震源深度16千米。地震序列类型属震群型（多震型）。

2. 地震烈度

此次地震最高烈度为8度。6度区及以上总面积为3058平方千米，等震线长轴呈北西走向，长轴72千米，短轴54千米，主要涉及宜宾市长宁县、珙县、高县、兴文县、江安县、翠屏区6个县（区）。

3. 余震情况

本次地震震中位于四川盆地边缘，具体为北西向的长宁背斜上，该背斜发育多条小规模的次级断裂。6.0级地震和余震活动与震区附近的多条次级断裂有关。本次地震的余震活动频繁且特殊，分布方向与长宁背斜方向一致，分布在约20公里范围内。余震序列呈现正常的起伏衰减状态。截至2019年7月16日8时共记录到M3.0级及以上余震64次。其中5.0~5.9级地震4次，4.0~4.9级地震6次，3.0~3.9级地震54次。最大余震为：2019年7月4日10时17分，四川宜宾市珙县（北纬28.40度，东经104.74度）发生5.6级地震，震源深度8千米。

4. 地震主要特征

一是地震烈度大。此次地震震级为6.0级，最高烈度为8度，均超出了宜宾历史记录。其中烈度6度以上区域包括6个县（区）多个乡（镇），总面积3058平方公里，总人口173.7万人；烈度8度区域主要涉及长宁县双河镇、富兴乡和兴文县周家镇（部分区域），面积84平方公里，涉及人口4.4万人（具体见表4）。

表4 "6·17"长宁地震烈度6度以上地区涉及乡镇

烈度	序号	乡镇
8度	1	宜宾市长宁县双河镇
	2	宜宾市长宁县富兴乡
	3	宜宾市兴文县周家镇（部分区域）
7度	1	宜宾市珙县珙泉镇
	2	宜宾市长宁县龙头镇
	3	宜宾市长宁县硐底镇
	4	宜宾市珙县巡场镇
	5	宜宾市长宁县花滩镇
	6	宜宾市长宁县铜锣乡
	7	宜宾市长宁县双河镇
	8	宜宾市长宁县竹海镇
	9	宜宾市长宁县富兴乡
	10	宜宾市长宁县梅硐镇
	11	宜宾市江安县红桥镇
	12	宜宾市珙县底洞镇
	13	宜宾市兴文县周家镇（部分区域）
	14	宜宾市长宁县井江镇

烈度	序号	乡镇
6 度	1	宜宾市兴文县僰王山镇
	2	宜宾市高县文江镇
	3	宜宾市珙县底洞镇
	4	宜宾市兴文县仙峰苗族乡
	5	宜宾市高县沙河镇
	6	宜宾市兴文县九丝城镇
	7	宜宾市长宁县长宁镇
	8	宜宾市珙县上罗镇
	9	宜宾市长宁县竹海镇
	10	宜宾市高县大窝镇
	11	宜宾市江安县大井镇
	12	宜宾市珙县孝儿镇
	13	宜宾市高县庆符镇
	14	宜宾市长宁县梅硐镇
	15	宜宾市珙县巡场镇
	16	宜宾市高县复兴镇
	17	宜宾市兴文县毓秀苗族乡
	18	宜宾市高县月江镇
	19	宜宾市翠屏区李端镇
	20	宜宾市珙县下罗镇
	21	宜宾市长宁县老翁镇
	22	宜宾市珙县恒丰乡
	23	宜宾市兴文县周家镇
	24	宜宾市江安县底蓬镇
	25	宜宾市高县来复镇
	26	宜宾市长宁县井江镇
	27	宜宾市兴文县共乐镇
	28	宜宾市珙县仁义乡
	29	宜宾市兴文县五星镇
	30	宜宾市珙县珙泉镇
	31	宜宾市江安县红桥镇
	32	宜宾市长宁县三元乡

续表

烈度	序号	乡镇
	33	宜宾市长宁县铜鼓镇
	34	宜宾市长宁县桃坪乡
	35	宜宾市高县庆岭乡
	36	宜宾市兴文县石海镇
	37	宜宾市高县嘉乐镇
	38	宜宾市珙县玉和苗族乡
	39	宜宾市兴文县玉屏镇
	40	宜宾市兴文县古宋镇
	41	宜宾市江安县五矿镇
	42	宜宾市高县趱滩乡
	43	宜宾市珙县曹营镇
	44	宜宾市高县双河乡
6度	45	宜宾市长宁县开佛镇
	46	宜宾市高县胜天镇
	47	宜宾市江安县仁和乡
	48	宜宾市珙县石碑乡
	49	宜宾市江安县蟠龙乡
	50	宜宾市长宁县花滩镇
	51	宜宾市翠屏区牟坪镇
	52	宜宾市珙县沐滩镇
	53	宜宾市兴文县麒麟苗族乡
	54	宜宾市长宁县铜锣乡
	55	宜宾市高县蕉村镇
	56	宜宾市高县落润乡
	57	宜宾市长宁县富兴乡
	58	宜宾市高县四烈乡

二是灾害损失大。此次地震（烈度6度以上区域）共造成329788人受灾，因灾死亡13人，因灾伤病299人。紧急转移安置84292人，其中集中安置32494人，分散安置51798人，需过渡性生活救助46333人（具体见表5）。

表5　人员受灾情况统计

	受灾人口	因灾死亡人口	因灾伤病人口	因灾重伤人口	紧急转移安置人口	集中安置人口	分散安置人口	需过渡性生活救助人口
宜宾市	人	人	人	人	人	人	人	人
	329788	13	299	14	84292	32494	51798	46333

资料来源:《四川长宁6.0级地震灾害损失评估报告》,宜宾市减灾委员会,2019年7月17日。

　　此次地震导致城乡住房倒损非常严重,震中双河镇C、D级危房占房屋总数的比例达96%。全市城乡居民住房倒塌1118户,严重损坏2.37万户,一般损坏4.2万户,经鉴定共有D级危房13689户,C级危房25248户。地震共造成烈度6度以上区域居民住房、基础设施、公共服务系统、产业发展、居民家庭财产等方面的直接经济损失共计52.68亿元。此外,地震还对当地的文旅产业、地质环境和自然资源、矿产资源等造成了不同程度损失。直接经济损失52.68亿元中,主要包括城乡房屋损失22.62亿元,道路等基础设施经济损失18亿元,教育、医疗卫生、文化、广电等公共服务系统经济损失5.66亿元。具体见表6。

表6　"6·17"长宁地震灾害直接经济损失统计

项目	评估结果（亿元）	分项比重（%）
房屋损失	22.62	42.94
农村居民住宅用房经济损失	12.31	23.37
城镇居民住宅用房经济损失	7.02	13.33
非住宅用房经济损失	3.29	6.25
居民家庭财产经济损失	1.49	2.83
产业损失	4.91	9.32
农林牧渔业经济损失	0.89	1.69
工业经济损失	2.28	4.33
服务业经济损失	1.74	3.30
基础设施经济损失	18.00	34.17
基础设施（交通运输）经济损失	6.86	13.02
基础设施（通信）经济损失	0.65	1.23
基础设施（能源）经济损失	1.71	3.25
基础设施（水利）经济损失	1.89	3.59

续表

项目	评估结果（亿元）	分项比重（%）
基础设施（市政）经济损失	5.69	10.80
基础设施（农村地区生活设施）经济损失	1.2	2.28
基础设施（地质灾害防治）经济损失	0	0.00
公共服务系统经济损失	5.66	10.74
公共服务（教育系统）经济损失	1.87	3.55
公共服务（科技系统）经济损失	0.16	0.30
公共服务（医疗卫生系统）经济损失	1.08	2.05
公共服务（文化系统）经济损失	0.48	0.91
公共服务（新闻出版广电系统）经济损失	0.9	1.71
公共服务（体育系统）经济损失	0.13	0.25
公共服务（社会保障与社会服务系统）经济损失	0.39	0.74
公共服务（社会管理系统）经济损失	0.65	1.23
经济损失合计	52.68	100.00

资料来源：《四川长宁6.0级地震灾害损失评估报告》，宜宾市减灾委员会，2019年7月17日。

三是转移安置群众数量大。此次地震受灾最严重的长宁双河镇曾经是长宁县老县城所在地，珙县珙泉和巡场两镇分别是珙县的新老县城，也是历史上的煤炭、盐卤的抽采区，人口多、工矿企业集中。最高峰时共紧急转移安置受灾群众8.4万人，其中集中安置3.2万人。受多次强余震影响，灾区群众转移安置工作历经多次反复。通过鼓励群众投亲靠友等方式，截止到2019年7月中旬，集中安置人员已基本实现分散安置。

四是社会影响大。此次地震人员伤亡、财产损失较大，社会关注度非常高。地震造成成都至宜宾高铁短暂停运，宜宾至叙永高速公路短期封闭，长宁、珙县境内13条公路中断，121所学校、4.47万名学生因灾停课。此外，由于当地从2013年长宁县双河4.8级地震后，连续发生多次5级左右地震。特别是本次地震影响区域与2018年"12·16"兴文地震和2019年"1·3"珙县地震影响区基本重合，震中相距不到10公里，并且呈现震级越来越高、间隔时间越来越短、破坏力度越来越大的趋势，社会关注度非常高。特别是余震频发且震级时有起伏，有关专家认为该区域可能存在隐伏断层构造，未来潜在地震危险性评估还需进一步深入，一定程度上提升了社会关注度和影响力。

第三节　抗震救灾面临的挑战与应对成效

"6·17"长宁地震发生后，党中央、国务院高度重视，习近平总书记作出重要指示："要求全力组织抗震救灾，把搜救人员、抢救伤员放在首位，最大限度减少伤亡;"[①] "解放军、武警部队要支持配合地方开展抢险救灾工作;"[②] "注意科学施救，加强震情监测，防范发生次生灾害，尽快恢复水电供应、交通运输、通信联络，妥善做好受灾群众避险安置等工作;"[③] "当前正值汛期，全国部分地区出现强降雨，引发洪涝、滑坡等灾害，造成人员伤亡和财产损失，相关地区党委和政府要牢固树立以人民为中心的思想，积极组织开展防汛抢险救灾工作，切实保障人民群众生命财产安全。"[④]

李克强总理作出批示：要求抓紧核实地震灾情，全力组织抢险救援和救治伤员，尽快抢修受损的交通、通信等基础设施;及时发布灾情和救灾工作信息，维护灾区社会秩序;水利部、应急管理部、自然资源部要指导协助相关地方切实做好汛期强降雨引发各类灾害的防范和应对。[⑤]

韩正副总理、孙春兰副总理、王勇国务委员等中央领导同志也分别作出指示。习近平总书记的重要指示和李克强总理等中央领导的批示，充分体现了以习近平同志为核心的党中央，对灾区群众的深切关怀，为抗震救灾工作提供了遵循、明确了方向。抗震救灾期间，国家应急管理部、卫生

---

① 《习近平：全力组织抗震救灾　切实保障人民群众生命财产安全》，百家号·央视新闻，https://baijiahao.baidu.com/s? id = 1636669614863868341&wfr = spider&for = pc，最后访问日期：2021 年 11 月 2 日。
② 《支持配合地方开展抢险救灾工作》，百家号·解放军新闻传播中心，https://baijiahao.baidu.com/s? id = 1636857319060865831&wfr = spider&for = pc，最后访问日期：2021 年 11 月 2 日。
③ 《习近平：全力组织抗震救灾　切实保障人民群众生命财产安全》，百家号·央视新闻，https://baijiahao.baidu.com/s? id = 1636669614863868341&wfr = spider&for = pc，最后访问日期：2021 年 11 月 2 日。
④ 《习近平对四川长宁 6 级地震作出重要指示》，百家号·新华社，https://baijiahao.baidu.com/s? id = 1636671036053577228&wfr = spider&for = pc，最后访问日期：2021 年 11 月 2 日。
⑤ 《习近平：全力组织抗震救灾　切实保障人民群众生命财产安全》，百家号·央视新闻，https://baijiahao.baidu.com/s? id = 1636669614863868341&wfr = spider&for = pc，最后访问日期：2021 年 11 月 2 日。

健康委、交通运输部、水利部、自然资源部、商务部、发改委、地震局、国家电力公司等部门以及有关单位的领导和工作人员先后赴宜宾指导抢险工作。

四川省委书记彭清华，时任省长尹力多次就贯彻习近平总书记重要指示精神，做好抗震救灾工作作出批示，并与省领导杨洪波、尧斯丹分别深入地震灾区查看灾情、看望慰问受灾群众、指导救灾工作，研究部署下一步抗震救灾和灾后重建工作。宜宾市委书记刘中伯、市长杜紫平带领市委、市政府班子成员认真落实中央和省级领导指示批示精神，坚持在灾区一线指挥抢险救灾工作，并动员发动全市上下干部群众，团结一心、全力以赴、奋力抗震救灾。

一　抗震救灾面临的困难与挑战

（一）地震烈度高破坏大，余震频繁震害叠加

此次地震数次地震叠加，余震频繁发生发。6月23日10时，发生5.4级余震，部分危房发生垮塌，再次造成31人受伤。截至2019年7月16日8时，共记录到M3.0级及以上余震64次，发生了5.1、5.3、5.4、5.6级四次较大余震，具有震害重、余震强、地震多、波及范围广的特点，形成震害叠加效应。

宜宾有三江九河，水系发达，地震时正值雨季与汛期，再次发生山洪以及泥石流的概率较大。加之宜宾市特殊的地质、地理和地形条件，地震造成山体垮塌、高位崩塌和滑坡的地质灾害风险较大。尤其是在人居密集区的高陡岩体，对人员和财产造成伤害损害的隐患风险比较突出。据统计，"6·17"长宁地震后导致新增和加剧的地质灾害点有133处之多，两座小型水库受损，大雨和烈日暴晒下极易发生次生灾害。地震发生在23时左右，大多数救援队伍参战指战员经过一天忙碌的训练工作生活，未得到休息便迅速集结，连夜奔赴救灾一线，连续30余小时参与高强度救援作业，不仅需要面临生理上和心理上的极大考验，还需要兼顾防范房屋、山体等二次坍塌以及山洪、泥石流等次生灾害风险。余震造成灾情不断变化，后续转移安置的群众数量不断增加，大大提升了社会关注度和救灾工作难度。

（二）自然条件复杂，救援难度大

此次地震人员伤亡、埋压主要集中在震中长宁县双河镇和珙县巡场镇、珙泉镇。相关区域地表断层较多，地震地质断层构造分布较为复杂。山地、丘陵、河谷、槽谷、陡坡、悬崖纵横、溪流、湖泊、河坝、山塘、水库、平坝形态交错，部分区域喀斯特地貌与老工矿集中开采区交织，地质条件复杂，生态环境脆弱，多次地震叠加，多处山体拉裂、垮塌。加之山高坡陡，路窄地狭，水系纵横，救援力量集结驻扎场地局促，大面积协同作战困难，救援行动施展受限。此外，受灾严重区域的几个中心场镇多为老工矿区，人口密度大、老旧房屋多，建筑抗震设防等级不高。受灾区域的房屋多为村镇自建房，较为老旧，抗震等级普遍低。川南乡村具有村户散居特点，许多村民住房分散在广袤连绵的群山之间，有的建在坡陡或河谷等区域。较大的受灾面积与复杂的地质气象条件使得队伍机动能力受限，震后初期以浅表救援为主的人员搜救与疏散行动，中期转为大范围的进村排查、人员搜救及次生灾害处置，以及后期危房排查、物资疏散、地质灾害隐患点排查等行动，都极易形成作业"盲区"。震后多数房屋处于半倒塌状态，余震频繁，易发生再次倒塌，加之余震造成滑坡、滚石不断，搜救工作面临很大的困难。

（三）交通通信损毁严重，力量驰援困难

此次地震导致宜宾区域内国道省道部分路段受损严重。高速公路方面，S80宜叙高速长宁境内龙头至双河段受损严重，部分山体滑坡、桥梁横向位移。国省干线方面，S443线（原S309线）珙县巡场至硐底段中断。其中，飞仙洞处塌方量近2万方，形成不稳定倒陡立面边坡，高危危岩量大。S436线珙县巡场至珙泉段（月亮湾）因塌方中断。震后，多条常规行进通道因路基沉陷、桥梁塌陷和山体滑坡而中断，需要借道绕行。而绕行道路路况较差，余震滚石不断，通行受阻，大量救援车辆无法顺利进入灾区。

部分乡镇地处偏远山区，道路崎岖狭窄，交通通行条件脆弱。救援人员携带的重型车辆装备行进受到严重影响，大部分地段只能采取徒步方式行进，耗时较长。地震当晚持续降雨，震中和受灾严重点均位于距离县城较远的乡镇，道路泥泞不堪，兵力精准投送难度增大。沿途飞石等复杂因素导致队伍行进难度极大。其中，增援珙泉镇的力量在距离珙泉镇15公里

处时不得不徒步负重行军，首批救援队伍32人耗费将近5个小时才到达救援点。交通运输损失情况见表7。

表7　交通运输损失情况统计

类型		指标	损坏（毁坏）实物量	直接经济损失（万元）
公路	国省干线	路基/千米	48.68	22420
		路面/千米	76	18366
		桥梁、隧道/延米	1931.29	4616
		护坡、驳岸、挡墙/处	100	10484
		小计		55886
	其他公路	路基/千米	85.88	1717.60
		路面/千米	111.05	5552.25
		桥梁、隧道/延米	730	1350.00
		护坡、驳岸、挡墙/处	256	2291.00
		小计		10910.85
	客/货运站	客运站/个	3	1830.00
		合计		68626.85

资料来源：《四川长宁6.0级地震灾害损失评估报告》，宜宾市减灾委员会，2019年7月17日。

地震造成震中双河镇境内大部分电力网中断，手机和固话的通信机房、基站、光缆严重损毁，导致重灾区通信瘫痪。救灾力量进入双河镇后一段时间，手机、卫星均无信号，联络沟通、信息掌握、灾情报告均比较困难。通信损失情况见表8。

表8　通信损失情况统计

类型	指标	损坏（毁坏）实物量	直接经济损失（万元）
通信网	受损通信网交换及接入设备数量	692	792.81
	受损通信光缆长度/皮长公里	1698.04	2632.99
	受损基站数量/个	180	877.95
通信枢纽	受损通信枢纽个数	332	2125.96
	其他通信基础设施	—	86.00
	合计		6515.71

资料来源：《四川长宁6.0级地震灾害损失评估报告》，宜宾市减灾委员会，2019年7月17日。

（四）场镇人口分布集中，疏散转移安置压力大

地震受灾地区多为老工矿区，人口密度大、老旧房屋多，建筑抗震设防等级不高，城乡居民住房、公共服务和市政设施遭到严重破坏，灾害损失较大。

由于震中位于山区，境内层峦叠嶂，山脊多呈锯齿形、长岗状；地体多由石灰岩和紫色页岩组成，喀斯特岩溶地形特征明显，多溶洞、漏斗、石笋、石灰岩。地形崎岖狭窄，丘陵和平坝面积小，宽敞平地极其有限，集中安置点数量有限。加之余震不断，天气炎热，降雨频繁，湿热难耐，前期集中安置人员数量过多，虽采用各种措施进行分散安置，但群众过渡安置期间的物资保障、卫生防疫、治安维护、舆情管控问题比较突出，"五有三保障"的任务艰巨。尽管各级各部门在保障群众基本生活方面下了较大的功夫，但由于受灾群众长时间在集中安置点生活，随着时间推移，生活上各种各样的问题逐渐凸显，由此带来诸多不便，多少影响着群众对抗震救灾工作的看法，工作中稍有不慎，极易引起群众误解，进而引发事端，影响社会稳定。

（五）受灾信息传播快影响大，社会关注程度高

宜宾近年来社会经济发展势头迅猛，各方关注程度日趋提升。地震发生后，四川、重庆、云南、贵州多地有明显震感。震后3分钟后的22时58分38秒，中国地震台网机器人自动编写稿件，仅用38秒出稿；震后不到1小时，新京报记者抵达成都和长宁进行网络直播报道。同时，人民日报、新华社等媒体也都赶赴现场，以直播和短视频形式持续报道。地震期间，赴灾区采访的媒体共52家近300人。

此次地震发生前，成都高新减灾研究所大陆地震预警中心于17日22时55分，提前10秒向宜宾市预警，提前61秒向成都预警，震中附近宜宾、泸州、自贡、成都等地民众通过电视、手机、专用预警终端收到预警提示。地震预警系统受到民众普遍关注，市民拍摄的地震预警视频在网上广为流传，使得此次地震的关注度短期内急速上升。此外，伴随互联网技术的迅速发展，新兴传播平台的不断涌现，"全媒体时代"背景下，地震有关信息以裂变式速度在互联网快速传播。新闻媒体通过航拍、走访、视频连线等方式直播，利用微博、微信等新媒体报道现场情

况，与事件同步的"此刻"直播，为民众带来最直观的一手信息，持续、真实地呈现着灾情现场的状况。官方报道以政务新媒体为阵地，及时、滚动发布灾情信息。自媒体也十分活跃，部分房屋垮塌、人员受伤被埋压的照片、视频在微信朋友圈和微博等社交媒体平台广泛流传。

受持续余震的影响，部分群众不愿返回已经确认安全的住房内，对地震的恐惧情绪持续存在。部分集中安置点的群众长期吃干粮、盒饭，少数群众从最开始时的心存感激，也逐渐变得心存疑虑。持续降雨和连续高温，带来大量不便，灾区群众情绪不稳定的问题容易攀升。震后网上关于"6·17"长宁地震的舆情热度持续较高，特别是其后的几次较大余震，相关视频、文字和图片等在网上快速传播，其中不乏一定数量的负面舆情，给抗震救灾和社会稳定带来了严重影响。

四川大震频繁，仅中华人民共和国成立以来，我国发生的27次7.0级以上的地震，其中就有6次发生在四川。尤其是2008～2019年，四川连续发生了汶川、芦山以及九寨沟等大地震（具体见表9），举国关注，世界瞩目。加之媒体对灾区灾情、灾害损失以及灾后重建等持续进行大量报道，学术界对四川相关地震研究的热情也在持续，各界关注度长期居高。此次长宁地震一发生，随即触发社会高关注度，受灾情况和救援工作传播快，影响大，救援与处置工作面临社会各界立体化、全方位即时关注与动态检验。

表9　近年来四川省6级以上地震基本情况

地点	汶川地震	芦山地震	九寨沟地震	长宁地震
时间	2008年5月12日14时28分	2013年4月20日8时2分	2017年8月8日21时19分	2019年6月17日22时55分
震级	8.0级	7.0级	7.0级	6.0级
最大烈度	11度	9度	9度	8度
受灾面积	50万平方公里	1.25万平方公里	0.9万平方千米	0.3万平方公里
受灾人口	极重灾区和重灾区共1986.7万人	218.4万人	21.66万人	32.98万
死亡人数	遇难69227人，失踪17923人	遇难196人，失踪21人	遇难25人，失踪5人	遇难13人
农房受损	387.23万户	34.86万户	1.88万户	4.06万户
城房受损	10202万平方米	17.44万户	0.37万户	2.63万户
直接经济损失	约8452亿元	约500亿元	约81亿元	约53亿元

（六）地方机构改革转型变换，体制机制磨合备受考验

除上述困难外，此次地震是四川省和宜宾市地方机构改革刚刚完成后，随即处置的第一起重大突发自然灾害，地方机构改革的初期成果与实效受到了全面考验和检验。

2018 年党和国家机构改革中，整合 11 个部门的 13 项职责，组建全新的应急管理部。这是应急管理事业建设过程中组织革新与体制变革的重大举措。应急管理部将原本分散于各个组织的职责纳入其职责范围，将切分的预防预警、应急应对、重建恢复等各环节协同起来，统一标准、优化流程，进行全灾种、全流程、全方位管理。这场改革刷新了突发事件应急管理格局，标志着中国应急管理工作从"条块分割"向"综合性、专业化"转型。

国家层面机构改革完成后，根据中央部署，地方机构改革随之启动。2019 年，地方应急管理改革深入开展，各地应急管理部门纷纷挂牌，形成了国家、省、市、县四级政府的应急管理体系和全国贯通的应急指挥信息网，初步实现了组织上的统一指挥、上下联动。2019 年上半年，宜宾市应急管理局按照省市统一部署，完成地灾、防汛抗旱、森林防火等应急救援职能交接和相应人员编制划转；完成"三定"方案编制，着手厘清关联部门职责边界；市应急管理局完成 14 个职能科（室）人员配置，创新设置安全生产督查科。市相关职能部门也刚刚完成相关职能交接和相应人员编制划转，完成"三定"方案编制。区县刚刚完成有关机构改革的物理整合，化学融合刚刚启步。

但是，突如其来的强烈地震使得正处于新旧体制转型、职责交接、力量转换特殊阶段的地方应急管理改革遭遇重大冲击，暴露出新体制运转运行中的脆弱性。此次体制改革整体力度大、牵涉面广，体制机制重构难、融合难、人员观念认识差距大。机构改革磨合期，在旧问题得到解决的同时，一些新矛盾开始显现。其中最突出的矛盾，是应急管理工作的权责边界和关系存在模糊，有待厘清；应急管理部门与其他相关部门之间职责分工不够明确，职能交叉形成"模糊地带"。例如，水利、自然资源、林业、住建、地震等部门与应急管理部门在灾害治理"防"与"救"方面的职能分工还不够清晰，运转还不太有序；消防救援队伍"垂直管理"与地方灾害"属地管理"还没有理顺。随着改革的推进，应急管理工作的复杂性和

专业性与简单条块合并之间的部门责任边界矛盾日渐暴露，地方属地管理的责任与国家统一指挥的摩擦也时有发生。加之应急管理部门定位不够明确，综合协调力度有所弱化，存在"防"与"救"、综合与专业、牵头与支撑关系不明确，指挥体系与指挥链路不清晰，各部门之间职责界限不清和横向联动机制不畅的问题。这些问题都凸显着管理体制的专业性增强但统筹性和综合协调性不足的症结。

地震灾害的应急处置是一项风险性大、时效性强、机断性高的应急活动，是一项涉及领导决策、指挥调度、抢险救灾、灾民安置、秩序恢复及灾后重建等环节的综合性系统工程，此次地震，集中暴露出综合统筹的"空窗期""磨合期""脆弱期"带来的突出问题，应急管理部门的职责履行，尤其是其在整个应急管理组织体系中发挥承上启下、左联右动的枢纽作用备受实践检验。这说明，从灾害管理到灾害治理，从多部门分割到一部门主导，改革仍在进行，还需要围绕领导与指挥、专业与综合、响应效率、应急联动、平时状态与应急状态等付出艰巨努力。

二 救援处置基本情况与应对成效分析

危机，乃"危险之中蕴含机遇"，成功的危机管理是努力将危险应对转化为机遇利用的过程，"化危险为机遇、在危机中寻找转机，一直是应急管理的核心思想"①。在自然灾害造成的危机中如何救灾，是对一个国家或者地方经济实力、科技水平、基础设施、物资储备、组织动员能力、医疗救治能力、金融服务速度、民众素质，特别是特殊救援设备、人员、物资的调动调配能力的考验。成熟的救灾能力，能够最大限度地降低天灾对人民生命财产的损害，能够更加有效地组织人力物力高效率地投入救援、救治。面对有历史记录以来宜宾遭受的震级最高、烈度最强的地震灾害，在党中央坚强领导下，四川省委、省政府和中央有关部门紧急行动、精心组织，宜宾市委、市政府团结带领全市人民，万众一心，攻坚克难，灾区广大干部群众奋起抗灾，人民解放军、武警部队、公安民警、消防救援队伍和民兵预备役指战员冲锋在前，兄弟省市州以及社会各界大力支持，"6·17"长宁地震抗震救灾工作有力、有序、有效推进，在人员搜救、伤员救治、群众安置、抢修保通、物资发放、次生灾害防范、信息发布、灾

---

① 钟开斌：《回顾与前瞻：中国应急管理体系建设》，《政治学研究》2009 年第 1 期。

损评估等方面及时、高效，最大限度地减少了人民群众生命财产损失，抢险救援工作在短时间内取得显著进展与阶段性成效，充分反映了新时代地方灾害处置特点和我国特有的灾害治理制度优势。

（一）迅速驰援高效搜救

灾情发生后，应急部、国家卫健委、自然资源部、水利部等部门立即派出工作组奔赴现场。四川省、宜宾市两级党委、政府迅速启动抗震救灾预案。四川省委、省政府立即启动了《四川省地震应急预案》、《四川省自然灾害救助应急预案》Ⅱ级响应，宜宾市委、市政府第一时间启动一级响应，并成立宜宾市"6·17"抗震救灾指挥部。6月18日凌晨，时任四川省委副书记、省长尹力带领工作组赶赴震中长宁县双河镇，在镇政府院子临时搭建的帐篷召开会议，正式成立省、市联合抗震救灾指挥部，即四川省"6·17"抗震救灾应急救援联合指挥部（以下简称"联合指挥部"），高效有序地展开了人员搜救、生命拯救、灾民安置、风险隐患大排查等工作。联合指挥部下设综合协调组、信息组、抢险救援组、群众安置组、医疗救护组、救灾物资金保障组、社会维稳组等13个工作组，分别由宜宾市委市政府领导任组长，省级部门领导和市政府有关领导任副组长，统筹组织指挥抗震救灾工作。

地震发生后，指挥部赓即派出10个工作队，并调集消防救援、森林救援、武警部队、矿山救护队、应急民兵及社会救援力量，按照"逐户核实、不漏一户、人人见面"的要求，全力开展拉网式人员搜救，组织震区群众转移到安全地带。震后30分钟，救援部队抵达震中；85分钟，第一名被困人员被成功救出；4个小时，第一批救灾物资运抵震中双河镇；24小时，拉网式、地毯式搜救全部完成，救出被困人员57人。与此同时，市县多支医疗救援队火速赶往地震灾区，千方百计救治伤员。根据伤员的受伤情况，转送危重伤员到市级以上医疗机构进行治疗，对危重伤员制订一对一专家会诊治疗方案。抢险救援阶段，累计投入消防、武警等各类救援队伍31支5072人。

1. 专业队伍赶赴救援

地震发生后，四川消防救援总队、四川森林消防总队、宜宾军分区、武警四川总队、宜宾市矿山救护队等以及各区县的救护队立即奔赴灾区抢救生命，将伤亡降到最低。

（1）消防救援力量。宜宾市消防支队第一时间响应，迅速启动《宜宾市地震灾害应急救援预案》，立即调集长宁县周边的珙县、南溪、江安、高县、筠连、兴文6支地震救援分队18车108人310余件（套）专业救援设备赶赴灾区救援。支队全勤指挥部遂行出动的同时，将灾情信息上报四川消防救援总队，请求增援。6月17日23时25分，第一支专业救援力量——宜宾市消防救援支队宋家坝中队到达双河镇开展救援工作。

6月17日23时，地震发生仅仅5分钟之后，四川省消防救援总队便启动Ⅱ级响应机制，全警动员，紧急响应，快速行动。及时调集宜宾、成都、自贡、泸州、内江、乐山、雅安、眉山、资阳、遂宁共10个支队，以及总队全勤指挥部、总队战勤保障大队共148车、669人、8条搜救犬、20台生命探测仪和3000余件套器材装备，赶赴震中开展救援工作。经消防指战员全力搜救，共营救群众20人（其中12人生还、8人死亡），疏散转移群众827人。

四川省森林消防总队第一时间作出应急响应，总队领导带队开展救援工作，共投入154名指战员参加抗震救灾，并命令攀枝花森林消防支队做好增援准备。搜救转移受困人员130户843人，搬运救灾物资2.23万箱，搭建帐篷35顶，处理危房169间。

（2）军队救援力量。地震发生后，西部战区联指中心迅速启动应急响应机制，查明灾情、核实人员伤亡情况、下达预先号令，指挥四川省军区、武警四川总队等救援力量驰援灾区，配合地方政府展开救援工作。四川省军区立即启动应急预案，指示宜宾军分区迅即投入救援，争分夺秒救人，统计上报灾情。宜宾军分区第一时间派出先遣组赶往震中，指挥长宁县集结民兵660人，迅速开展灾情排查并投入救援，其余区县民兵集结待命。救灾期间，共组织指挥民兵参与救灾10163人次（长宁县5256人次，高县800人次，珙县4059人次，江安县12人次，筠连县36人次）；出动各型救灾指挥车、运输车、自走式野战炊事车47台。

中国人民武装警察部队四川总队投入宜宾、自贡、泸州、内江、乐山、机动总队等共计997名兵力、78台车辆、922件（套）装备器材，转移安置灾民3000余人，解救被困群众27人，挖掘遇难者遗体2具，搬运物资1497吨，搭建帐篷1948顶，疏通道路50余公里，拆除危房及易倒塌墙体130余处，清理塌方1900多方，巡诊救治受伤群众2200余人，防疫消毒31800平方米。

（3）地方专业救援力量。地震发生后，宜宾市域内的矿山应急救援队伍（国家应急救援芙蓉队、宜宾市矿山救护队、兴文县矿山救护队、筠连县矿山救援大队）在省市应急管理部门的调度下，立即出动到灾区开展抢险救援。6月17日至26日，各矿山救援队共出动642人次，出动车辆40辆，搜救遇难者3人，抢救遇险者4人，疏散安置和劝离返回危房群众1158人，搭建帐篷419顶，隐患排查整治57处，搬运救灾物资80吨，为长宁县双河镇受灾群众搬运（转运）各类生活物资20余吨。

2. 组织发动群众积极自救

"6·17"长宁地震发生后，各县（区）各级基层组织立即行动起来，组织发动群众互助自救。一是及时核查搜救。受灾县（区）第一时间安排联系乡镇县领导带队，分赴乡镇组织各镇、村干部按照"逐户核实、人人见面"的要求，开展拉网式搜救、排查等工作。二是迅速转移安置。组织镇、村党员干部协助先期抵达的民兵、消防队伍等救援队伍力量开展灾区群众转移，将危险建筑区域的人员全部转移到安全地带，采取投亲靠友、发放帐篷、建设集中安置点三种方式分类转移安置受灾群众。同时，在各安置点成立临时党支部为受灾群众提供服务。三是全力抢修保通。组织公安、交警和镇村组党员干部分组分地段对地震灾区实施治安管控和交通秩序管控，确保救灾通道畅通。四是开展隐患排查。立即对辖区企业、矿山、非煤矿山、危化品领域开展安全隐患排查，对因震受损的工业企业和加油站采取暂停生产、警戒停产等措施确保安全。对地质灾害隐患点逐点落实警示提示、防灾措施和专职监测人员。五是组织物资供应。立即启动救灾物资调拨，确保大米、方便面、矿泉水、食用油等日用物资供应。

（二）统筹分级开展医疗救治

地震发生后，宜宾市卫生健康委立即启动一级突发公共事件医疗卫生救援应急预案，按照"统一调度、集中救治、分级负责、分片包干、协调配合、科学有序"的原则，各县区卫生健康部门迅速响应，开展伤员救治。截至2019年7月5日，地震灾区诊疗伤病员8262余人次，收治住院伤员236人。各级卫生健康部门向震区累计派出医疗专家组及救护组99组498人，其中国家级6组47人、省级10组97人、市县级83组354人，出动救护车80辆，开展手术112台。

1. 统筹救治情况

（1）合理调配力量。地震发生当晚，宜宾市卫生健康委先后调派市级医疗卫生机构61人、15辆救护车，长宁县调派305人、18辆救护车，珙县调派198人、10辆救护车，分别到灾区县、乡、村开展医疗救治工作。根据伤情轻重，由省、市、县分级救治，危重伤员经现场紧急处理后转省、市医院救治，其他伤员在县级医院救治。县级人民医院开辟出专门病区，对地震伤员进行集中治疗、集中管理，确保所有伤员得到及时有效的治疗。

（2）用好专家资源。地震发生后，国家卫健委和四川省卫健委高度重视伤病员救治，为降低伤员死亡率和致残率，分别第一时间抽调北京积水潭医院、北京大学第三医院、北京协和医院、北京天坛医院、四川大学华西医院、四川省人民医院、西南医科大学附属医院、四川省骨科医院、四川省中医医院和西南医科大学附属中医医院的学科专家前往长宁县、珙县开展医疗技术指导和救治。宜宾市卫健委根据实际情况，确定由国家卫健委派出的专家牵头负责指导宜宾市一医院，国家级华西医院专家牵头负责指导宜宾市二医院，四川省人民医院、西南医科大学附属医院、四川省骨科医院专家牵头负责指导长宁县的医院，西南医科大学专家牵头负责指导珙县的医院，各级专家密切配合，科学有序开展救治工作。

（3）保障医用物资。地震发生后，宜宾市市场监管局立即启动应急预案，要求负责宜宾药品储备的重药集团宜宾公司和科伦集团宜宾永康公司及时将救援药械送达灾区。另外，及时联系长宁县神龙药业公司、恒康医药公司、珙县药业公司和红康医药公司，了解公司灾情、药品库存量，以及县医院药品、医疗器械消耗情况，并通知市内各药品经营企业随时做好应急药械调运准备。市中心血站分批次紧急调度血液到县级救治医院，并组织人员对救治医院的储血点进行现场指导，保障用血安全。

2. 各救治点情况

（1）宜宾市第一人民医院救治点。宜宾市第一人民医院对伤员实现"三集中"（集中伤员、集中地点、集中医生），设立"'6·17'地震伤员救治专区"，整合国家医疗专家组和全院优质医疗资源，开展多层级、多学科的联合会诊、手术和治疗。医院为每位伤员成立了专属诊疗专家组，开展切实有效的对症治疗，同时辅以心理疏导，人文关怀，并为伤员及家属送去了生活用品。宜宾市第一人民医院参与救治震中患者81名，其中重伤员9人。7月1日，所救治伤员全部出院。

（2）宜宾市第二人民医院救治点。地震发生后，宜宾市第二人民医院当即派出医院有关负责人带领18名救援队员奔赴长宁震区，在长宁县双河镇中学搭建起"帐篷医院"，参与应急救援，并集中医院相关科室的骨干医生，成立了救治小组，专门设置了"6·17长宁地震"危重伤员集中救治病房。

（3）长宁县救治点。长宁县中医医院设立"医疗卫生救援指挥部"，明确长宁县中医医院为长宁县地震伤员主要收治医院，搭建"帐篷医院"（双河）1个，设置临时医疗点40个。从6月17日夜到7月5日止，长宁县动员县、乡、村三级医疗卫生人员共计305人，覆盖全县6个重点乡镇共计43个医疗点的卫生救援工作。按照市卫生健康系统的统筹安排，国家、省、市、县各级派出医疗卫生救援专家共计231人到长宁县参与医疗救援工作。在医疗救治期间，根据伤员病情需要，长宁县共转送2名伤员到四川大学华西医院（1名危重，1名重症），动用直升机空中转送1名危重伤员至四川省人民医院。

（4）珙县救治点。珙县在第一时间启动卫生应急响应，迅速开展伤员搜救，在10个临时集中安置点均配备医疗救护小组，对受灾群众进行筛查体检。在医疗救治期间，国家、省、市、县等26家医疗机构和医卫工作者2000余人到珙县参与医疗工作。截至2019年7月5日，珙县范围内各医院收治地震伤员住院累计67人，开展地震伤员手术累计11例。开展地震住院伤员心理援助服务503人次、心理健康教育服务4858人次。

（三）妥善转移安置受灾群众

此次地震和后续余震，灾区前后共紧急转移安置群众8.4万余人次，其中集中安置人数达3.2万余人。市、县两级第一时间向灾区调拨帐篷、棉被、折叠床、水、方便面、面包等各类救灾物资，通过搭建临时集中安置点、投亲靠友、搭建简易安置棚、利用闲置的公共建筑设置固定安置点等方式，妥善转移安置受灾群众，保障灾区群众居住和生活需要。

1. 搭建临时集中安置点

"6·17"长宁地震发生后，为安置群众生活，宜宾市发展改革委第一时间调运帐篷、折叠床、棉被等救灾应急物资分别送往地震震中长宁县双河镇和珙县巡场镇。长宁县、珙县分别设置临时集中安置点，用于安置紧急转移的受灾群众。

长宁县共设置10个临时集中安置点（双河镇双河中学、笔架避难广场、嘉鱼广场，梅硐镇泽鸿广场、文化广场，龙头镇聚龙社区、兴宁社区，硐底中学，花滩中学，富兴义务教育学校）。珙县共设置11个临时集中安置点（巡场镇金河新区、双三公园、僰文化广场、县体育馆、迎宾广场、文化公园，珙泉镇荷花校区、珙泉车站、鱼池广场、灯光球场、第二小学）。累计调拨帐篷9000余顶、救灾床15000余张、棉被25000床运往灾区，及时解决了受灾群众的安置问题，确保了受灾群众有饭吃、有衣穿、有饮用水、有安全住所、有基本医疗。

由于震中位于山区，受地形所限，便于安置的场所不多，集中安置点数量十分有限，集中安置人员比例较大。加之余震不断，即使是房屋受损不大的群众也不愿回家过夜，客观上造成集中安置点一段时间人员过多，压力较大。加之时值蜀南酷暑季节，天气炎热，降雨频繁，湿热难耐，集中安置点的可持续保障以及有序管理面临诸多挑战。为了缓解集中安置的压力，指挥部及时制订过渡期生活救助资金补助办法，加大宣传引导，创造各种条件帮助群众分头疏散安置。确保了集中安置的受灾群众在10天左右基本疏散，27个大型集中安置点全部撤除。

2. 开展心理疏导与人文关怀

宜宾市教育和体育局、市卫健委、市工会、团市委、市妇联等组织为减少和预防地震对群众造成的负面心理影响，保障灾区群众心理健康，及时启动地震灾区心理应急援助项目，与中科院心理所等单位合作，组建心理援助团队，先后前往灾区学校、临时安置点，通过游戏、绘画、歌唱、舞蹈、讲故事等团体心理辅导，及时缓解师生的恐惧和焦虑情绪，加强灾民心理疏导，防止心理伤害。宜宾市第四人民医院成立心理危机干预应急领导小组，及时介入，做好心理卫生服务和医疗康复。截至2019年7月5日，派出震后心理咨询专家66组237人次，开展心理疏导（住院）1742人次，现场心理咨询辅导35554人次。

宜宾市广播电视台会同宜宾市映三江农村数字电影院线有限公司、中国竹都宜宾红色文艺轻骑兵志愿服务队奔赴灾区，从6月18日起，在地震灾区长宁双河镇、珙县巡场僰文化广场等10余个安置点放映抗震救灾影片《地震逃生与自救》《中小学生防震常识》《战狼2》《红海行动》，以及以珙县本土故事为原型拍摄的影片《最后一公里》，极大缓解了灾民的紧张情绪，增强了抗震救灾自立互助的精神动力。市图书馆的干部职工和宜宾读友志愿队的志愿者前往珙县地震灾区几个临时集中安置点，为灾区群众赠送 400 册流动图书、100 册文化期刊和 200 余套学习用品，为灾区群众提供现场阅览。

（四）高效及时保障救灾投入

震后，中央、省、市、县四级财政共投入 8.75 亿元救灾资金。其中国家、省下拨自然灾害生活救助资金 6.17 亿元；市财政下拨救灾资金 0.2 亿元，县级调拨救灾资金 2.38 亿元。[①]

1. 救灾资金投入迅捷高效

地震发生后，四川省委、省政府于 6 月 18 日指示省财政厅专调资金 1000 万元用于抗震救灾，其中长宁县 600 万元，珙县 400 万元。同时，按照宜宾市委市政府指示，宜宾市财政局立即启动财政应急预案，开通资金拨付"绿色通道"，紧急向地震灾区专调资金 1000 万元，其中，长宁县 500 万元，珙县 500 万元。据统计，截止到 2019 年 7 月 5 日，各级共调拨资金 9754.48 万元用于抢险救灾。具体见表 10。

表 10 "6·17"长宁地震抢险救灾资金情况统计

单位：万元

项目名称	小 计	抢险救灾资金使用去向							
		市本级	长宁县	珙县	翠屏区	高县	兴文县	江安县	叙州区
应急救灾资金	9754.48	690.00	3504.80	4979.68	10.00	330.00	220.00	10.00	10.00
其中，上级资金	6735.00	690.00	3305.00	2160.00	10.00	330.00	220.00	10.00	10.00
地震救灾应急补助中央预算内投资	5000.00		2700.00	1800.00		300.00	200.00		
2019 年车辆购置税收入用于交通一般公路建设项目资金预算（第三批）	900.00	440.00	230.00	200.00		20.00	10.00		
交通应急抢险省级补助资金	500.00	250.00	100.00	100.00	10.00	10.00	10.00	10.00	10.00

① 数据来源：宜宾市应急管理局。

续表

项目名称	小　计	抢险救灾资金使用去向							
		市本级	长宁县	珙县	翠屏区	高县	兴文县	江安县	叙州区
第一批环保应急资金	335.00		275.00	60.00					
县级资金	3019.48		199.80	2819.68					

资料来源：宜宾市应急管理局。

2. 救灾物资保障及时有序

震后，中央和省级调拨救灾物资有帐篷 7000 顶、棉被 25000 床、救灾床 14000 张；市级调拨救灾物资有帐篷 450 顶、棉被 6000 床、救灾床 2241 张、瓶装水 19000 件、方便面 19000 件、面包 18000 件等。① 各级各部门抓紧救灾资金拨付与物资发放，严格按照"专物专用、专款专用"和"公平、公开、公正"原则，强化救灾资金物资的使用管理，确保救灾钱物规范有序接收和及时规范发放。

6 月 17 日地震发生当晚，应急管理部会同国家粮食和物资储备局紧急调拨 5000 顶帐篷、1 万张折叠床、2 万床棉被，支援抗震救灾工作。到 6 月 18 日夜，各级调往地震灾区的救灾物资帐篷 7450 顶、折叠床 16247 张、棉被 31720 条全部抵达。与之同时，宜宾全市落实应急小包装储备大米库存 4050 吨，其中宜宾黄桷庄粮油集团 3100 吨、宜宾市军粮供应站 200 吨、翠屏区 300 吨、南溪区 200 吨、长宁县 120 吨、兴文县 130 吨，同时黄桷庄粮油集团、长宁县、兴文县做好应急大米准备工作，随时根据需要应急加工，满足受灾群众和应急救援队伍需要。②

（五）扎实开展次生灾害防控③

1. 开展地质灾害排查

由于余震不断，宜宾市自然资源和规划局立即启动应急预案，迅速组织四川省地矿局 202 地质队、405 地质队等 6 家地勘单位、143 名专业技术人员开展震后次生地质灾害隐患集中排查工作，加强监测预警，严防次生

---

① 数据来源：宜宾市应急管理局。
② 数据来源：宜宾市应急管理局。
③ 有关数据源于宜宾市应急管理局提供材料汇总。

灾害发生。经对全市 1254 个地质灾害隐患点和水库开展了 3 轮常态化排查复核，发现新增 91 处地质灾害点，原有地灾点加剧变形 42 处。市自然资源和规划局迅速编制完成了 68 个急需应急处置的地灾隐患点的治理方案，并按照三同时的原则同步开展地质灾害应急治理，全力防止余震、滑坡、泥石流等重大灾害接续发生。对 2636 名受威胁群众进行临时转移安置，确保了无震后次生地质灾害人员伤亡情况发生。

2. 组织房屋受损鉴定与排查。

宜宾市住房和城乡建设局协调组织 26 家鉴定机构 160 个鉴定工作组共 1134 人次对受损房屋进行安全性鉴定。截至 2019 年 7 月 3 日，首轮房屋鉴定工作完成，共鉴定住房 30769 栋 50720 户，鉴定面积 723.44 万平方米；鉴定公共建筑 925 栋。为临时安置、确定震害损失和恢复重建提供重要参考依据。各受灾县对在地震中损毁有安全隐患的建筑作了排危处理。对暂时不能立即拆除的危房，全部作了标识和封闭。

3. 启动重大工程隐患排查

宜宾市城建集团派出 6 个专项震后安全隐患排查小组，对金沙江大道二、三期，金沙江公铁两用桥南、北连接线，打营盘山隧道，盐坪坝长江大桥，机场东连接线等市政基础设施重点项目的高边坡、深基坑、高支模、塔吊、高空爬梯、隧道、桥梁本体等进行全面细致排查；对长江公园、丹凤公园等市政公用设施项目边坡、电力设施、绿化亮化等进行全面细致排查；对成贵高铁宜宾西站站前广场、长江大桥亮化等重点市政公建项目的照明设施、电梯及吊顶等进行全面细致排查，检查项目共 21 个，发现安全隐患 9 处，作出停业整治 3 处。

4. 开展水利工程排险

水利部、四川省水利厅派出 3 个专家组来宜指导，各级水利系统对全市 627 座水库水电站、90 处堤防、617 处供水工程、722 处灌溉工程及其他小微水利工程开展了拉网式排查，发现 10 个小型水库受损、1 个中型水库灌溉渠道受损、8 个供水工程不同程度损坏，受影响群众约 37000 余人。宜宾市水利局逐一落实专家队伍制定应急处置措施。6 月 19 日，全市受地震影响的集中供水设施全部恢复供水。

地震发生时正值雨季，宜宾市水利局加强雨情、水情、汛情及上游来水变化情况收集分析。截至 2019 年 7 月 5 日更新雨情、水情 220 余条，提供预测分析 5 次，及时启动防汛响应 3 次，发送监测预警短信 2100 余条。

对全市山洪灾害危险区进行全面排查，全部落实划定危险区域、设置标识标牌和避险转移预案等措施。

5. 开展企业及特种设备次生灾害排查

宜宾市应急管理局于6月17日晚震后第一时间通知辖区内煤矿、非煤矿山、危化品生产企业、化工企业、加油站停产撤人。6月18日凌晨1时，全市所有煤矿人员全部撤出，65家非煤矿山生产企业全部停产撤人，7家危化品生产企业停产撤人。宜宾市市场监督管理局随即在全市系统启动包括电梯、压力容器、游乐设施、起重机械、锅炉、压力管道等特种设备的大排查，以防次生灾害的发生。截止到2019年7月5日，全市市场监管系统共排查电梯10950台，排查出隐患电梯217台，整改83台；排查压力容器2382台；排查大型游乐设施71台，排查出隐患设施11台；排查起重机械1259台，排查出隐患机械2台；排查锅炉181台，排查出隐患锅炉5台；排查压力管道766.13千米，排查出隐患管道32.7千米。对于查出的隐患，各单位立即安排整改，有效防范特种设备次生安全事故发生。

（六）抢修排险确保通畅

为保证灾区生命通道通畅、保障群众生产生活需求，交通、水利、电力、燃气、通信、石化等部门和企业全力组织对灾区基础设施开展抢修、排险加固。

1. 交通保障设施抢修

（1）高速公路。S80宜叙高速长宁境内龙头至双河段受损严重，部分山体滑坡、桥梁横向位移，6月18日凌晨起，交通部门采取紧急交通管制措施，禁止社会车辆通行，保障救援车辆应急通行。8月18日，消除隐患，修复路面恢复通行。

（2）国省干线。国道G547，垮塌50余处；S436线珙县巡场至珙泉段的塌方导致公路中断；S443线珙县巡场至硐底段三处山体塌方、路基沉陷导致公路中断。G547、S436线于6月19日上午抢通。S443线于7月5日抢通。

（3）县乡公路。地震造成长宁、珙县境内公路300余处塌方，受损里程约71公里，因灾影响里程600公里，多条公路中断。长宁、珙县、市交通运输局迅速组织了抢通工作，于6月19日零时前全部抢通。

2. 通信保障设施抢修

地震累计造成 218 个基站退出服务，3 处光缆中断。地震发生后，四川省通信管理局立即启动应急通信保障预案，指挥省内基础电信企业和铁塔公司迅速开展通信抢险及通信保障工作。

6 月 18 日上午，工业和信息化部党组书记、部长苗圩从工信部应急通信指挥中心连线灾区，了解灾情及通信受损情况，并提出要求：一是要在四川省委省政府领导下，全力保障灾区救援通信，确保前线指挥通信畅通，确保民生基本通信畅通；二是做好前线救灾和抢修人员安全防护，确保人身安全；三是及时报送最新通信抢通信息。

经过抢修，到 6 月 18 日 18 时，已累计恢复基站 146 个，受损中断光缆 3 处已全部恢复，灾区公众通信基本正常，无通信全阻乡镇。截至 6 月 20 日，灾区公众通信全部恢复正常。

3. 生活设施抢修

（1）生活用水。宜宾市清源水务集团有限公司震后即启动应急响应，在保障中心城区供水安全的同时，迅速联系包括长宁、珙县在内的宜宾各区县水司，了解震后供水情况。6 月 18 日安排 8 辆应急抢险车、35 名应急抢险队员实施双河镇临时取水抢险工程。

（2）生活用电。"6·17"长宁地震发生后，由国网宜宾供电公司负责长宁县、四川能投宜宾电力有限公司负责珙县的电力保障。国网四川电力当晚调集抢险人员 294 人、车辆 70 台，赶往灾区抢修并提供临时用电，国网成都、眉山、内江、泸州、乐山供电公司，四川电力公司应急中心，国网四川省电力公司物资分公司等多支电力应急队伍赶到地震灾区开展临时供电和抢修工作。四川能投宜宾电力有限公司启动地震 II 级响应，共出动 1500 余人、60 余台车开展灾情摸排；组织 10 支电力抢险队伍及应急物资赶赴受灾第一线开展抢险抢修工作。截至 6 月 20 日 19 时，地震灾区已全部恢复供电。

（3）生活用气。地震发生后，宜宾华润燃气有限公司迅速启动应急预案，投入抢险、抢修、排查人员 524 人次，检测、抢险装备 816 余件（套），连夜组织力量对各重点场、站、点开展抢险排查。对长宁县双河镇和珙县县城的 3 座配气站、2 座商场、4 所医院、15 所学校、4 家宾馆等重点供气场所和人员密集场所的燃气设备、设施开展隐患排查、抢险抢修工作。6 月 19 日，协助珙县巨能燃气成功处置"彩虹桥过河管道泄漏险情"；

6月20日，协助长宁天能燃气公司抢修供气主管网。

（七）全方位做好灾区卫生防疫

震后，联合指挥部迅速派出卫生防疫队伍对灾区开展疫情防控工作，进行全方位、无死角的卫生消杀，防控传染性疾病蔓延；组织开展灾后卫生防病知识宣传，全面强化卫生防疫，对灾区水厂的出厂水、末梢水进行采样检测，对灾区安置点、医疗救治点等重点区域进行消毒，确保了灾区无疫病流行。

1. 实施消毒防疫

宜宾市疾控中心卫生防疫应急队员按照卫生应急预案迅速进入震中长宁县双河镇和珙县巡场镇，走村入户开展灾情调查，重建疾病监测体系，指导灾区卫生防疫工作及时开展。在灾区所有集中安置点和医疗机构开通了症状监测系统，同时对传染病、食物中毒等实施"零"报告、日报告制度。

6月19日，国家、四川省、宜宾市疾控中心组成工作组，前往安置点了解灾情，查看安置点饮食、病媒生物防控等情况，开展灾后快速评估和疾病防控技术指导。

6月21日，长宁县应急工作组对各安置点医疗点症状监测工作进行了指导，实地对各安置点的环境再次进行了查看和风险排查，指导当地对重点地区进行"消杀灭"工作。在长宁县范围内采取水样14份，发放宣传单7500份。珙县应急工作组走访金河新区、双三公园、文化广场等安置点，对存在的公共卫生风险进行了排查，实地对受灾群众进行了随访，了解诉求，并就震后卫生防病知识进行了宣讲，指导珙县疾控实验室检验工作，查看水质检测结果及环境消杀情况。

6月22日，灾区出现较大降雨，中国疾控中心应急专家与四川省、宜宾市疾控中心应急小组分成两个现场工作组，分别前往了珙县金河新区等4个集中安置点以及3个村内小安置点指导灾后防病工作。

从6月18日到7月5日，市疾控中心累计出动卫生防疫人员417人次，开展"发热、腹泻、皮疹以及犬伤"等症状监测，主动搜索巡诊35562人次，对772名症状监测阳性灾民进行追踪随访；在安置点举办健康讲座和巡回宣讲，向12000余名灾区群众讲解灾后健康防病知识，发放各类卫生防病宣传资料5万余份；开展垃圾堆、厕所等重点环境消毒杀虫工作，消杀面积累计达约 70 万平方米，处理粪坑 1477 个次，清除蚊蝇滋生地 2866 处次。截至 7 月 5 日，地震灾区无传染病聚集疫情和突发公共卫生事件报告，确保了大灾之后无大疫，受到了国家疾控中心和省卫健委的充分肯定。

2. 预防水质污染

地震发生后，国家、省、市的卫生防疫专家到长宁县进行指导，对双河镇水厂的出厂水、末梢水进行采样检测，对停放遇难者遗体的医院进行消毒处置。到 6 月 19 日，对灾区安置点、医疗救治点等重点区域的清洗消毒面积约 12.75 万平方米。

截至 2019 年 7 月 5 日，共对 60 个供水点进行调查采样，采集检测水样 312 个 2600 项次。现场指导饮水消毒 300 余次，追踪调查并且指导处理不合格饮用水问题 59 次，确保灾区无介水传染病流行。

（八）全面维护震区社会秩序

地震发生后，为全力维护震区社会秩序，宜宾市公安系统立即承担起灾区社会秩序稳定保障的工作，分组分段对地震灾区实施社会面治安管控和交通秩序管控，确保灾区社会稳定、救灾通道畅通。镇村组党员干部也迅速到位开展工作，公开灾情消息，纠正虚假信息，打击谣言传播，防止社会恐慌危害。

1. 快速出警

长宁县局 120 名警力在震后 40 分钟抵达震中开展救援工作，市局交警支队、治安支队在震后 2 小时内到达震中，市公安局特警支队、南溪、江安、高县、兴文、筠连支援力量于 6 月 18 日凌晨全部到达震中。

2. 维护秩序

全力确保安置点平稳有序，以灾区群众能够随时随地看见警亭、警车、警灯、警察为原则，在 34 个集中安置点设立帐篷警务室，实施加强型巡逻防控及公安、武警联勤巡逻，长宁县和珙县公安局执行一级勤务，全市公安机关周末停休，确保灾区警力充足。

3. 畅通交通

在临近长宁县、珙县各交通要道设置 13 个交通管制点，为救灾物资运输车辆设置"抗震救灾应急专用通道"，针对震后强降雨、山体滑坡等次生危害导致道路中断等情况，迅速会同交通运输、应急管理等部门抓紧推进道路疏通、开展交通管制、实时发布信息，全力保障灾区"生命通道"安全畅通。

（九）切实加强舆情引导管控

地震发生后，赴灾区采访的媒体共52家近300人，包括央视、新华社、人民网、中国日报等。宜宾市第一时间利用官方政务微博，滚动发布灾情信息。6月18日8时30分召开第一次新闻发布会，震后第一周共组织召开6次新闻发布会，市县官微共发布信息3000余条，总阅读量超10亿次，主动向社会公开发布人员搜救、转移安置、灾情排查等信息。市级新闻媒体紧急行动，火速跟随救援部队星夜赶赴震中，用手中的笔和镜头，记录下抗震救灾的一幕幕感人场景，向外界展示了党和政府以人民为中心的抗震救灾理念，传递了灾区人民坚忍顽强的精神。

同时，强化网络舆情监管，及时应对处置虚假舆情，组织市级部门对重大舆情风险点进行会商研判，通过人工加软件巡查监测不良舆情和谣言等，共查处网络造谣、发表不当言论和不良信息的网民76人，其中刑事拘留1人，行政拘留12人，教育训诫28人，维护了灾区社会的和谐稳定。

（十）发挥社会力量开展志愿者服务

地震发生后，省、市、县各级工会组织高度关注抗震救灾安置点群众的身心健康，在长宁县、珙县8个大型集中安置点分别设立了8个心理援助服务点，邀请拥有心理咨询师资质的工会"5·1"玫瑰志愿者、社会志愿者、专业医生对受灾群众开展心理咨询援助，引导他们释放压力，缓解焦虑情绪等。

共青团系统及时成立省、市、县三级共青团抗震救灾工作领导小组，扎实做好志愿服务、舆情引导、社会联络和综合协调等工作。截止到2019年7月5日，在长宁县、珙县共设立青年志愿服务站12个，累计招募860余名青年志愿者广泛开展走访慰问、诉求收集、守护陪伴、心理疏导、政策宣传、物资搬运分发等工作，服务受灾群众3.4万余人次，累计服务时长3.5万余小时。

宜宾市妇联迅速成立地震应急救灾工作组，负责志愿服务、物资筹备、宣传报道、后勤保障等工作，震后凌晨赶赴灾区查看灾情，及时掌握灾区应急需求。6月18日上午即将采购的速食、棉被等急需物资送达长宁县双河镇，调集的36名巾帼志愿者迅速投入抗震救灾一线。在抗震救灾期间，组织巾帼志愿者5048人次参与灾情摸排、群众疏散安置、物资搬运分发、群众安抚、妇女儿童关爱服务等工作；先后在长宁县、珙县的集中安置点建成"帐篷儿童之家"8个，组织专业教师、心理咨询师等提供灾区儿童服务。

中国红十字会总会灾害管理处、四川省红十字会派员第一时间赴长宁县双河镇，了解双河镇中心卫生院搭建的红十字"帐篷医院"运行情况，看望慰问救治群众和医务工作者。宜宾市红十字会应急救援志愿服务队与四川省红十字赈济救援队共同在长宁县双河镇中学、荷叶村搭建帐篷近110顶，建立受灾群众安置点，开展物资发放和登记工作，并对安置点280户1268名群众进行回访，补充发放救灾物资，对红十字安置点卫生、生活设施和环境进行完善和规整，并加固救灾帐篷，逐户对安置群众进行居住清洁卫生教育。泸州市红十字会山地救援队携带2只搜救犬在灾区开展排查搜救工作，搜救转运了3名受灾群众。

此外，不少社会力量第一时间奔赴汇集灾区，在不同领域配合政府统筹开展专业志愿行动。据统计，共有68个组织向四川省社会力量参与防灾减灾救灾统筹中心报备，其中到达现场的有15个救援队，4个社会志愿者队伍，3个专业服务组织，5个基金会，共27个组织，305人，68辆车，3条搜救犬；备勤38个组织，575人。此外，还有2个基金会未进入现场，仅提供物资；1个专业服务组织提供线上服务。多家社会机构的自发志愿救灾行为及爱心捐赠与政府救灾安排紧密协同，有效利用已发动的社会资源，发挥社会力量可灵活深入村组社区的优势，促进政府救灾救助工作更加精准、高效、有序。

（十一）及时提供金融保险服务

1. 积极开展震后金融服务

长宁6.0级地震发生后，各金融机构积极应对，纷纷开辟"抗震救灾绿色通道"，全力为灾区开展金融服务。中国人民银行成都分行立即启动有关业务系统的应急机制，国库部门及时指导省、市、县三级国库迅速开通抗震救灾资金汇划"绿色通道"，确保救灾资金及时汇到灾区。中国人民银行宜宾市中心支行加强对金融机构的指导，做到人员、资金、设备、服务四到位，确保灾区金融服务到位。

中国进出口银行四川省分行立即启动应急预案，积极联系宜宾当地相关企业，启动绿色通道，于6月19日下午向宜宾商行发放小微企业转贷款5亿元，支持灾区经济社会发展。宜宾农商行紧急调拨1辆流动服务车到达灾区，为灾区人民服务；同时，采取降低利率和放弃收益等方式，及时快速、方便地为地震受损的宜宾竹海世外桃源度假酒店办理了1300万元的灾后重建贷款。恒丰银行第一时间启动应急预案，优先处理受灾群众和客户的金融需求，调拨现金150万元为有向灾区汇款业务需求的客户提供加急或优先金融服务。中国平安银行成都分行迅速响应，组织各条线对客户及资产开展排查，紧急部署应急工作，提供便捷高效的金融服务，确保救灾资金迅速进入灾区。

2. 及时办理保险理赔

灾情发生后，中国人民保险集团、中国人寿保险、中国太平保险、中国平安财产保险、众安保险、富德生命人寿、中邮人寿、光大永明人寿、易安保险、国华人寿、华夏保险、交银康联人寿、爱心人寿、天安人寿、复星保德信人寿、中意人寿等迅速推出应急举措，开通24小时应急联络热线和理赔绿色通道，简化申请手续，积极理赔，快速到账。

（十二）回应关切，做好地震科学考察

为回应社会关切，扎实开展地震灾害风险隐患排查，为区域强震危险性趋势判定提供科学依据，2019年7月8日，中国地震局在宜宾设立了由12个工作组和224名专业人员组成的四川长宁6.0级地震科学考察指挥部和考察队，于7月至12月开展了为期五个月的长宁6.0级地震科学考察。指挥部由中国地震局地球物理研究所所长丁志峰任指挥长，中国地震局科学技术司副司长王满达任副指挥长。科考队对"6·17"长宁地震给周边造成的危险性影响、工程结构震害机理和恢复重建措施进行了认真调查和分析，为下一步宜宾市推进城市、乡镇重点区域地震活动断层探查和鉴定、经济开发区域地震安全风险评估，以及有关规划建设、产业布局、重大项目引进等提供科学的安全基础支撑。

第四节　灾后恢复重建基本情况及主要成效

　　每次灾害发生，应急抢险、过渡安置告一段落后，灾后恢复重建便成为灾区必须直面的重大课题。恢复重建是指在应急处置与救援结束后，管理主体为恢复正常的社会秩序与运行状态所采取的一切措施的总和。恢复重建是应急管理流程中重要的关键环节，承上启下，既要收好尾又要开好局。

　　"6·17"长宁强烈地震后，宜宾始终坚持一手全力抓好抗震救灾，一手全力抓好灾后恢复重建，震后 24 小时完成人员搜救和道路、通信、水电气抢修保通，震后 13 天完成 84292 名受灾群众过渡安置，震后 1 个月完成灾损评估，最快速度启动了灾后恢复重建。

　　2019 年 6 月 23 日，指挥部召开第五次新闻发布会，向媒体和社会公布了"6·17"长宁地震抗震救灾已开始有序转入灾后重建阶段；6 月 25 日，指挥部召开最后一次新闻发布会，发布了"地震应急救援工作已基本结束，灾后恢复重建工作已全面筹备推进"的消息；6 月 27 日 12 时，四川省政府决定终止"6·17"长宁地震Ⅱ级应急响应；7 月 8 日，宜宾市成立地震灾后恢复重建领导小组，标志着抗震救灾工作开始正式全面转入灾后恢复重建阶段；2019 年 8 月 2 日零时起，宜宾市政府决定终止"6·17"长宁地震Ⅰ级应急响应。

　　灾后恢复重建的本质是灾区重创后的再造和重生，不仅关系到灾区群众的人身安全以及后续发展问题，也考验着政府灾后社会治理的能力。我国的灾后重建具有特殊的制度优势，不只是进行简单的灾后恢复，而是注重产业、生态、环境、生活质量等各个方面的重建和提升，促进灾区群众快速恢复生产经营与就业，并过上了更好的生活。

　　近年来自然灾害的灾后重建中，我国探索了不同的模式。其中，"举国体制"在灾后重建方面发挥了十分重要的作用。如 2008 年的"5·12"汶川地震，救灾工作方针是"政府主导、分级管理、社会互助、生产自救"。中央政府给予大力支持，各级政府因地制宜，结合实际灾情，与社会机构互帮互助，将原本在五年之内完成的灾后重建计划提前到三年，再到后来中央提出"三年目标两年基本完成"。举全国之力，采取对口支援模式，中央统一部署各省市的支援任务，明确规定一部分省份以不低于1% 的财政力量对口支援灾区以加快重建速度。"4·20"芦山地震后，我国在借鉴过去经验的基础上，大胆创新，又探索了一种新的重建模式。芦山地震受灾面没有"5·12"汶川地震大，因此，中央给予地方政府组织规划、资源调配等相关权力，以地方政府为主导，各相关机构、企业、个人极大配合为原则，结合灾区地形及文化特点有序开展灾后恢复重建工作，发展特色产业。尽管这种模式加大了地方政府的财政压力，但从灾区的发展状况来看，取得了较好的效果。2017年"8·8"九寨沟地震的灾后重建借鉴了汶川地震、芦山地震等灾后重建的经验，摸索出了一套适合当地实情的、较为系统的灾后重建体系。

四川省委、省政府高度重视宜宾市灾后恢复重建工作，彭清华书记、时任四川省省长的尹力等省领导先后作出系列指示，时任四川省省委常委、常务副省长王宁专题听取宜宾市灾后恢复重建工作汇报并做出安排部署，为加快推进灾后重建工作提供了有力指导。宜宾市委刘中伯书记、市政府杜紫平市长多次研究部署、对上争取、听取汇报、督促指导，宜宾市灾后重建工作迅速有序开展。

按照四川省委、省政府对灾后恢复重建有关工作进行的安排部署，宜宾市作为重建主体，积极推进灾后恢复重建。组成了由宜宾市主要领导任主任的灾后恢复重建委员会，及时启动恢复重建规划编制工作。按照实事求是的要求，进一步核查灾情，科学评估灾害损失，为编制完善灾后恢复重建规划奠定基础。规划范围按地震烈度6度及以上受灾区域进行编制，重点突出城乡居民住房恢复重建，学校、医院等公共服务设施恢复重建，地震烈度7度及以上区域的市政设施恢复重建，地质灾害及水利设施隐患除险整治。

根据四川省地震局发布的《四川长宁6·0级地震烈度图》，参考灾害损失与影响评估情况，结合灾区实际，灾后重建规划范围为烈度6度及以上的长宁县、珙县、高县、兴文县、江安县、翠屏区的61个乡镇，规划面积3058平方千米（详见表11）。

表11　灾后恢复重建规划范围

地震烈度	乡（镇）	数量
8度	长宁县：双河镇、富兴乡；兴文县：周家镇	3
7度	长宁县：双河镇、富兴乡、梅硐镇、硐底镇、花滩镇、竹海镇、龙头镇、铜锣乡、井江镇；珙县：巡场镇、珙泉镇、底洞镇；兴文县：周家镇；江安县：红桥镇	14

续表

地震烈度	乡（镇）	数量
6度	长宁县：双河镇、富兴乡、龙头镇、硐底镇、铜锣乡、花滩镇、竹海镇、井江镇、开佛镇、长宁、老翁镇、铜鼓镇、三元乡、桃坪乡、梅硐镇；珙县：巡场镇、珙泉镇、底洞镇、恒丰乡、仁义乡、孝儿镇、玉和苗族乡、下罗镇、上罗镇、沐滩镇、曹营镇、石碑乡；兴文县：周家镇、共乐镇、五星镇、玉屏镇、樊王山镇、毓秀苗族乡、九丝城镇、石海镇、仙峰苗族乡、麒麟苗族乡、古宋镇；高县：胜天镇、月江镇、沙河镇、复兴镇、大窝镇、越滩乡、来复镇、庆岭乡、文江镇、庆符镇、嘉乐镇、双河乡、蕉村镇、四烈乡、落润乡；江安县：红桥镇、五矿镇、大井镇、底蓬镇、仁和乡、蟠龙乡；翠屏区：李端镇、牟坪镇	61

《"6·17"长宁地震灾后恢复重建规划》在编制时充分借鉴四川省近几年灾后恢复重建成功的经验，认真践行新发展理念，坚持和发展灾后恢复重建新路。规划为期两年，并与"十四五"规划相衔接。按照四川省政府安排部署，共有161个项目。由省发展改革委指导宜宾市编制完成，经省政府确认后由宜宾市组织实施，省级财政包干补助25亿元。同时，还制定了灾后恢复重建的议事决策规则、监督管理程序、群众参与办法等制度，为灾后重建顺利实施提供科学准确的依据。

一 灾后恢复重建面临的困难

灾后恢复重建不是一项短期的简单工程，重建的内容也不只包括灾区人民的基本生产生活的恢复和原有家园的复制，需要以人为本，将远期目标与近期目标相结合，科学规划，统筹兼顾，在恢复过程中实现灾区跨越式发展，促进地方经济、政治、社会、文化、环境的重新崛起。"6·17"长宁强烈地震灾后恢复重建工作由于时间紧、任务重，加上地震灾区自身的特殊情况和特点，面临以下几个方面的主要困难和挑战。

（一）基础条件薄弱，重建发展条件有限

受灾区域属乌蒙山片区连片特困地区，经济发展水平不高。受灾较重的县（区）大部分属于国家级、省级贫困县和少数民族地区待遇县，基础设施欠账较多，社会事业发展较为滞后，产业结构单一，旅游资源丰富但

未充分挖掘，县乡财政实力较为薄弱，灾后恢复重建难度大、任务重。此次地震造成大量的房屋受损，部分道路、电力、通信、水利设施不同程度损坏，需要大量的资金，加上市县两级财力有限，应急资金缺口较大，需要多方设法寻求资金和项目支持。受灾严重的珙县曾是省级贫困县，2018年刚通过摘帽验收，在总体县域经济补短板方面仍有欠缺，个别群众面临因灾致贫、因灾返贫的困难。灾后重建规划总投资65.89亿元，除省级包干经费25亿元、市财政包干经费及捐款7亿元外，区县财政需自筹经费19.04亿元、群众自筹经费14.85亿元。截止到2019年底，区县财政自筹到位经费仅0.4亿元，急需通过社会力量参与和创新金融工具，如债券发行、矿权出让等方式募集重建资金。

（二）人口分布集中，社会稳控压力较大

受灾的几个中心场镇多为老工矿区，人口密度大、老旧房屋多，建筑抗震设防等级不高，城乡居民住房、公共服务和市政设施遭到严重破坏，民生类灾害损失较大，受灾范围广。部分群众对地震与页岩气开采之间的联系心存疑虑，各种谣言时有起伏，舆情管控的压力非常大。加之受灾区域地形狭窄，高温酷暑，暴雨频繁，余震频繁，数震叠加，对灾区群众生产生活影响较大。灾区群众对恢复常态的时间和要求期待较急迫，与灾后重建施工建设条件受限的现实形成比较强烈的张力。

（三）自然生态环境受损严重，地质条件复杂

宜宾是长江上游生态屏障的重要组成部分，受灾区域是长江上游重要水源涵养地，自然保护地分布集中，生态地位重要。地震灾区系国有煤矿和地方煤矿、盐卤长期集中开采区，地质条件复杂，生态环境脆弱，加上多次地震叠加，多处山体拉裂、垮塌、生态植被破坏，如不及时修复，极易发生泥石流等次生灾害，给长江上游生态环境带来不可估量的损失和影响。

震后正值汛期，灾区余震、地质灾害、山洪等次生灾害防治工作形势严峻。经专业排查，发现多座水库、山坪塘不同程度受损，42处原预案内地质灾害隐患点呈现变形加剧现象，新发现地质灾害隐患点91处。灾区兼具国家重点煤矿集中开采区与典型的喀斯特地形地貌、石漠化集中地等风险特点，地质灾害隐患较多，灾后重建面临的风险防范挑战多，治理难度较大。

（四）城乡住房受损严重，重建加固面宽量大

按照《中国地震动参数区划图》（GB 18306—2015）抗震设防标准，长宁县、珙县的建（构）筑物抗震设防基本烈度均为 6 度，一旦遭遇类似本次的破坏性地震，就会造成严重损失。按照国家分区域的地震设防标准要求来看，长宁县、珙县这些区域城镇仅按烈度 6 度设防，而灾前农村房屋基本不设防，导致此次地震后城乡住房倒塌和毁损非常严重。

1. 农村居民住宅用房受损情况

因灾倒塌农村居民住房 791 户 2799 间；严重损坏 13273 户 48176 间；一般损坏 26547 户 85607 间。农村居民住宅用房经济损失共计 125536. 10 万元（具体见表 12）。

表 12　农村居民住宅用房受损情况统计

类型	受损户数量（户）	受损房屋数量（间）	直接经济损失（万元）
倒塌房屋	791	2799	8637. 05
严重损坏房屋	13273	48176	73301. 79
一般损坏房屋	26547	85607	43597. 26
合　计	40611	136582	125536. 10

资料来源：《四川长宁 6.0 级地震灾害损失评估报告》，宜宾市减灾委员会，2019 年 7 月 17 日。

2. 城镇居民住宅用房受损情况

因灾倒塌城镇居民住房 300 户 2. 80 万平方米；严重损坏 10400 户 71. 19 万平方米；一般损坏 15619 户 54. 97 万平方米。城镇居民住宅用房经济损失共计 70219. 98 万元（具体见表 13）。

表 13　城镇居民住宅用房受损情况统计

类型	受损户数量（户）	受损房屋面积（万平方米）	直接经济损失（万元）
倒塌房屋	300	2. 80	2505. 91
严重损坏房屋	10400	71. 19	51707. 10
一般损坏房屋	15619	54. 97	16006. 97
合　计	26319	128. 96	70219. 98

资料来源：《四川长宁 6.0 级地震灾害损失评估报告》，宜宾市减灾委员会，2019 年 7 月 17 日。

3. 非住宅用房受损情况

因灾倒塌非住宅用房 0. 57 万平方米；严重损坏 26. 20 万平方米；一般损

坏 48.18 万平方米。非住宅用房经济损失共计 32869.55 万元（见表 14）。

表 14　非住宅用房受损情况统计

类型	面积（万平方米）	直接经济损失（万元）
倒塌房屋	0.57	880.41
严重损坏房屋	26.20	19447.22
一般损坏房屋	48.18	12541.92
合　计	74.95	32869.55

资料来源：《四川长宁 6.0 级地震灾害损失评估报告》，宜宾市减灾委员会，2019 年 7 月 17 日。

灾后救助和住房加固重建一方面面临所需资金缺口较大的困难，另一方面面临科学规划选址与可利用土地有限的矛盾。长宁县、珙县重建项目多，用地需求大，除去地质断裂带、矿山采空区和喀斯特溶洞外，符合安全选址的土地有限。此外，重建项目在确保安全、质量、效率、廉洁的前提下，需要尽量缩短重建时间，否则可能会引发新的社会问题。因此，恢复重建还面临加快进度与确保安全统筹兼顾的困难，需要处理好工程进度与安全、质量的关系。

（五）基础设施公共服务受损严重，恢复重建时间紧任务重

此次地震造成宜叙高速公路和大量省、县、乡、村道路严重受损，同时还造成部分学校、医院、乡村办公用房严重损毁。经初步鉴定，需要重建 308 栋、20.33 万平方米，需要加固维修 556 户、49.84 万平方米。

其中，中小学校舍受灾比较严重，大面积影响学生返校复课。"6·17"地震后，长宁县与珙县共有 50605 名学生停课。经及时抢修和相关部门组织专家鉴定，符合复课条件的学校有序组织复课。但是，截至 2019 年 7 月 11 日，全市仍有 39078 名学生不能复课。其中，长宁县共有 105 个校园点不同程度损坏（全县共有 197 个校园点），受损校舍 3746 间，受损面积约 305201 平方米。截至 2019 年 7 月 11 日，因为校舍受损严重，长宁县停课学生共计 14757 名。长宁县双河中学受损十分严重，2013 年"4·25"宜宾地震后按 6 度设防重建的教学楼，在此次地震中再次严重受损，经鉴定为 D 级危房，需再次拆除重建，严重影响学校的正常教学安排，导致学校多个年级和班次的 2000 多名学生无法返校复课，给灾后重建带来很大的压力。此次地震导致珙县共有 36 所学校受损严重，114 栋楼舍需维修加固和拆除重建。截至 2019 年 7 月 11 日，珙县共有 24321 余名学生停课。珙县第一高级中学共有班级 75 个,学生近 3900 人,地震造成 9 栋校舍限制使用,找不到合适的替代用房,导致 2019 年春季学期无法返校、秋季学期学校无法正常开学。教育系统和医疗卫生系统的损失情况见表 15 和表 16。

表 15　教育系统损失情况统计

类型	损坏(毁坏)实物量(个)	直接经济损失(万元)
受损中等教育学校	29	8668.36
受损初等教育学校	149	9138.61
受损学前教育机构	33	850.50
受损特殊教育学校	1	25.00
受损其他教育学校/机构	1	13.00
合　计	213	18695.47

表 16　医疗卫生系统损失情况统计

类型	指标	损坏(毁坏)实物量(个)	直接经济损失(万元)
医疗卫生系统	受损医院	5	7227.44
	受损基层医疗卫生机构	33	2693.80
	受损专业公共卫生机构	4	831.50
	受损食品药品监督管理机构	6	59
	其他医疗卫生系统经济损失	—	13.00
合　计		48	10824.74

(六) 灾后恢复重建初期缺乏政策支撑

灾后重建初期政策支撑不足,是"6·17"长宁地震灾后恢复重建面临的最大挑战之一。对比四川省近 10 年来发生的两次较大的地震,即 2013 年"4·20"芦山地震、2017 年"8·8"九寨沟地震的灾后恢复重建,"6·17"长宁地震灾后恢复重建初期,在中央和省级政策争取与支撑方面面临着较大困难。

"4·20"芦山地震和"8·8"九寨沟地震在地震震级、响应等级、人员伤亡、灾害损失方面均比长宁地震严重,而且九寨沟县是少数民族地区,是世界文化遗产地,因此,两地灾后恢复重建得到国家层面和省级层面的高度重视以及资金、政策上的大力支持。芦山灾后恢复重建规划由国家发改委牵头制定、九寨沟规划由省发改委牵头制定,两地均得到国家层面和省级层面较大额度切块资金支持。"4·20"芦山地震发生以来,习近平总书记作出重要指示批示 8 次，亲临灾区 1 次，李克强总理作出指示批示 13 次，亲临灾区 2 次，张高丽副总理作出指示批示 25 次，亲临灾区 1 次。众多党和国家领导人关心关怀，深入灾区视察，指导工作，倾注了大量心血。可以说，"4·20"芦山地震、"8·8"九寨沟地震灾后恢复重建工作之所以快速有效推进，其关键因素之一，就是中央和四川省两级专门出台了一系列专项政策给予大力支持。

自然条件、地形地貌决定了我国是一个多灾的国家，面对巨灾，需要各地积极探索灾后恢复重建的新路。2008 年"5·12"汶川特大地震的抢险救援与灾后恢复重建是典型的举国体制，恢复重建采取的是"一省市对口援建一重灾区"模式。从"4·20"芦山地震灾后重建开始，我国提出了一条重建新路，即从"举国重建"体制向"地方负责制"转变。这是党中央国务院针对我国重特大自然灾害灾后重建做出的重大决策，是我国灾后恢复重建体制机制建设的重大创新。"地方负责制"的重建思路有利于增强地方抗御重大自然灾害的能力，有利于激发地方内生动力，实现灾区可持续发展，有利于优化资源配置，实现重建效益最大化。从"4·20"芦山地震开始，地方蹚出了一条"中央统筹指导、地方作为主体、灾区群众广泛参与"的重建新路。

正是基于以上因素，中央和四川省不再对"6·17"长宁地震灾后恢复重建规划、资金补助、项目管理等事项出台相关政策，加之《四川省人民政府关于印发四川省抢险救灾工程项目管理办法的通知》（川府发〔2013〕50 号）已经废止，"6·17"长宁地震灾后恢复重建工作初期没有中央和省级相应的政策支撑。要在短时间内完成灾后恢复重建，特别是学校、医院等项目建设，没有相应政策支撑，完成难度较大。需要宜宾地方党委政府积极发挥地方自主能动性，不等不靠，激发地方内生动力，参照《四川省人民政府关于支持芦山地震灾后恢复重建政策措施的意见》（川府发〔2013〕37 号）和《四川省人民政府关于支持"8·8"九寨沟地震灾后恢复重建政策措施的意见》（川府发〔2017〕57 号）等文件精神，从财政、税收、金融、土地、住房重建、就业与社会保障、地质灾害防治、产业发展、基础设施、项目审批等方面，梳理支持"6·17"长宁地震灾后恢复重建的有关政策，积极提请省级有关部门支持，因地制宜制定本土化措施与方案，用好用足政策组合拳。

（七）土地、人才等要素保障压力大

恢复重建需要大量的用地规划指标和土地年度计划指标。但由于近几年脱贫攻坚、产业发展等用地较多，受灾区县几乎没有土地指标可用，土地要素保障问题较为突出。需要正视困难问题，对上争取灾后恢复重建用地指标支持，采用专项指标、存量指标调剂、土地增减挂钩等方式，确保项目用地指标需求。长宁县双河镇、珙县巡场镇等重点场镇扩区建设，也需要多方争取规划和指标支持。

灾后恢复重建需要大量的专业人才，而灾区边远落后，人才储备严重不足。灾后重建急需的规划设计、工程建设、产业发展、地灾治理、心理健康、金融审计、社会管理等方面的人才奇缺，人才供给与重建需求严重脱节。首先，在震后房屋和地质灾害鉴定方面，技术支撑力量缺乏，专业人员力量严重不足，仅仅依靠市县资源，短时间内要完成房屋、基础设施、地质灾害鉴定任务，压力很大，导致排查鉴定结果远远滞后于救灾进度。其次，由于技术力量薄弱，城乡住房维修加固技术指导不足，项目日常监管和安全防护措施存在疏漏，个别农户加固维修质量不高，存在一定浪费与隐患。此外，由于重建资金缺口较大，融资难，受灾区县普遍提出选派金融专业人才挂职需求，以指导地方开展金融工具创新，盘活存量资产和资金，发挥金融助力灾后重建发展的作用，加快重建家园步伐。

（八）新冠肺炎疫情冲击 增加灾后恢复重建困难

按照恢复重建规划，"6·17"长宁地震的重建期为两年。全面重建启动半年以来，特别是2020年春节前后，正是规划中的关键节点，各项建设如火如荼。正当工期吃紧之时，新冠肺炎疫情突袭而至。面对灾后安置与疫情双重压力，又恰逢传统春节，三重压力叠加，一场轰轰烈烈的战"疫"就此全面打响，地震灾后重建许多工作随之按下"暂停键"。

新冠肺炎疫情给恢复重建的项目施工带来了极大困难。首先是劳动力组织难度较大。受新冠肺炎疫情影响，项目外地工人、管理人员由于不同省市县乡疫情防控政策限制无法返回到场施工，仅能组织本地及周边区域工人进行复工生产，全面复工较困难，施工进展缓慢。其次是防疫物资保障较困难。各地都在进行疫情防控工作，口罩、温度计等防疫物资短缺，复工人员的防疫需求难以保障，施工现场防疫形势严峻。此外，生产物料供应较不足。砖、石粉加工厂等未及时复工复产，复工项目所需主要生产物料无法保障生产，制约项目推进。随着各地施工项目逐渐复工，对生产物料需求逐步增加，如不切实保障灾后重建项目的生产物料供应，将影响项目整体推进。重建中的芙蓉集团安居房、珙泉镇温泉街和胜利街安居房等项目受疫情影响较大。

新冠肺炎疫情也打破了群众灾后重建生产生活秩序，给贫困人口走出因灾返贫困境制造了新麻烦。新冠肺炎疫情给国家和地方的社会经济发展带来非常严峻的挑战。根据国家统计局2020年4月18日公布的GDP核算数据，2020年第一季度比上一年同期负增长了6.8%。官方公布的2月的城镇失业率达到了6.2%，创历史新高。加之2020年我国气候年景偏差，多灾并发，灾害链发生概率高，各类灾害与常态化疫情防控交织叠加，对经济社会的影响和放大效应呈上升态势。疫情叠加汛情，"6·17"长宁地震恢复重建工作承受了一系列严峻考验。

为了把疫情耽误的时间抢回来、把遭受的损失补回来、把落下的进度赶回来，在疫情防控持续向好的有利形势下，需要当地各级党委和政府压实责任、勇于担当，各级领导干部深入一线、靠前指挥，广大灾区群众迎难而上。通过坚持一手抓疫情防控，一手抓工地复工，把疫情对灾后重建项目的影响降到最低。既要打赢疫情防控阻击战，又要顺利完成地震灾后重建的攻坚战，在确保安全、质量、稳定的前提下，加快推进灾后重建项目建设，难度和压力倍增。

二 灾后恢复重建主要举措与成效分析

每一次灾后恢复重建都是一场伟大的长征。在党中央、国务院和四川省委、省政府的坚强领导下，在各级领导关怀和有关部门支持下，"6·17"长宁地震抗震救灾和灾后重建工作克服重重困难，大力弘扬抗震救灾精神，全力抓好各项工作，多措并举，奋力夺取了抗震救灾工作全面胜利。截至2021年1月，累计完成投资64.6亿元，高质量完成全部161个灾后恢复重建项目，提前半年实现"两年全面完成恢复重建"目标。①

（一）深化和拓展灾后恢复重建"地方负责制"的创新思路

大灾之后的恢复重建是灾区各级党委和政府的重要政治任务，直接关系到灾区群众的生活生产和切身利益，关系到有关地区的经济发展和社会稳定，也体现着地方治理的能力和水平。"6·17"长宁地震转入灾后恢复重建阶段以来，宜宾市委、市政府坚持把灾后恢复重建作为当时最大的政治任务

---

① 数据来源：宜宾长宁"6·17"地震灾后恢复重建办公室。

和政治责任，全面统筹谋划，千方百计高质量推进灾后恢复重建工作。

习近平总书记对"6·17"长宁地震作出的重要指示，是做好灾后恢复重建的行动指南和根本遵循，也是对上争取国家和省级层面的政策、项目、资金支持的有利条件。宜宾市委、市政府高度重视灾后重建工作，把抓好灾后恢复重建工作作为做到"两个维护"的重要体现，作为"不忘初心、牢记使命"主题教育活动需要解决的主要问题，全市上下认真学习贯彻了习近平总书记的重要指示以及中央和省级领导的批示精神。

市委、市政府主要领导亲自调研、亲自部署、亲自督办。结合"不忘初心、牢记使命"主题教育活动的开展，市委书记刘中伯到地震灾区长宁县双河镇葡萄村讲专题党课，再次深入传达学习了习近平总书记对"6·17"长宁地震的重要指示精神，要求灾区全体党员干部守初心、担使命，把灾后恢复重建工作做得更加具体、更加有效，让受灾群众早日住进安全舒适的新房，让灾区早日恢复发展好致富奔康的产业，让灾区人民早日过上幸福美好的生活。市长杜紫平要求政府班子把主题教育与灾后恢复重建结合起来，切实推进灾后恢复重建问题的真正解决，市政府领导班子成员专门赴地震灾区开展灾后恢复重建专题学习研讨活动，认真听取灾区基层干部群众的意见建议。通过深入学习宣传贯彻习近平总书记对"6·17"长宁地震的重要指示精神，全市干部群众统一了思想、凝聚了共识、下定了决心，坚决按期保质完成灾后重建各项工作任务。

"6·17"长宁地震灾后恢复重建将习近平总书记来川视察重要讲话精神和对"6·17"长宁地震的重要指示精神贯穿始终，将践行新发展理念和实现受灾地区高质量发展贯穿全程。践行创新、协调、绿色、开放、共享发展理念，科学规划和组织实施灾后恢复重建，按照中央要求，构建"省级指导、市级统筹、县区主体、群众参与、社会支持"的灾后恢复重建机制，坚持和发展灾后重建"地方负责制"的重建新路，明确了以人为本，改善民生；生态优先，绿色发展；因地制宜，科学重建；恢复为主，全面提升的四大重建原则，明确了"一年基本完成，两年全面完成"重建目标。突出城乡居民住房、公共服务、基础设施、生态环境、特色产业等重点，推进科学重建、人文重建、绿色重建、阳光重建，建成幸福美丽新家园。

（二）高标准完成灾后恢复重建规划的编制

在结合科学精准灾害损失评估、充分摸底风险隐患的基础上，宜宾市发展改革委员会会同受灾县抽调专人成立实施规划编制专班，在四川省发展改革委牵头指导下，充分借鉴芦山地震、九寨沟地震灾后恢复重建规划经验，邀请行业专家、召集相关部门多次会商讨论，高标准完成了《宜宾长宁"6·17"地震灾后恢复重建实施规划》（以下简称《实施规划》）的编制，并于2019年9月5日印发实施。

《实施规划》确定了"用两年时间全面完成灾后恢复重建任务，灾区生产生活条件和经济社会发展得以恢复并超过震前水平，实现居民住房安全性、舒适性明显增强，受损公共服务和基础设施功能恢复提升，绿色产业发展水平持续提高，生态环境质量逐步改善，综合防灾减灾救灾能力全面加强，到2020年与全省全国同步实现全面小康"的重建目标。

在空间布局上，《实施规划》提出了坚持城乡统筹、协调发展的原则，优化城乡空间布局，形成"一环一轴双核多支点"总体格局。

一环：以长宁—竹海—龙头—双河—珙泉—巡场—沙河—李端—长宁为环线，打通珙泉经双河至龙头、双河至周家、底洞经珙泉至巡场等通道，构建生命线交通网，提升通达能力，支撑区域联动发展。

一轴：以蜀南竹海、兴文石海通道为主轴，加快提升互联互通水平，促进沿线乡村旅游、观光农业等产业发展，形成支撑灾区人口集聚和全域旅游发展的重要廊道，推动"两海"生态文化旅游示范区资源整合、连片发展，让竹林成为四川美丽乡村的一道风景线。

双核：以双河—梅硐和巡场—珙泉为核心，加快推进特色小城镇建设，促进人口集聚，提高产业辐射带动能力，把双河—梅硐打造为"两海"生态文化旅游示范区的旅游后勤保障服务中心，把巡场—珙泉打造为带动绿色转型发展、高质量发展的县域经济中心。

多支点：以多个重建集中乡村为支点，打造一批幸福美丽重建示范村落，形成优势互补、各具特色、多点联动发展格局。

《实施规划》还明确了城乡居民住房、公共服务、基础设施、生态环境、特色产业五大类重建项目161个（具体见表17）。按照"以灾定损，以损定建"原则，将项目分为恢复重建、发展提升两类，其中，灾后恢复重建类项目纳入目标考核，两年内必须完成；发展提升类项目聚焦交通大环线建设、产业转型提升、城镇体系完善及生态环境修复等领域，着眼长远发展。

表 17 宜宾长宁"6·17"地震灾后恢复重建项目与重点任务

重建项目			
编号	五大类重建项目	十七小类重建项目	重点任务
1	城乡居民住房	农村居民住房	维修加固农村居民住房 10769 户,重建农村居民住房 9329 户。充分尊重受灾群众意愿,结合土地增减挂钩措施,采取原址重建、集中重建、易地搬迁等多种方式,注重风貌打造、产村相融,引导农村人口相对集中居住,重点打造双河三产融合乡村振兴示范点、珙泉洛浦共享村落等特色集中区,形成宜业宜居的农村新貌。组织专业技术力量,集中开展重建房屋方案设计,免费提供多样化设计样式。统筹考虑农村公共服务和基础设施配套建设,恢复受损乡村道路,完善农村供水设施,推动能源通信网络全覆盖,配套建设农村居民住房公共建筑和附属室外场地
		城镇居民住房	维修加固城镇居民住房 12518 户,重建城镇居民住房 4198 户(套)。尊重原有房屋和土地产权关系,采取老旧小区改造、棚户区改造、保障性住房建设等方式,鼓励异地避险安置措施,推进城镇居民住房重建,改善居住条件。重点打造双河葡萄井东西古街美食一条街、巡场花海风情小镇,充分展示川南文化魅力。严格执行抗震设防标准和建设规范,鼓励和支持建设抗震性能强、建设周期短、绿色环保的装配式钢结构房屋。完善配套设施,优先恢复城镇道路桥梁,配套实施城镇管网管线,建设珙县等县城应急水源,按人口规模配套建设社区综合服务设施,合理设置应急避难场所和避灾通道
		城乡建设	完善城乡建设规划,加快城乡一体化发展,将城镇恢复重建与城市双修、功能优化、风貌塑造、业态培育有机结合,提升城镇集聚能力和综合承载能力。加快推动特色小城镇建设,重点打造文化创意型双河镇、加工制造型珙泉镇、旅游观光型石海镇等,加快推进双河镇"美食田园、文旅服务、古城文博"三个综合体项目建设,提升高品质、特色化城镇功能。积极培育珙县巡场镇宜居县城和长宁双河镇、珙县上罗镇、高县沙河镇、兴文僰王山镇等县域副中心,提高县域经济带动能力。加快推进长宁县撤县设市、江安县撤县设区工作
2	公共服务	教育	维修加固学校 134 所,重建学校 46 所。重点推动珙县第一高级中学等受损校舍维修加固及恢复重建,支持双河中学(高中部)、巡场中学、珙县职业技术学校等异地迁建,恢复教育保障能力。实施教育信息化建设和教育设施提档升级工程,推进特教中心建设,完善学校应急避难和紧急救灾综合服务功能,加强远程教育服务平台建设,鼓励优质教育资源向灾区倾斜,提升教育服务水平

续表

编号	五大类 重建项目	十七小类 重建项目	重点任务
2	公共服务	医疗卫生	维修加固医疗卫生机构37个，重建医疗卫生机构6个。完善以县级医院为龙头、乡镇卫生院为基础的医疗卫生服务体系，支持长宁县人民医院、长宁县中医医院、珙县人民医院、珙县中医医院等恢复提升，打造县域医疗卫生服务中心。加强全科医生培训培养，合理配置医疗设施设备，建立省、市属医院对口支援灾区医院的机制，推进远程医疗协作平台建设，提升灾区医疗卫生服务水平和应急救治能力
		文化体育	统筹完善县乡基层公共文化服务体系和体育设施，在城镇社区、行政村统一设立文化体育活动点，加强农民工文化驿站、农家书屋、书香亭和城乡阅报栏（屏）、农村留守儿童之家、妇女儿童和青少年活动中心、青少年实训基地、体育健身站（点）等建设。推动体育场馆、文化体育艺术中心、文化广场（避难场所）、融媒体中心等重点项目建设，恢复重建受损博物馆（纪念馆）、文物管理所和非遗馆等，实施广播电视基础设施改造升级工程，推进中共川南特委会遗址、双河文庙、双河葡萄井等修缮重建，提升文化保障能力
		社会保障	恢复重建敬老院、保障性住房、救助中心、残疾人综合服务、殡葬服务等综合服务设施，提高社会保障服务水平。完善社会福利体系，加强职业技能培训，提升劳动者就业创业能力。推动监测预警体系建设，科学设置地质、气象、地震灾害监测站点，加强防灾减灾和应急避难设施建设
		社会治理	按照"因灾重建、从严掌握"的原则，严格履行审批程序、执行建设标准，以维修加固为主，恢复重建党政机关、政法机构等办公和业务用房，以及村（社区）党群服务中心和社区服务站。完善网格化服务管理体系，加快推进"天网"工程、"雪亮"工程建设
3	基础设施	交通	加快国省干线、农村及国有林场公路受损路段、桥涵修复，重点实施珙泉经双河至龙头、双河至周家、底硐经珙泉至巡场等生命通道公路建设，全力推进滑坡、塌陷、边坡排查整治，完善排水防护和交通安全等设施。加快推动宜宾至西昌、珙县至叙永等铁路建设，着力推进宜宾至彝良、宜宾至威信等高速公路建设，畅通竹海至石海互联大通道，实施自贡漆树至宗场、竹海至龙头、沙河经复兴至巡场、迎安至古宋等通道工程，在充分研究论证的基础上规划建设山地轨道交通和长宁、兴文通用机场，布局直升机起降点，完善港口集疏运体系，加快形成铁、公、水、空四位一体的立体交通应急救援体系

编号	五大类重建项目	十七小类重建项目	重点任务
3	基础设施	农田水利	加快长宁县、高县等病险水库除险加固,恢复重建高县震损堤防等工程,修复珙县、兴文县等受损农村安全饮水工程,推进受损山坪塘、蓄水池和渠系整治,修复农田灌溉排涝设施和小微型水利设施,修复完善受损防汛、水文、水资源等监测设施。提升水利基础设施能力,加快推进高县二龙滩水库、江安县仁和水库、长宁县双河片区供水站、向家坝灌区北总干渠二期、四川珙县经济开发区供水恢复重建项目等重点水利工程。提升水利信息化能力建设,逐步建设智慧水利,提高水旱防御能力
		能源通信	加快珙县观音岩变电站、巡场镇和珙泉镇 10kV 及以下电力设施恢复重建,恢复提升珙县燃气设施功能,维修改造珙县铁塔基站、通信基站。规划建设 220kV 以上输变电站,实施福溪电厂热电联产改造等项目,依法依规关停不符合国家产业发展政策和不具备安全生产条件的煤矿企业,推动上罗至珙县经开区天然气供气工程等项目建设,提高能源供应保障能力。推进网络化综合信息服务平台建设,在重点景区、园区、场镇布局 5G 网络,提高通信保障能力
4	生态环境	防灾减灾救灾	开展地质灾害应急排查,加强长宁县、珙县、兴文县等重点县地质灾害详查,对威胁公共安全的地质灾害隐患点,分类实施工程治理、排危除险、监测预警、避险搬迁等措施,对可能新增的隐患点进行动态防治,提升地质灾害防治防御能力。重点推进洛浦河、巡场河小流域地质灾害综合治理工程。完善提升救灾物资储备库,建设应急指挥大数据云平台,提升应急处置和救援能力
		生态保护修复	维修加固自然保护区、林区、风景名胜区基础设施和生态保护设施,恢复提升灾区生态保护能力。恢复重建受损水土保持设施,开展植树种草,恢复灾区植被,有效控制水土流失。推进森林防火体系和有害生物防治体系建设。实施受损土地复垦整理,重点推进长宁竹海国家级自然保护区修复治理、珙县"竹+祯楠"林业生态修复项目、灾区石漠化治理等项目建设
		环境综合治理	实施洛浦河、巡场河、长宁河等重点流域水环境综合治理和双河镇东溪、西溪等重点小流域综合治理,加强饮用水水源地管护,保障灾区城乡居民饮水安全。重点推进灾区农村环境集中连片整治,恢复重建城乡生活垃圾处理设施和污水处理设施,提升城乡居民生活环境质量

续表

编号	五大类重建项目	十七小类重建项目	重点任务
5	特色产业	文化旅游业	恢复竹海、石海等旅游景区受损设施，完善旅游信息服务平台、安全应急救援系统和应急避难场所，改善提升旅游服务保障水平。大力推进全域旅游，支持"两海"创建国家5A级景区、国家全域旅游示范区、国家级旅游度假区，适度开发长宁龙蟠溪、珙县龙茶花海、兴文僰王山、江安蟠龙小山峡等景区景点，提升旅游服务品质。推进文旅融合发展，积极开发竹工艺品、优质早茶、优质丝绸等多样化文化旅游产品，重点培育"竹休闲、竹康养、竹度假、竹研学、竹怡情"五大旅游业态
		特色农林业	修复提升受损农田、提灌站、生产便道等农业生产基础设施及配套设施，恢复农产品质量安全检测、动植物疫病防控等设施，提高农林业生产保障能力。大力发展绿色农业，建设竹、茶、酿酒专用粮、蚕桑等资源深度开发的示范生产基地和省级现代农业园区，打造双河凉糕、长宁竹荪、鹿鸣贡茶、兴文山地乌骨鸡等农业品牌
		精深加工业	加快恢复受损园区基础设施，发展壮大绿色建材、绿色食品加工、新能源、名优白酒等优势产业，重点培育以农产品加工和新材料为主的长宁县经开区、以绿色建材为主的珙县经开区、以新能源和新材料为主的兴文县太平经开区等，引导受损企业和散小企业向园区集中。推动建设长宁县"竹盐"特色资源循环产业、宜宾市表面处理集中区（珙县）、江安县锂电材料等重大产业项目

资料来源：《宜宾长宁"6·17"地震灾后恢复重建实施规划》。

在《实施规划》的基础上，针对长宁县、珙县受灾严重的区域，组织专业团队深入灾区做了大量调研工作，深化详规编制。为突出本土特殊，打造样板示范，委托上海同济城市规划院牵头，组建规划专家组，按照"文旅融合、产业提升"的理念，深挖文化内涵，突出乡村振兴，编制形成以长宁县双河镇古城历史街区保护修建性详规、双河镇美食田园综合体修建性详规、双河镇乡村振兴片区修建性详规、双河镇区东溪西溪生态修复治理修建性详规等为主要内容的长宁县重建规划；委托中国城市规划设计院牵头，组成规划专家组，按照"三区融合、转型发展"的理念，遵循历史传承，响应群众期盼，编制形成了珙县县城新空间战略规划、老城区提升改造规划、居民集中安置点详细规划、鱼池村乡村示范点规划等规划成果。

在重建时序安排上，《实施规划》按照两年全面完成恢复重建任务的要求，有序推进灾后恢复重建：居民住房于 2019 年 9 月底完成维修加固、2020 年春节前完成重建，公共服务设施于 2019 年 9 月底完成维修加固、2020 年春节前完成重建，基础设施于 2019 年 9 月底完成维修加固，2021 年 7 月完成重建升级，生态环境于 2021 年春节前完成主要地质灾害隐患治理、2021 年 7 月完成受到地质灾害威胁的农户搬迁，产业重建于 2021 年 7 月全面完成。

（三）及时出台灾后恢复重建资金筹措办法

在四川省委省政府的关心支持下，四川省财政厅、省发展改革委联合制订印发《关于明确"6·17"长宁地震灾后恢复重建资金省级包干补助及支持政策的通知》，确定省级包干补助标准和财政、金融、土地、产业扶持、项目管理等方面的支持政策。

根据《实施规划》确定的总体目标和重建任务，由宜宾市政府统筹解决恢复重建资金，省级财政进行包干补助，积极争取国家有关部门、省级有关部门给予资金支持，通过发行专项债券、银行贷款等方式拓宽融资渠道，鼓励引导国有企业援建重建项目，广泛发动社会力量参与重建。

1. 省级

省级争取单列安排灾区恢复重建项目所需债券额度。整合相关专项资金统筹用于灾后恢复重建，引导社会资金参与支持灾后恢复重建项目。支持金融机构加大对灾后重建的信贷投放，建立灾后重建授信审批"绿色通道"，优先安排重建信贷资金。鼓励金融机构支持灾区农房重建和城镇居民住房重建，争取政策性银行、保险机构等支持符合条件的灾区恢复重建项目，支持符合条件的灾区企业等通过债券市场发行企业债券，利用短期融资券等债务融资工具。省级包干补助 25 亿元，专项用于经省发展改革委审核确认的《实施规划》中的重建项目。紧急转移安置、临时生活救助、遇难人员家属抚慰、地震伤员免费紧急救治等受灾群众生活救助支出，省级按照相关文件精神与地方单独结算。

2. 市级

按照"总额核定、分县明确，超支不补、结余留用"的原则，市级包干补助资金5亿元，主要用于城乡居民住房和学校、医院等重建重点任务。通过市县债券额度共享，申报发行地方政府债券10亿元，由县级负责还本付息。

3. 县级

以受灾县（区）为主体，实行恢复重建资金总额包干制。各县（区）统筹使用市县（区）财政资金、国家和省补助资金、各类项目资金、政府债券、社会捐赠、投资基金、金融贷款等，深化投融资机制创新，运用市场机制破解重建资金难题，鼓励民间资金和社会资本投入重建。坚持"盘活存量、争取增量、节约集约"用地原则，全力做好国土空间规划，优化用地布局，充分运用"增减挂钩"政策，搞好用地保障。组织调配恢复重建各类物资，保障建材供应。积极争取"外援"，省级相关部门和兄弟市州先后选派76名专业人才到宜宾市援助灾后恢复重建工作。

（四）科学制订完善灾后恢复重建政策体系

结合此次地震受灾实际，宜宾市迅速制定出台了地震灾后恢复重建实施意见及过渡安置补贴、住房重建补贴、住房重建担保贷款、土地增减挂钩、农村新型社区规划选址等"1+5"核心保障政策，制发了资金管理、物资保障、质量安全、作风纪律要求等30个配套执行文件，用好城乡建设用地"增减挂钩"政策，实行多种形式的农村住房重建，加强与国家、省政策的衔接，制定了包含财政、金融、生态修复、土地、地质灾害防治、就业援助和社会保障、产业扶持以及项目管理等一整套灾后恢复重建政策体系（详见表18），在自力更生的基础上，争取国家和省级更多的政策和资金支持。各受灾区县也制定相应的具体操作细则，支撑灾后恢复重建的政策体系全面形成，灾后重建有章可循。

宜宾市委、市政府系列政策出台后，受灾县（区）迅速研究制定具体兑现实施办法，迅速开展逐村逐户政策宣传宣讲，迅速组织灾后重建政策兑现落实。市重建办在政策执行过程中加强跟踪和协调，确保区县反映的问题及时得到各专业部门回应，各区县政策落地情况总体平稳。

表 18　宜宾长宁"6·17"地震灾后恢复重建政策

	重建政策	
序号	政策类别	政策主要内容
1	财政政策	省财政统筹中央和省级相关资金对市县灾后恢复重建给予包干补助支持。允许灾区市县整合相关专项资金统筹用于灾后恢复重建。重建期间，安排灾区恢复重建项目所需债券额度，争取中央给予灾区减收财力补助支持，支持灾区政权机构正常运转和基本民生保障。以政府与社会资本合作、产业引导基金等方式，引导社会资金参与支持灾后恢复重建项目。支持巡场镇结合棚户区改造、老旧小区改造推进城镇住房重建，争取双河镇、硐底镇、珙泉镇纳入老旧小区改造范围予以支持
2	金融政策	适当下调灾区地方法人金融机构 MPA 参数，提高资本充足率忍度，支持金融机构加大对灾后重建的信贷投放。支持金融机构建立灾后重建授信审批"绿色通道"，优先安排重建信贷资金。鼓励金融机构支持灾区农房重建和城镇居民住房重建。鼓励政策性银行发放长期限、低成本的贷款支持符合条件的灾区恢复重建项目。鼓励保险机构将保险直投资金优先投资到灾区基础设施恢复重建等有关项目。支持符合条件的受灾地区企业等通过债券市场发行企业债券、短期融资券等债务融资工具。加强对受灾地区企业的上市培育服务
3	生态修复政策	积极争取保障灾区重建项目林地使用定额。优先将地震灾区符合条件的陡坡耕地纳入新一轮退耕还林工程实施范围，优先安排天然林保护工程，完成公益林人工造林和封山育林任务，优先安排造林补助项目、国家储备林建设项目、森林抚育项目、珍稀树木建设项目、森林质量精准提升项目等。支持在自然保护区实验区、森林公园内开展规划项目重建
4	土地政策	保障灾后恢复重建用地需求。在合理确定灾后恢复重建用地规模的基础上，允许对市、县（区）、乡（镇）级土地利用总体规划进行调整完善。按程序报原审批机关批准。争取自然资源部先行向受灾严重的长宁县、珙县、兴文县下达建设用地规划指标和年度计划用以支持灾后易地重建项目，不足部分由自然资源厅统筹解决。城镇规划区内或未纳入最新变更调查数据库的损毁农房，可单独组卷编制灾后重建增减挂钩实施规划，依据遥感影像和现场核实举证情况立项。项目总量不受指标规模限制。灾后恢复重建增减挂钩节余指标在批准实施规划后可预先使用 50%。灾后恢复重建增减挂钩项目立项和验收可参照《四川省自然资源厅关于深化城乡建设用地增减挂钩改革助推深度贫困地区脱贫攻坚的通知》（自然资发〔2019〕43 号）规定执行。争取自然资源部支持将因灾损毁废弃且具备复垦条件的合法工矿地，纳入历史遗留工矿废弃地复垦利用范围。争取自然资源部支持在灾后恢复重建期间，可先行安排使用复垦利用建新指标，并允许直接布局在土地利用总体规划确定的有条件建设区。项目完成并通过验收后，更新完善土地利用总体规划数据库。争取将难以避让永久基本农田的重建规划项目，纳入重大项目范围，允许占永久基本农田，由自然资源厅办理预审。对于控制工期的单体工程，争取自然资源部授权自然资源厅审核同意可先行用地；涉及农用地转用和土地征收的，边建设边报批，按用地审批权限办理用地手续

续表

序号	政策类别	政策主要内容
5	地质灾害防治政策	支持开展地质灾害隐患排查和风险评估。支持灾区加强地质灾害监测预警网络建设，完善地质灾害信息网络系统和监测预警平台。对纳入灾后恢复重建规划的地质灾害防治隐患点，分类实施监测预警、避让搬迁、工程治理、排危除险、综合治理等措施。支持新技术新方法在灾区地质灾害防治中的运用
6	就业援助和社会保障政策	将2019年底前的地震灾区城镇登记失业人员、灾区户籍离校未就业高校毕业生，因灾伤残人员和失去耕地、林地，以及因灾返贫的建档立卡贫困人员，作为因灾就业困难人员纳入就业援助范围。将灾后恢复重建中的灾害监测、环境清理、治安维护等协助管理型、服务型岗位纳入公益性岗位认定范围，对安置在公益性岗位就业的因灾就业困难人员落实社会保险补贴和岗位补贴政策。对组织开展劳务输出的人力资源服务机构，给予就业创业服务补贴；对劳务输出的灾区群众，给予一次性交通补贴。结合灾后重建和产业振兴需要，开展免费技能培训和创业培训。对首次创办小微企业或从事个体经营并正常经营半年以上的灾区就业困难人员，给予创业补贴，所需资金在中省就业创业补助资金中解决。对企业因灾停产、歇业暂时失去工作岗位的失业保险参保职工，发放失业保险金，发放时间截止到企业恢复生产当月，最长不超过18个月
7	产业扶持政策	支持"两海"（蜀南竹海、兴文石海）生态旅游文化示范区建设，加大对纳入文化旅游产业转型升级项目的支持力度。对"两海"旅游品牌重塑给予宣传促销支持。支持以绿色竹精深加工为主的四川长宁经济开发区（双河园区）和以绿色建材为主的四川珙县经济开发区，省级工业发展资金和产业园区基础设施项目发展引导资金给予单列支持。支持灾区发展符合主体功能区规划要求的绿色工业产业。加大对竹、蚕桑、生猪、肉牛、红粮等基地及现代农业园区建设支持力度。鼓励灾区淘汰高耗能、高污染类企业，支持灾区煤炭产业转型升级
8	项目管理政策	灾后恢复重建项目可直接开展项目可行性研究等前期工作，也可直接编制项目实施方案；除跨行政区域、需省上平衡外部条件的项目外，其他属于省级审批、核准的恢复重建项目，审批、核准权限下放到市，并同步核准招标事项，履行监管职能。对事关灾区长远发展、实施周期较长的发展提升类项目优先争取纳入国家、省"十四五"规划

资料来源：《宜宾长宁"6·17"地震灾后恢复重建实施规划》。

（五）用心抓好过渡安置和因灾受伤人员医治

此次地震集中安置人员数量较大，帐篷集中安置点多，治安、消防和食宿保障压力较大。加之高温酷暑，暴雨不断，临时帐篷集中安置挑战日增。做好灾区群众安置工作成为恢复重建工作的重中之重。

指挥部抓紧时间研究制订了受灾群众过渡安置政策和具体措施，坚持以"分散安置为主、集中安置为辅"，实施分类施策安置。第一时间清理盘点城镇安全住所存量，摸清底数，通过腾空有关场所、租用社会资源等多种形式为群众提供固定安全居所；对鉴定结果安全的房屋，劝导受灾群众有序返家，尽早恢复生产生活秩序；抓紧兑现安置政策，鼓励受灾群众采取投亲靠友、租用闲置民房、搭建简易安全住所、建设过渡安置用房等方式实施分散安置，引导受灾群众实行多元化过渡安置，把帐篷集中安置的弊端降到最低。将低保户、重病家庭等特殊困难群体优先纳入安置。

对于集中安置的，加强安置点的服务和管理，在安置点引入社区服务，加强救灾物资调配，落实好集中过渡安置点防火、防盗、防雷、防触电等安全防范措施，保障安置点群众的生命财产安全，保障受灾群众基本生活不受影响。积极开展卫生消杀和防疫防治，加强社会治安管理，认真排查安全隐患，耐心细致地做好思想工作和心理安抚，确保灾区社会安定、人心稳定。

与此同时，切实加强因灾受伤人员的医治和服务工作。截止到 2019 年 8 月 7 日，在 236 名入院治疗的人员中，已有 215 名恢复出院，出院率达 91.1%。①

（六）全力推进灾后恢复重建项目建设

为了确保灾后恢复重建项目又快又好地推进，宜宾探索形成了"规划市上牵头编、建设县区负责管、施工招引国企办、质量专家说了算、监督发动群众看"的项目规划建设管理机制，明晰了各类主体的责任，充分调动了各方的主观能动性，灾后恢复重建取得了阶段性的成效。

在受灾居民住房建设方面，始终把城乡居民住房恢复重建作为灾后恢复重建的首要任务，采取统规统建、统规自建、原址重建、购房安置等多种方式，"一户一策"推进住房恢复重建。发放住房维修重建补贴 4.23 亿元、贴息贷款 1.5 亿元，大规模培训农村工匠 5800 余人次，组织技术人员进村入户指导，有力保障了建房质量。震后 3 个月完成 25248 户城乡住房维修加固；震后一年半完成 13689 户城乡住房重建，受灾群众住上安全、

---

① 数据来源：宜宾市应急管理局。

经济、舒适的新居。①

在公共服务恢复重建方面，始终把改善民生作为灾后恢复重建的根本目的，在资金投入上优先安排、在要素配置上优先满足、在管理服务上优先保障。2019年8月完成117所学校维修加固，灾区学生在9月全部复课；如期完成27所学校、6所医院和33个社会保障类项目重建，新增校舍面积30.9万平方米、学位8095个，新增医院用房面积2.5万平方米，新增便民服务中心面积3300平方米，灾区公共服务能力和综合保障能力比震前有了大幅改善和提升。②

（七）强力确保灾区社会和谐稳定

震后与恢复重建前期阶段正值主汛期，气象多变，酷热和暴雨气候叠加。针对灾区群众思想情绪不稳定的问题，宜宾市委、市政府深入分析，把握相关形势，充分估计工作的艰巨性和复杂性，坚持以人民为中心的发展理念，认真细致做好群众工作，以主动化解被动。为确保灾区和谐稳定，联系区县的市领导带队，深入县、乡、村了解灾区群众的实际困难，帮助协调解决灾后重建中有关问题，及时化解矛盾纠纷。按照四川省地震局的科学分析，及时科普相关常识，向群众讲解此次地震为构造性地震，杜绝将此次地震与人类工业活动挂钩的过度渲染。宜宾市委办、市政府办专门下发《关于进一步做好当前抗震救灾工作的通知》，各驻县（区）市领导带队深入县（区）做深做细督查指导工作，指导县（区）一手抓经济社会发展，一手抓灾区群众思想引导，深入受灾户家中慰问，召开院坝会，说明地震的特点和成因，有效化解了一些群众对页岩气和盐卤开采的误解，切实引导了舆论、稳定了民心。县区组织驻乡（镇）、村群众工作队，通过发放"政策明白卡"、派出政策讲解员等方式，向群众讲明、讲透重建政策，消除群众疑虑。

宣传和网信等部门加强舆情管控，广泛收集线上线下舆情，准确反映震区群众的思想动态和利益诉求，积极回应灾区社会关切，密切掌控舆情动态，防止恶意炒作。坚持日会商、周分析、月研判，对不良信息第一时间处置应对，深入做好思想政治工作，切实引导舆论、稳定民心，为灾后

---

① 数据来源：宜宾长宁"6·17"地震灾后恢复重建办公室。
② 数据来源：宜宾长宁"6·17"地震灾后恢复重建办公室。

恢复重建提供了良好的社会环境，确保了灾区社会和谐稳定。

第五节　救援处置和灾后重建的经验与反思

"6·17"长宁地震抗震救灾工作取得全面胜利，灾后重建进展顺利，提前半年实现了"两年全面完成恢复重建"的目标，与地方党委、政府长期注重加强应急管理工作、不断推进应急管理体系与能力现代化建设密切相关，体现了地方灾害治理体系的进一步健全与治理能力的进一步提升。回顾抗震救灾与恢复重建两年的历程，有不少经验值得提炼与肯定，也有一些问题需要及时、客观、理性反思。

一　处置救援和灾后重建的宜宾经验

震后的宜宾大力弘扬抗震救灾精神，全力抓好各项工作，多措并举，奋力夺取了抗震救灾工作全面胜利，灾后恢复重建工作有力、有序、高效，提前完成重建任务。与近年来四川发生的其他重大地震灾害应对处置相比，无论是抢险救援还是恢复重建，"6·17"长宁地震应对处置决策指挥更科学，救灾效率更高，救灾能力更强，救灾水平更高，信息公开更及时，人员转移更高效，秩序维护更有序，恢复重建效果更显著。包括地方防灾减灾救灾基础、公众认识、民众反应、社会力量参与等方面，都有了长足的成长与进步。应该说，"6·17"长宁地震的应急抢险救灾工作上了一个新台阶，有许多值得提炼与借鉴的成功经验。

（一）党委集中统一领导，指挥有力

各级党委的强大执政能力是震后救援处置以及灾后重建发展的重要保障。震后第一时刻，在党中央、国务院领导的批示指导下，在中央有关部门单位、四川省委和省政府的大力支持和兄弟市（州）的倾力帮助下，宜宾市委、市政府统一集中部署，开展了卓有成效的工作，圆满完成了抗震救灾和灾后重建各项任务。抢险救援阶段，党对震后应急处置与救援进行集中统一领导，从组织、指挥、动员、宣传、行动各方面形成了抢险救援的强大合力。省市抗震救灾应急救援联合指挥部火速成立，提升了统筹协调的力度，指挥调度高效、有序。各级党委政府迅速响应，主动作为，抓住了抢险救援的先手。各方通力合作，形成了集中统一、

上下联动、军地协同、内外合作的高效组织指挥模式。灾后恢复重建期间，各级党组织全面加强对灾后恢复重建工作的领导，充分发挥党组织的战斗堡垒作用和广大党员干部的先锋模范作用，成为灾后恢复重建的主心骨和主力军。把"不忘初心、牢记使命"主题教育活动与灾后恢复重建有机结合起来，把灾后恢复重建工作现场作为主题教育活动最具活力和说服力的现场，把为人民谋幸福的初心融入灾后恢复重建的使命担当中，推动作风转变，提高灾后恢复重建工作效能，领导灾区干部群众克服困难，奋力拼搏，提前完成重建任务，充分彰显了党应对风险挑战、驾驭复杂局面的强大领导力。

（二）全新机构高效形成合力，反应迅速

2019年是新一轮宜宾市、县机构改革启动的第一年，也是新时代地方应急管理体制改革元年。在市委市政府领导下，在省应急厅指导下，市、县应急机构"边组建边应急，边应急边建设"。

一是在有序推进机构改革的同时，及时调整完善应急组织指挥体系。宜宾市专门成立市应急管理委员会，建立了18个专项指挥部，在全省率先建立综合应急指挥平台，为决策指挥提供了保障。在建立应急委的基础上，建立健全了"1+2+N"应急管理组织指挥体系，召开了调整完善后的第一次应急委全体会议，及时出台了市应急委及18个专委会成员及职能职责，推进完善18个专项指挥部运行机制；指导所辖县（区）调整完善应急管理组织体系，结合乡镇区划调整和机构改革推动设立乡镇应急管理机构，做到了"上下对应"，切实解决应急指挥的"最后一公里"问题。在地震发生两天前的6月14日，宜宾市召开政府常务会，审议市人民政府关于调整完善宜宾市应急委员会的通知，专门研究进一步完善应急管理体系、提升应急救援能力等事宜。明确要求各部门细化责任，迅速清理工作职责，明确工作任务，尽快完善相关机制。二是健全应急救援联动体系。建立全市应急救援队伍队际联席会议机制，推动探索共训共练、救援配合机制，发挥市矿山救护队、五粮液专职消防队模范带头作用，促进救援队伍从"一专"向"多能"转变。与驻宜陆航旅、金汇通用航空公司建立空中救援协调配合机制，在向家坝库区建立水上应急救援通道，形成"水陆空"立体救援模式。三是建立军地抢险救援联动协调机制。积极探索，健全驻宜部队参与抗震救灾的调度和指挥协调机制，形成了体系对接、定期

会商、信息互通、指挥协同、资源共享、教育培训6个方面的联动协调机制，推动军地抢险救援能力建设常态化。四是完善灾害预警会商机制。市应急管理局会同市气象局、市水利局、市自然资源和规划局、市林业与竹业局等多部门，建立健全了分析研判会商、联合发布、协调配合等协同机制，做到提前预警、提早谋划、提前避险，及时掌握风险趋势，强化指导部署工作。五是规范应急处置程序。制定出台《宜宾市突发事件应急处置程序规定》《宜宾市地震分级应急处置机制》等制度机制，进一步规范和明确分级预警、分级响应程序和机制，完善应急工作流程，提升应急处置实效。六是提升内部响应效率。各专项指挥部及其办公室按要求分别制定《灾害事故内部响应手册》《应急值守和信息报送制度》等一系列工作制度，细化灾害事故预防与应对分工，确保日常工作规范合理，突发事件信息传递、应急响应及时高效。七是规范应急值守与信息报送。建立健全市应急委成员单位和县区、乡镇应急值守和信息报送机制，切实加强值班规范化建设，严格落实领导全天候带班、24小时值班制度，坚持每日自然灾害和生产安全事故情况调度；规范突发事件信息报送和处置流程，提升信息报送时效和质量。

在机构改革工作高效推进、联动协同机制快速调整的基础上，"6·17"长宁地震后才可能第一时间形成救灾合力，争取到了宝贵的应对处置先机。各项救灾预案启动迅速，四川省"6·17"抗震救灾应急救援联合指挥部无时滞成立，各成员单位第一时间自动集结投入战斗。震后30分钟内，任务分配、人员搜索、物资发放等工作高效进行，成功有效应对地震灾害，将灾害损失降至最低。"6·17"长宁地震应急处置获得四川省应急厅书面表扬，应急管理提前介入机制和快速响应机制得到四川省应急厅和省编办的认可，并在四川省应急调度会上给予表扬；"6·17"长宁地震信息发布和舆情应对得到了中宣部和四川省委的高度肯定。

（三）瞄准实战提升能力，应急救援队伍改革经受住了考验

宜宾市应急管理体制改革进程中，新组建机构将模拟演练作为工作主要抓手，聚焦实战，完善预案、常备不懈、苦练内功。

1. 编制应急救援能力提升行动计划

宜宾市对接省级规划，以救援物资装备配备、救援队伍驻训场所建设、人员配备和培训教育、应急管理信息化等为重点，积极谋划应急救援

能力提升行动，力争通过三年行动，基本建成覆盖城乡、统筹灾种救援、尖兵力量突出、应急指挥通信畅通的应急救援能力体系。

2. 狠抓队伍训练演练

建立综合消防、矿山救护、企业救援等专业救援力量应急联动机制、军地联动机制。多次召开市级应急救援队伍队际联席专题会议，积极开展各类演练训练。2019年，全年开展各层级演练150余场次，动员9.85万名群众参加防汛抗洪、紧急疏散、转移避险演练793场次；新增财政专项资金600万元，解决宜宾市部分矿山救护队的救援装备购置和训练演练经费不足问题；积极筹备川南防震减灾工作会议和抗震救灾桌面演练，承办应急部救援中心西南地区矿山救护及抗震救灾拉动演练。

"6·17"长宁地震发生前，宜宾市应急管理局为了筹备川南地区抗震救灾的桌面演练，已组织市县有关部门进行了多次推演。应急管理部矿山救援中心、四川省应急管理厅、宜宾市政府原本计划于2019年6月18日至20日在宜宾联合开展一场针对云南、贵州、四川、重庆四地的西南地区区域矿山应急演练。地震发生当晚，来自西南各省参加矿山救援演练的14支地矿救援队127名救援人员正集结在距离长宁县不远的国家矿山芙蓉救援基地，与宜宾市应急管理局一起筹备联合大型应急救援演练。地震一发生，灾情就是集结号，演练就地变实战。全体人员第一时间从演练模式切换为战斗状态，第一时间投入救援，星夜驰骋，火速奔赴灾区。由于距离较近，国家矿山应急救援芙蓉队以及云南东源矿山救护队于18日零时15分抵达了位于震中的双河镇，并赶到了受灾严重的葡萄井村八组进行搜救。另外一支队伍第一时间抵达通信中断的珙泉镇，奋战一宿，营救出十几名被困群众，其中岁数最大的被困群众接近90岁。截至6月19日10时，14支救援队伍从垮塌废墟中解救被埋压群众2人，搜寻遇难人员4人，解救被困群众19人，搭建帐篷305顶，发挥了专业救援的重要作用，生动展示了应急救援队伍与力量的建设成效。

3. 加强应急管理干部队伍能力建设

2019年，市级层面组织数次应急管理领导干部培训和乡镇基层应急管理干部培训班，分别对县（区）政府、市级相关部门分管领导和乡镇应急管理干部进行了培训，市级培训应急管理干部近300人次。

抓实队伍建设，提升应急救援力量，加强能力建设，才能高效应对处置，减少灾害事故损害。此次灾后救援，应急机制畅通、响应速度较快、信息通报及时，充分彰显了人民利益高于一切的"中国速度"。

（四）基础工作扎实，基层防灾减灾抗灾能力显著提高

2019年，宜宾市以地方机构改革和应急管理体制机制变革为抓手，务实推进防灾减灾救灾各项工作，全面加强应急管理体系建设，积极夯实灾害治理基层基础。

在完善防灾减灾救灾机制方面，认真落实《自然灾害救助条例》《宜宾市"十三五"防灾减灾规划》《自然灾害救助应急预案》，充分发挥市减灾委员会作用，进一步统筹灾害管理，积极推进综合减灾，强化灾害风险防范。在监测预警机制建设上，宜宾市整合全市20多个行业监测预警系统，集中监测点5000多个，初步改变了散乱差的局面。在隐患排查机制建设上，提出了风险隐患排查常态化、隐患整改常态化、督查检查常态化的要求，定期开展地质灾害、安全生产、饮用水源地等重点区域隐患排查，编制治理方案。在救灾物资保障机制建设方面，完善救灾物资采购、储备、调拨机制，全面清理登记全市救灾物资、器材、装备和生活食品、药品；形成以市级救灾物资储备库为保障重点，县（区）为补充的救灾物资保障体系，强化全市43个规范性避难场所和10个规范性救灾物资储备库的管理，并向边远和灾害频发的乡镇（点）进行延伸，建设乡镇救灾物资储备点173个，对偏远、易发灾害的乡镇（点）进行物资分储，建设乡镇避难场所471个。在信息公开和舆情管控方面，采取疏堵结合、疏导为主的方式，不间断发布信息，实现饱和覆盖，及时处置虚假舆情。在工程防灾、社区减灾机制方面，立足平时、防在前头。积极推进农村住房和巨灾保险工作，落实财政救灾资金预算制度和资金分担比例负责制，积极申报创建"全国综合减灾示范社区"，积极推进社会组织、群众、家庭防灾减灾工作。截至2018年底，全市累计投入2亿元，避险搬迁3377户，投入1.46亿元治理地质灾害。这些灾害防御工作的落实见效，为"6·17"长宁重大地震灾害的应对提供了一定的抗灾基础和救灾能力。

此外，近年来宜宾地震活动相对频繁，当地常备不懈，加强宣传教育培训，定期开展应急演练，提高了各级政府的防灾减灾救灾能力，增强了群众的灾害应对意识。"6·17"长宁地震发生时，灾区群众具备一定的救灾经验和应对能力是一个优势。四川省在遭受"5·12"和"4·20"以及

"8·8"几次大地震后，通过实战及应急演练培训，基层干部和人员的应急处置经验和能力有了丰富和提高，全社会的应急避险意识和应急处置水平有了质的增强和提升，地方政府和全社会应对突发自然灾害的能力不断提升，领导干部在应急管理中的重要作用越来越凸显。面对地震，灾区很多群众具备一定的救灾经验和应对能力，能够临危不慌，快速安全逃生、避险，积极开展自救互救，主动参与人员搜救；能够配合当地政府做好转移安置工作，在安置点相互支持和鼓励，相互提醒督促，时刻防范次生灾害。所有安置点秩序井然，没有发生"二次伤害"。基层政府和党员干部在大灾大难面前也显示了较为出色的组织指挥和有效应对，与灾区群众一起提交了合格的"应急答卷"。

（五）突出本土化与地方创新，科学制定灾后重建规划，快速形成灾后恢复重建政策体系

抓好灾后恢复重建，事关灾区长远发展和灾区群众切实利益，不仅需要抓早动快，更要科学谋划。在地震灾后重建的特殊窗口期，如何抓紧时机，既要快速高效公平地满足灾民转移与安置的紧迫需求，又要高质量地规划和实施灾后重建，既解决当前救灾问题，又防范未来风险，还着力长远发展，这是摆在地方政府面前的一道难题。"6·17"长宁地震灾后重建探索了一条融合的新路子，采取了一些具有地方特色和创新性的做法，可为有关地方党委和政府提供参考。

因地制宜制定灾后恢复重建规划和政策支持体系，是高标准推进科学重建的重要前提。"6·17"长宁地震发生后，在深入学习贯彻习近平总书记重要指示以及中央和省级领导的批示精神的基础上，宜宾市委、市政府派出工作组分赴芦山县、九寨沟县考察学习，充分借鉴四川省内近几年灾后恢复重建成功经验。立足"6·17"长宁地震具体情况以及宜宾市社会经济发展实际需要，对科学、有序、高效推进灾后恢复重建工作，对如何发挥政治优势、做好民生功课、做活生态文章争取支持有了更深刻的认识和更清晰的思路。按照中央要求和实际情况，宜宾市迅速构建了"省级指导、市级统筹、县区主体、群众参与、社会支持"的灾后恢复重建新机制。几次地震震后重建工作对比分析情况见表19。

表19 "4·20"芦山地震、"8·8"九寨沟地震的与"6·17"长宁地震灾后重建工作对比分析

地震名称	震级	最大烈度	响应等级	规划范围	灾损情况	灾区特点	重建机制	重建原则	重建项目个数及总投资	重建目标
"4·20"芦山地震	7.0	9度	国家Ⅰ级 省上Ⅰ级	包括雅安市芦山县等6个新区，以及成都市邛崃市的6个乡镇，共102个乡镇，面积10706平方公里	受灾218.4万人，遇难196人，失踪21人，受伤14785人，直接经济损失约500亿元	地质条件复杂，次生灾害易发；生态地位重要，区域位置重要；基础设施薄弱、产业基础薄弱；经济发展滞后，两次地震叠加，重建任务艰巨；旅游资源丰富，发展潜力较大	中央统筹指导，地方为主体，灾区群众广泛参与	1. 科学重建；2. 民生优先、安全第一；3. 保护生态；4. 创新机制；5.	省上明确重建项目2251个，估算总投资764.4亿元，后优化调整为重建项目2200个，估算总投资764.4亿元	用三年时间完成恢复重建任务，灾区生产生活条件和经济社会发展得以恢复并超过震前水平，为到2020年与全国同步实现全面小康社会目标奠定基础
"8·8"九寨沟地震	7.0	9度	国家Ⅱ级 省上Ⅱ级	包括阿坝州九寨沟县、若尔盖县、松潘县和绵阳市平武县18个乡镇，面积9223平方公里	受灾21.6597万人，遇难25人，失踪5人，受伤543人，直接经济损失80.43亿元	自然遗产集中，旅游资源丰富；生态地位突出，环境重要；地质条件复杂，自然灾害频发；基础条件薄弱，经济发展滞后	中央统筹指导，地方为主体，灾区群众广泛参与	1. 尊重自然，生态优先；2. 以人为本，改善民生；3. 底线思维，保证安全；4. 因地制宜，科学重建；5. 创新机制，强化保障	省上明确重建项目222个，估算总投资118亿元，经细分解捆绑后重建项目为257个，估算总投资118亿元	用三年时间完成恢复重建任务，灾区生产生活条件和经济社会发展得以恢复并超过震前水平，到2020年与全国同步实现全面建成小康社会目标

续表

地震名称	震级	最大烈度	响应等级	规划范围	灾损情况	灾区特点	重建机制	重建原则	重建项目个数及总投资	重建目标
"6·17"长宁地震	6.0	8度	省级Ⅱ级市级Ⅰ级	包括长宁县、珙县、高县、兴文县、江安县、翠屏区的61个乡镇，面积3058平方公里	受灾32.98万人，遇难13人，受伤住院236人，直接经济损失52.68亿元	数次地震叠加，震频繁发生；人口分布集中，灾害影响较大；发展基础薄弱，经济水平不高；生态地位重要，地质条件复杂	省级指导，市级统筹，县区主体，群众参与，社会支持	1. 以人为本，改善民生；2. 生态优先，绿色发展；3. 因地制宜，科学重建；4. 恢复为主，全面提升	明确重建项目161个，灾后恢复重建资金控制在65.89亿元内，其中省级包干补助25亿元，市县财政和受灾群众筹集资金40.89亿元	用两年时间全面完成灾后恢复重建任务，灾区生产生活条件和经济社会发展水平超过震前水平，实现居民住房安全性、舒适性明显提高，受损公共服务和基础设施功能恢复提升、绿色产业发展水平持续提高，生态环境质量逐步改善，综合防灾减灾能力全面加强，到2020年与全国同步实现全面小康，力争实现"一年基本完成，两年全面完成"的重建目标。

经过近两年重建实践的检验，这一创新性思路产生了丰硕的成果：规划目标明确科学、资金筹措方案切实可行、政策体系支撑有力、项目建设推进有序。灾后恢复重建具有的强大"变革"动力，给灾区带来了一系列"创造性的复兴"。这种变革，既体现在城乡面貌的改变上，也体现在党性建设、党群关系、应急意识等变化上；不仅促进当地社会经济的恢复和振兴发展，而且整体提升了社会抗灾力和恢复力。"6·17"长宁地震的重建模式与成效体现了中国国情和地区特色，进一步丰富了联合国所倡导的"重建得更好"的内容，发展了恢复重建中国模式的地方探索经验。

1. 规划引领，合理设定灾后恢复重建目标和重建思路

重建中规划是第一道工序，也是建设的龙头，是个系统性、复杂性的工程，需要厘清思路，谋定而后动。"6·17"长宁地震后，宜宾市在科学评估确定灾损的基础上，加快编制受灾地区恢复重建实施规划，在较短时间内就完成了高标准的重建规划编写工作。考虑到此次地震的实际情况与灾后恢复重建的基本盘与时效性，长宁地震灾区重建规划没有采取"总规—专规—实施规划"的模式，直接采用编制实施规划的形式，快速出台了《宜宾长宁"6·17"地震灾后恢复重建实施规划》，确定了恢复重建的指导思想、主要目标、整体布局、重点任务，明确重建项目、资金需求、建设时序和政策措施。宜宾灾后恢复重建规划突出了因地制宜、系统科学、适度超前、体现特色等特点，以规划引领重建，有力提升了灾后重建的整体水平。

在因地制宜方面，宜宾灾后恢复重建规划尊重顺应自然规律，立足灾区实际，充分考虑到地域特点、区域社会经济发展方向，综合考虑环境容量和资源承载能力，优化布局生产空间、生活空间和生态空间，有效避让灾害风险区和隐患点，合理安排重建用地规模，科学确定重建方式和建设时序。借鉴"4·20"芦山地震灾后恢复重建提出的"先治坡，后置窝（指住房）、边置窝，边置锅（指产业生计）"等经验，对于公共服务设施、基础设施建设等，规划之初都对地质灾害进行评估，严格做到"三避让"（避开地震活动断裂带、避开地质灾害隐患点、避开山洪灾害危险区和煤层沉陷区），科学选址。

在系统科学方面，宜宾重视多规协调，突出规划项目之间的整体布局，比如说施工设计、施工建设、项目管理、组织指挥方面，统筹有机结合，对项目规划建设的合理性和科学性进行总把关，做到规划设计一个漏斗出，增强灾后重建的系统性和整体性。注重把握好重建规划与脱贫攻坚、乡村振兴、产业发展、区域协同以及与"十四五"规划等大战略的整体统筹与衔接协调。

适度超前是指宜宾在抓紧恢复正常生活生产与家园重建的同时，还充分发挥灾后重建增援未来的价值。灾后重建坚持高起点的规划，高水平的建设，既着眼恢复生产、生活、生态功能，又要适度超前，重点规划，并集中一定资金建设一批公共服务、基础设施、生态建设方面的重大项目，以提升灾后重建的实际成效。注意科学确定重建标准，防止低水平简单的复制，防止"建成就落后"。但同时也要注意节约，不贪大求远，不搞形象工程、政绩工程。在谋划教育、卫生、民生基础设施这些项目时，充分考虑中央、省级每年都有计划项目和资金，还考虑城镇化的进程，人口流动的趋势，大小适宜，给未来发展留下合理空间。

在体现特色方面，宜宾灾后恢复重建规划既遵循共同规律，又彰显地方特色与创新特色。城镇重建给灾区落实新型城镇化战略提供了独特的契机。在强化城镇功能现代化的同时，宜宾注重塑造地域特色风貌、传承历史文化，提升城镇整体形象特色，建设了一批文化旅游、商贸服务特色镇、村。在农房建设方面，提炼宜宾固有的川南民居特色，适度集中。在建设新村聚集点时，既符合幸福美丽新村建设的硬件要求，又充分考虑农民生产生活的现实，让安全出行与生产半径有机结合。加强对自然景观的保护，杜绝工程建设城市化，充分保留川南乡村的韵味和文化。

2. 探索创新一系列适应本土的政策包与工具箱

强化政策支持，是灾后恢复重建的有力举措，也是重建工作得以迅速推进的重要依据与基础。在充分借鉴四川省内近几年灾后恢复重建的中央和省级支持政策的基础上，宜宾市对如何用好关于避灾防灾、救灾救济、公共服务、基础设施、生态环境、产业发展等方面的政策支持，创新财政、土地、就业创业、民政、行政审批等政策使用进行了系统全面的梳理、研究，并与学习贯彻习近平总书记指示精神以及"不忘初心，牢记使命"主题教育活动高度结合，通过走基层、召开院坝会等形式，听计于民、问计于民，群策群力，及时制定出台了一系列灾后恢复重建的政策与工具，为及时推动有关工作启动与开展提供了较为充足的政策支撑与措施保障。在科学规划引领和充足政策支持下，"6·17"长宁地震灾后重建工作体现了很强的系统性、创造性和地方特色。

（六）突出以人为本，全力改善民生

宜宾市坚持以人民为中心的发展思想，把安民贯穿于抗震救灾全过程，把保障民生作为灾后恢复重建的出发点和落脚点。扎实做好过渡性安置，切实保障受灾地区群众基本生活。优先恢复重建城乡居民住房和学校、医院等公共服务设施以及基础设施，严格执行抗震设防要求和工程强制性建设标准、规范，使其成为安全、牢固、群众放心的建筑，全面改善灾区群众生产生活条件。规划编写与系列政策的制定中，都突出重建最紧迫最根本的是民生任务，即住房和公共服务设施重建，在重建内容、项目、政策、时序安排上都体现了这条主线。灾区民生保障更加专注于解决群众最关心、最直接、最现实的利益问题，着力构建惠民富民的民生保障体系，让群众更有获得感、幸福感、安全感。

以长宁县双河镇灾后恢复重建为例，该镇把改善民生作为第一要务，坚持以城镇保障民生、农村集中重建为指导，尊重原址重建的普遍民意为基本，采取就近组合联建的重建模式，恢复自然院落布局，按照交通便捷合理、功能配套完善、便捷生产生活、有利发展旅游的要求，县、镇两级全力攻坚，截止到 2020 年 10 月，城乡居民住房维修加固、居民住房重建圆满完成。此外，按照建设标准更高、配套功能更强、服务能力更强的要求，全镇公共服务设施建设项目，包括学校、敬老院、卫生院、农贸市场、污水处理厂、垃圾中转站等项目基本完工，实现了公共服务设施提档升级的目标。灾区群众的生产生活秩序快速恢复，公共服务能力和综合保障能力比震前显著提升。

（七）紧扣发展要务，强化项目支撑

产业经济重建是灾区民生改善和同步小康的基础，生态环境重建是灾区实现可持续发展的重要保证。坚持打好灾后恢复重建"硬仗"与补齐经济社会发展"欠账"相结合，突出重建与发展的统筹融合是"6·17"长宁地震灾后重建的一个亮点。把新发展理念和高质量发展要求贯穿灾后恢复重建全过程，注重恢复重建与安全等级、保障能力、产业融合提升相结合，加快实施重建项目的同时，提出和设计一批事关受灾地区长远发展的重大项目。项目设计既注重科学实施的需要，也注意符合承接国家、省支持政策的需要。一是突出文化旅游产业融合发展，把文化旅游业作为受灾地区恢复重建的主导产业，围绕全域旅游、天府旅游名县和"两海"生态旅游文化示范区建设，加快文化旅游基础设施和配套服务设施恢复重建，大力发展"旅游＋"经济，促使受灾地区群众就地、就近就业，推动乡村振兴发展，促进县域经济发展。二是突出工业园区扩容提质增效。结合受灾县（区）企业灾损情况，推动园区总体扩区，解决土地指标紧缺和产业发展质量落后问题，引导重建企业入驻园区，培育打造县域经济新动能、新支撑。三是突出以生命通道建设提升产业发展和应急救援能力的基础保障。结合重建环线布局，以生命通道建设和灾害防治为重点，同时提升省道通行能力和水平，完善农村公路路网结构，为受灾地区长治久安和长远发展提供条件。四是突出长江上游生态屏障重建。强化生态修复、绿色发展，以习近平总书记来川视察提出的"让竹林成为四川美丽乡村的一道风景线"① 为指引，发展特色竹和优质蚕桑等特色产业，推进废弃工矿区和石漠化治理，筑牢长江上游生态屏障。

在强化项目支撑方面，注重项目打捆包装，支持工程总承包（EPC）模式，引导有经济实力、有技术实力、有管理实力、有社会责任感的企业积极参与重建，确保工程质量。灾后重建项目按照投资性质，实行分类管理，严格按批准的规划组织实施。按照重建目标，制定年度项目投资计划，高效推进项目建设。此外，优化审批服务，坚持规范性与灵活性相结合，落实县（区）政府及项目业主的主体责任，减少项目管理层级，市级行业主管部门加强业务指导，为重建项目高质量、快进度实施提供优质服务。

（八）充分发挥受灾群众主体作用，注重和谐重建

灾后重建涉及群众的切身利益，每一项重建规划和重建项目都要遵循"以人文本"原则，倾听群众心声，充分考虑群众的意愿和诉求。受灾群众在灾后重建中参与的程度越深，灾后重建的效率与质量越高。"6·17"长宁地震灾后重建实践，形成了尊重人民群众的主体地位和首创精神、创立群众自我管理机制的好经验，变"等着帮""靠边看"为"自己建""自己干"。重建工作推进过程中，推行"一个村（一栋楼）一个自建委"工作模式，成立自建委 357 个，吸纳受灾群众 1400 余名，充分发挥

---

① 《让竹林成为四川美丽乡村的一道风景线》，《宜宾日报》2018 年 12 月 9 日。

受灾群众重建家园的主体作用。基层政府坚持"自主、自愿、自治"原则，以村（社区）为单位组成建房委员会，把知情权、选择权、管理权、实施权和监督权交给群众，让群众参与方案制定、资金管理、施工单位选择、物资调配、施工质量监督的全过程管理中，高效推进城乡住房的恢复重建。

珙县鱼竹村是此次地震重灾村，重建过程中，鱼竹村成立自建（自管）委员会，引领村级治理，夯实乡村振兴之"基"。为做好新村聚居点建设管理，成立由村"两委"干部、社长、村民代表组成的聚居点自治管理小组，制定完善《鱼竹村聚居点管理条例》，明确房屋风貌、环境卫生等具体要求。在全村聚居点创新"一元钱物管费"社会治理新机制，通过实行每人每月交1元管理费作为聚居点治理基金，用于聚居点公共基础设施维护，努力把鱼竹村14个聚居点建设成为和谐有序、绿色文明、创新包容、共建共享的幸福家园。成立志愿服务队，整合党员、乡村教师、退伍军人、返乡创业人士、热心人士、乡贤人士等，组建鱼竹村学雷锋志愿服务队，志愿者进行网上登记注册，在村开展志愿服务活动。同时，牵头成立道德评议会、红白理事会、禁毒会、村民议事会，倡导培育良好乡风乡俗，成为灾后重建"智囊团"和"助力军"。

灾后恢复重建工作中，灾区高度重视矛盾纠纷化解，维护社会和谐稳定。当地党委、政府和基层组织始终坚持公平、公开、公正原则落实各项重建政策，在发放救灾物资、确定救助对象、发放重建补助等重要工作中，以群众切身利益为立足点，着力解决受灾群众实际困难，优先保障特殊困难群众的基本生活，确保社会稳定。一方面大力宣传中央、省级、市级关于"6·17"长宁地震的有关政策，及时公布群众关心的各类信息，认真做好政策解释工作，对各类不稳定因素，做到早发现、早处置，力求及时解决社会不稳定问题；严格落实各项灾后重建政策，实施全过程公开、公平、公正，确保政策的权威性和有效性；充分尊重群众意见建议，及时化解矛盾纠纷，建立群众诉求快速高效解决机制，对群众合法合理诉求准确回复，限时解决。另一方面，对贫困户、低保户等特殊困难群体进行重点帮扶，除临时救助和集中救助外，通过民政救济、教育援助、养老保险等方式在政策、制度、长效机制上给予帮助，切实保障受灾群众基本生活，通过带动发展产业、引导就业等方式激活受灾群众造血功能。为保障受灾困难群众安全温暖过冬，制定了《宜宾市2019～2020年冬春受灾生活困难群众的评估报告》《宜宾市 2019～2020 年冬春受灾困难群众生活补助资金的请示》及需救助人员台账；按时保质保量完成御寒物资发放工作；协调财政积极争取本金配套资金，保障受灾困难群众安全温暖过冬，明确了冬春救助工作原则、对象确定、标准、发放程序、时间、方式等，做到了"一表、一册、四程序、两公开"。此外，大力弘扬抗震救灾伟大精神，深入宣传恢复重建过程中涌现出来的先进典型和先进事迹，鼓舞和激励广大干部群众同心协力、自力更生、艰苦奋斗，把社会、群众的关注点集中到"正能量"的宣传报道上来，营造良好的重建氛围。

（九）基层组织担纲堡垒，党员引领

大灾大难是考验基层组织与党员领导干部的试金石。灾难发生后，迅速组织以党员干部为主体的工作队伍，构成全覆盖的工作网络，涵盖灾区第一线所有角落，即时解决各种问题，这是符合我国国情的应急管理重要经验。"6·17"长宁地震后，基层组织担纲战斗堡垒、党员发挥先锋引领，成为党从上至下"统一领导"顺利实现的重要保障。

宜宾市压紧压实各级干部责任，把抗震救灾和灾后恢复重建作为开展"不忘初心、牢记使命"主题教育的生动课堂，教育引导广大党员干部讲实干讲奉献，攻坚克难，勇于担当。抗震救灾第一线，无数党员干部身先士卒、不眠不休，灾后第一时间在震后安置点建立帐篷临时党支部，下设党员服务队、志愿者服务队、治安服务队、子弟兵救援服务队和医疗服务点。基层党组织的坚强堡垒作用推动党建进帐篷、进安置点，通过传达救灾政策、了解群众需求、开展心理抚慰、解决困难问题，让群众感受到党的关心、组织的温暖，使灾后安置顺利、社会稳定、信心增强。灾后重建更是一场等不得、拖不得、慢不得的"赶考"，干部的辛苦不言而喻。灾后重建主战场上，无数党员干部情系乡梓、连续奋战，通过筑牢"顶梁柱"、用好"排头兵"、抓好"领头雁"，带领群众重建家园，通过县乡村三级联动，党员干部走进农户家中，与群众拉家常、解难题、谋发展，用汗水践行着新时代共产党人的责任担当。各级党委坚持在重建实践中培养锻炼干部，紧扣过渡安置和恢复重建任务需要，抓好班子带好队伍，提高灾区各级党员干部领导科学发展与科学重建的能力。

（十）建立健全重建工作运行机制与保障措施

灾后重建是一项事关当前现实和长远发展的系统工程，时间紧任务重，是在非常状态下超常规推进的工作，不仅考验地方党委、政府的应急管理能力，更是考验地方综合治理能力。"6·17"长宁地震灾后恢复重建在践行地方负责制的新路中，基层首创精神得到了充分的激发，借鉴经验，依托本土，创新探索建立了符合当地灾后重建工作的组织领导、工作推进、重建创新、监督管理、绩效考核等工作体系与保障机制。

1. 强化组织领导

领导与指挥的制度安排决定了战略与规划执行的力度和效果。"6·17"长宁地震灾后重建实践中形成了省、市、县联动，以市级地方重建委员会为领导指挥机构，受灾县（区）是灾后恢复重建的责任主体的新机制。转入重建阶段后，省、市、县各级强化灾后恢复重建组织保障，第一时间建立相应工作机构，上下联动、共同抓好灾后恢复重建工作。市级层面成立由宜宾市委书记刘中伯、市长杜紫平牵头的灾后恢复重建委员会，指导督促灾后恢复重建工作，统筹安排重建资金，研究协调解决重建实施中的重大问题。"6·17"长宁地震灾后恢复重建委员会下设办公室，负责全市灾后恢复重建的综合协调和日常工作。由市委常委、常务副市长赵浩宇任主任，有关分管市领导、市政府秘书长、市财政局分管负责人任副主任，有关市政府副秘书长、市直部门、县（区）负责人任成员。

市重建办下设规划和公共服务设施建设指导组、城乡住房建设指导组、生态环境和产业发展指导组、舆情管控和社会维稳指导组、政策研究和资金物资监督组、综合协调和要素保障组6个工作指导组，工作人员由市委组织部从市直相关部门、县（区）抽调，实行动态管理，集中办公。

受灾县（区）是灾后恢复重建的责任主体，具体负责规划的组织实施，制定年度计划，落实执行有关政策措施。省级有关部门负责指导协调恢复重建相关工作，积极争取国家有关部门的支持帮助，在年度专项资金安排等方面给予倾斜支持。

2. 建立健全工作推进机制

一是明确工作职责。印发了《宜宾长宁"6·17"地震灾后恢复重建项目责任分工表》，实行各受灾县（区）政府和市级行业管理部门双重主体责任制，将灾后恢复重建项目实施责任条块结合、层层压实。二是落实快速响应。市县均建立了坚强有力的指挥体系、高效运行的决策体系。对《宜宾长宁"6·17"地震灾后恢复重建实施规划》中的每一个项目，逐一明确牵头领导、责任单位、完成时限和工作要求，确保每个项目、每个环节有人抓、有人管、有人负责；对项目推进中出现的问题，依次由责任单位、县级牵头领导、县重建委、市级主管部门、市重建委按职责推动解决，业主单位能解决的问题不过夜，县内能解决的问题不过周，切实提高重建工作效率。

以长宁县双河镇为例，为快速推进重建，按照统一领导、统一组织的工作模式，成立了县级和乡镇的"6·17"长宁地震恢复重建委员会，确保政策执行一杆到底，工作落实一步到位，统筹推进恢复重建工作。长宁县和双河镇制定了《长宁"6·17"地震受灾群众安置补助及遇难人员家属抚慰金发放标准实施办法》《长宁县"6·17"地震灾后城乡住房重建和维修加固补助资金实施办法》《长宁县"6·17"地震城乡住房重建担保贷款贴息办法》《长宁县"6·17"地震灾区城乡建设用地增减挂钩项目管理实施意见》《双河镇"6·17"地震灾后恢复重建工程建设项目质量管理规定》《双河镇"6·17"地震灾后恢复重建项目验收管理办法（暂行）》《双河镇古城文博综合体居民住房恢复重建实施办法》《双河镇人民政府关于双河重建文化资源植入的建议》等系列文件，明确了灾后恢复重建问题"不过夜"的硬性要求，重建项目实施过程中的各种突出问题第一时间协调处置，为快速推进恢复重建提供制度保障。

3. 创新重建机制

宜宾市及受灾县（区）充分发挥主观能动作用，建立完善"省级主导、市级统筹、县区主体、群众参与、社会支持"的灾后恢复重建机制，形成灾后恢复重建合力。探索市县国有平台公司创新融资，允许将省级包干补助资金作为资本金专项用于灾后恢复重建。创新国有企业援建机制，鼓励引导有经济实力、技术实力、管理实力、社会责任感的国有企业定点援建学校、医院、特色村落等，积极参与灾后重建项目建设，探索形成政企合作帮扶重建新路径。创新市场化投融资机制，引导社会资本合作参与灾后恢复重建，全面恢复提升灾区经济社会发展水平。

4. 加强监督监管

灾后重建所涉及的建设项目繁多、资金数额巨大、使用范围很广，必须实施强有力的监督管理，构筑广领域、多层次、全覆盖的监督体系，把权力监督的制衡力、环节掌控的约束力、阳光手段的推动力结合起来，坚决守住质量、安全、廉洁、稳定和高效"五条底线"，确保灾后恢复重建工作健康有序、科学高效推进。宜宾市强化恢复重建目标管理，加强监督检查，严格责任追究，确保恢复重建目标任务落到实处。加强重建资金、重要物资和项目跟踪管理，全过程跟踪审计，确保专款专用。认真履行项目管理程序，严格执行项目法人责任制、招标投标制、合同管理制、工程监理制和竣工验收制。整合各种监督力量，特别注重在城乡住房重建领域，建立受灾群众积极参与和民主监督的有效机制，全面实行灾后恢复重建事务公开。抓住腐败易发多发环节开展专项检查，对涉及灾后恢复重建的违纪违法行为零容忍，定期通报典型案例和审计结果，及时公布资金安排、物资使用、项目进展情况，主动接受社会监督。

5. 加强绩效考核

强化受灾地区恢复重建目标管理，将重建工作纳入目标考核管理。根据灾后恢复重建任务的紧迫性，对重建任务完成情况定期通报，对发现的重大问题以"发点球"方式督促整改落实，严格责任追究，确保目标任务落到实处。宜宾市重建办全程抓好督查指导，确保重建如期完成。

二 对抗震救灾和灾后重建中存在问题的反思

突发事件应对的过程，也是一个暴露问题、发现问题、解决问题的过程。地震给灾区带来了巨大的灾难，但"每一次危机既包含失败的根源，又孕育着成功的种子。发现、培育，以便收获这个潜在的成功机会，就是危机管理的精髓。"[①] "6·17"长宁地震是宜宾市机构改革后应对处置的第一起重大突发自然灾害，是对新时代应急管理机构改革成效的一次压力测试。不仅全面检验着国家与地方机构改革以及有关法律制度的实施效果，而且集中暴露了我国应急管理事业改革进程中地方灾害事故治理体系与能力建设的诸多短板与症结。从"5·12"汶川地震到"4·20"芦山地震，再到此次"6·17"长宁地震的应对，经验不断积累，处置进步很大，成效明显，但是我国应急管理总体上仍处于初级发展阶段，运动式、动员式、全民式、分散式、仓促式应急等特征依然明显。前期的风险防范、应

---

① 施雪华、邓集文：《目前中国危机管理存在的问题与解决方法——以汶川地震为个案所作的一项分析》，《社会科学研究》2009 年第 3 期。

急准备阶段，责任主体模糊，尤其是灾害风险源头治理责任不够明确；应急响应阶段，被动撞击式的反应特点明显，应急成本较高，专业性不够强，协同机制运转还不够顺畅有序，一些应急措施不够张弛有度，施策不够从容精准，等等。这些尚待改善之处，既加大了灾害风险治理成本，也影响了治理效率和效果。有的是地方性表现，有的是局部性不足，有的则是长期以来制约我国应急管理事业发展的难点与痛点。在2018年党和国家机构改革后，有些问题得到了解决，有些问题更加突出，一些新问题还在陆续产生。有必要根据此次地震应急处置与恢复重建的实际情况，对有关问题进行梳理分析，理性反思，从而将其优化与完善，促进地方灾害治理能力与水平的不断提升。

（一）体制机制问题：机构转制过程中化学融合尚未完成，体制机制磨合不够顺畅

"6·17"长宁地震应对处置中，比较集中地暴露出机构改革进程中应急管理体制尚未完全理顺，权威统一的指挥体制以及上下一体、纵横协同的应急机制还没能建立健全的问题。说明顶层设计与整体规划亟待加强完善，磨合、融合应当进一步提速，应急管理改革中诸多关系尚须进一步理顺。

1. 从体制看，层级分明、结构有序的应急体制存在优中不足

应急体制解决的是与应急管理相关的组织机构之间的架构安排和职责分布问题，既包括具有上下层级关系的国家机关等公共组织之间的结构关系，也包括政府与社会、政府与市场之间的结构关系。《突发事件应对法》第四条规定："国家建立统一领导、综合协调、分类管理、分级负责、属地管理为主的应急管理体制"，实行党委领导下的行政领导责任制。从实施效果来看，十几年的应对实践，在反复证明其总体合理有效的同时，也不断暴露出地方政府风险防范、化解、应对体系建设不足与能力欠缺等问题。2018年应急管理部成立后，在国家层面已着手对工作体制、机制、法制等进行整合与优化。党的十九届四中全会审议通过的决定指出："构建统一指挥、专常兼备、反应灵敏、上下联动、平战结合的应急管理体制，优化国家应急管理能力体系建设。"但体制如何"有机整合"、机制如何"紧密衔接"，尚未形成自上而下的顶层设计与整体规划，"统与分""防与救""上与下""行政管理与专业指挥"

等关系有待进一步磨合理顺；应急管理部门的权威性、统筹性有待加强；领导机构、议事协调机构、指挥机构等组织架构还需进一步明确；基层应急管理倒金字塔现象明显，存在基层应急管理力量薄弱、分散、不稳定等问题。

"6·17"长宁地震发生后，从中央到地方各级组织在应急预案的指导之下展开快速反应、合作行动，高效有力。但是研究也发现，由于灾情发生在新旧制度范式转换的体制脆弱期，机构改革后初具雏形的应急管理体系存在的短板，以及机制、制度、政策、知识、准备以及能力的不足，在灾情应对处置中集中暴露。经历了一个初期磨合，存在短暂的某些环节无序与局部迟滞，然后在强大的政治动员统筹下，迅速形成问题共识和对策共识，进而形成一致和有效的行动。"6·17"长宁地震应急处置中，党委集中统一领导有力，协调性强，但是机构改革后应急管理部门的综合协调作用没有得到充分发挥，各有关部门配合协调的能力还需要进一步增加。强大的政治动员能力覆盖了本应发挥作用的体制改革设计效能。这说明新一轮的应急管理改革尚在"物理相加"阶段，"化学反应"与"化学融合"尚未形成。诸多调整划转的部门尚未完全厘清职责边界，人和事、职责与能力没有迅速衔接匹配到位，体制上仍需进一步磨合优化。如何在党的集中统一领导更加制度化的基础上，健全中国特色应急管理体制，切实发挥综合部门与专业部门的作用，这是应急管理领导体系与组织体系需要进一步研究的重要议题。

值得关注的是新成立的地方应急管理部门的作用和价值发挥。机构改革后，从中央到地方，应急管理部门定位不够明确，在专业性提升的同时，综合统筹协调力度有所弱化，存在"防与救""综合与专业""牵头与支撑"关系不明确的问题。机构改革之前，政府办公室内设政府应急办，代表政府开展应急管理工作的值班值守、信息送达、协调统筹等工作。改革后，此项职能划转到新成立的应急管理部门。在相关配套设计与制度没有跟进的情况下，以前的"政府应急"某种程度上就变成了"部门应急"，权威性与协调性有所减弱。现代灾害事故的耦合性和经济社会的连锁反应，使得许多复杂、大面积的突发事件应对，往往超越单一部门的工作范畴，常常需要党委政府的全面统筹、调动和协调。作为应急管理工作的牵头部门和专业部门，应急管理部门在突发事件处置过程中的角色应当具有多重性：在自然灾害和事故灾害处置中承担主责主业角色，在公共卫生事件、社会安全事件两大类突发事件应对中依法（或者依授权）代表各级党委政府承担综合协调角色。此次地震震后的处置救援，各级各部门按照法定职责与预案开展工作，在各级指挥部的组织指挥下总体推进顺畅，但始终缺乏总体、全局的统筹协调部门和抓手，缺乏专业高效的指导、督促。综合协调部门缺位的弊端逐渐显露，严重制约着我国应急管理体制应有价值的发挥。应急管理部门的定位需要进一步明确和拓展，其有效开展综合协调应急管理工作的制度设计需要及时跟进。

此外，组织指挥体系的设计与建立也值得观察与分析。应急处置是大兵团作战行动，组织指挥要做好统筹协调。指挥不统一，协调不顺畅，会影响第一时间救援处置的整体效果。组织指挥重在组建指挥部。突发事件组织应急指挥，要按照权责对等的原则，组建强有力的组织架构，整合相关资源和力量，形成大兵团作战的合力。与芦山地震等指挥部建立模式略有不同，此次地震没有采用通常的中国特色应急组织指挥模式：上下级之间"指导—指挥"关系模式，① 而采取了省市联合指挥部模式。2019年6月17日晚灾情发生后，宜宾市委市政府第一时间按照预案成立了"6·17"长宁地震抗震救灾指挥部，下设13个工作组迅速开展工作。6月18日清晨，距震后不到8个小时，时任四川省委副书记、省长尹力抵达地震震中长宁县双河镇，召开省市抗震救灾联合指挥部会议。会上，根据灾情及处置需要，为加强省市两级工作统筹，决定成立四川省"6·17"抗震救灾应急救援联合指挥部，由副省长尧斯丹任总指挥，省应急管理厅、宜宾市委、市政府主要负责人任常务副指挥长，省政府有关部门领导，宜宾市委，市政府有关领导，省武警总队，宜宾军分区主要负责人等为副指挥长。省市联合抗震救灾指挥部下设12个工作组，有效整合宜宾市抗震救灾指挥部13个工作组，各有侧重开展救援工作。对受灾群众排摸、综合协调、群众安置等工作，以市层面为主；人员调集、物资保障，以省层面为主；医疗救助、危房排查、次生灾害防控等工作，由省市联合开展。省应急管理厅作为省上牵头部门。相关县（区）根据预案建立抗震救灾指挥部开展应急处置救援，重灾县主要领导作为省市抗震救灾应急救援联合指挥部的成员，配合开展相关工作。省市抗震救灾应

① 钟开斌：《应急管理十二讲》，人民出版社，2020，第233页。

急救援联合指挥部与县（区）指挥部上下级之间仍然是"指导—指挥"关系模式。

省市联合抗震救灾指挥部在"6·17"长宁地震发生后，发挥联合指挥模式与统一指挥原则，有效整合各方力量，明确指挥关系，协调各方行动，实现统一指挥。在灾情分析、研究决定工作方案、分配落实任务等方面，有效发挥其强有力的组织指挥作用，是此次抗震救灾组织指挥体系的一大特色。但研究时也观察到，此次的省市联合抗震救灾指挥部与近年的类似地震灾害应急处置类似，指挥体系与指挥链路依然不够清晰，省市联合抗震救灾指挥部没有现成的、明确具体的制度支撑，应急指挥部组织结构还需完善，上下层级应急指挥机构间的工作关系有待理顺，指挥部设立、调整缺乏具体的依据与操作规范，工作组分工、工作程序、运转机制等缺乏预先的准备和安排，很难事先培养与储备有关政策包、工具箱与能力。下一步，如何总结提炼应急组织指挥体系的宝贵经验并及时形成规范化制度，地方层面如何充分发挥好常设应急体系作用，处理好与联合指挥工作机制下各相关部门关系等问题值得进一步探讨。

2. 从应急机制看，统一领导、协调多方的应急机制仍有不畅

应急机制是应急组织针对突发事件展开有效应对行动的机理性制度。在应急管理过程中，突发事件的处理需要不同层级的政府、政府的多个部门及社会组织的共同参与，因此需要一个有机协调、密切合作的机制。"统一指挥、反应灵敏、功能齐全、协调有力、运转高效"是中国特色应急管理机制的建设目标。在应对长宁地震灾害的过程中，在省市联合指挥部统一指挥调动和资源整合下，各级政府和相关职能部门分工协作、共同应对，广泛进行政治动员和社会动员，各方力量广泛参与，发挥出整体合力，体现了现行应急联动机制自上而下、高效快捷、合作应对的优势。但是，现实检验过程中，现行应急联动机制依旧暴露出一些问题：部门之间职能分工不够清晰，职责边界不清；危机预警机制缺位；应急联动机制的协调程度依然不足不畅；因职责不明、机制不顺、协同不够容易产生巨大的运行成本；一些成员单位或者关联单位由于彼此统属不清、责任界定不清、临场统筹不清，短期内不易形成合力；抗震救灾及其他有关领域专家为主体的应急决策咨询机制启动滞后；等等。

协调是应急管理的核心要素。越来越多的突发事件具有跨界演化的系统性特征，需要进行跨部门、跨区域、跨行业协调，形成综合应对的整体合力。在机构并转和人员转隶过程中，出于管理体制调整没有同步、新机构内部磨合不畅或者职能缺位等原因，应急管理链条交叉或者缺失的问题比较突出。其中最突出的矛盾，是应急管理部门与其他相关部门之间职责分工不够明确，存在职能交叉、空白造成的"模糊地带""真空地带"。如防汛救灾，"防"的职责在水利部门，"救"的职责在应急管理部门，"防"与"救"业务连续性被割裂；森林防火，"防"的职责在林业草原部门，"灭火救火"的职责在应急管理部门，部分地方林草局被裁撤后森林火灾"打早、打小、打了"的职责缺位。安全生产、防汛抗旱、抗震救灾、城乡消防灭火、森林草原火灾扑救等各类突发事件应急指挥体系不尽相同。目前，应急管理部门的职能主要集中于自然灾害、事故灾难两类突发事件，并以应急处置与救援为主，对涉及跨突发事件类型、跨部门协调的职能设计还存在空白。此外，防灾减灾、抗震救灾、森林防火、防汛抗旱、安全生产等应急管理相关的议事协调机构之间职责交叉重叠，各地的设置情形也五花八门。统筹应对各类突发事件的综合应急管理议事协调机构尚未明确，各级应急管理部门的协调性、权威性严重不足，无法有效牵头开展全灾种、跨部门的突发事件应对工作。"6·17"长宁抗震救灾的过程，也暴露了水利、自然资源、住建、地震等部门与应急管理部门在地震灾害治理"防"与"救"方面的职能分工还不够清晰的问题。需要在进一步发挥好应急管理部门的综合优势和各相关部门的专业优势基础上，根据职责分工承担各自责任，完善、优化有关工作机制与运转机制，衔接好全方位全流程的责任链条，确保无缝对接，形成整体合力。

3. 从指挥链条看，消防救援队伍"垂直管理"与地方灾害"属地管理"不够协调

国家综合性消防救援队伍是中国特色应急救援的主力军和国家队。根据2018年10月中共中央办公厅、国务院办公厅印发的《组建国家综合性消防救援队伍框架方案》，省、市、县级分别设消防救援总队、支队、大队，城市和乡镇根据需要按标准设立消防救援站；森林消防总队以下单位保持原建制。根据需要，组建承担跨区域应急救援任务的专业机动力量。国家综合性消防救援队伍由应急管理部管理，实行统一领导、分级指挥。2019年11月29日，习近平总书记在主持中央政治局第十九次集体学习时强调："要加强应急救援队伍建设，建设一支专常兼备、反应灵敏、作风过硬、本领高强的应急救援队伍；要采取多种措施加强国家综合性救援力量建设，采取与地方专业队伍、志愿者队伍相结合和建立共训共练、救援合作机制等方式，发挥好各方面力量作用。"①

国家综合性消防救援队伍组建后，2019 年，消防救援和森林消防两支队伍的"三定"方案顺利出台，各项改革配套措施有序实施。在此基础上，中国特色应急救援力量体系初步形成，其特点是以国家综合性消防救援队伍为主力，以军队非战争军事行动力量为突击，以各类专业救援队伍为协同，以社会应急队伍为辅助。多种力量优势互补、相互协同。在大灾大难抢险救援中，消防救援队伍充分发挥了"国家队""主力军"作用，充分彰显了这支队伍救民于水火、助民于危难、给人民以力量的英雄本色。但是，在地方应急处置救援中，也逐渐显露出一些冲突与张力。一是如何平衡"上"和"下"的关系，即受国家和地方政府领导的关系。一垂到底的管理体系，不方便与地方资源进行衔接。在应急处置现场的指挥权与兵力调度方面存在国家和地方政府之间的冲突，地方应急管理部门与消防救援队伍的协调联动有待加强。二是如何平衡"左"和"右"的关系，即国家综合性消防救援队伍和各类专业应急救援队伍、社会应急力量的关系。这些症结在"6·17"长宁地震灾害抢险救援过程中，均有不同程度的表现与显露。例如，灾情发生后，第一时间发布命令调度当地消防救援队伍的是上级消防救援机构，而非更全面掌握灾情的地方政府。突发事件发生在基层，应急管理的战场在一线。在重大灾害来临时，"靠前救援"永远比"靠前指挥"重要。为形成"反应灵敏、协调有序、运转高效"的扁平化应急响应机制，应当坚持把基层一线作为主战场，坚持重心下移、力量下沉、保障下倾。以垂直管理为主的国家综合性消防救援队伍指挥体制与以应急管理"属地为主"的原则还需要进一步协调。消防转制改革也还需进一步加强整体规划，加强与地方专业救援队伍和社会救援力量的统一规划与管理，以明晰定位、高效协同、保障资源。

4. 从军地合作看，军地联合应对灾害机制有待完善

我国应急救援力量主要包括国家综合性消防救援队伍、各类专业应急

---

① 《习近平：积极推进我国应急管理体系和能力现代化》，百家号·人民网，https://baijia-hao.baidu.com/s? id = 1651779358229590469&wfr = spider&for = pc，最后访问日期：2021 年 10 月 19 日。

救援队伍和社会应急力量。① 人民解放军和武警部队是我国应急处置与救援的突击力量，担负着重特大灾害事故的抢险救援任务。当重特大灾害发生的时候，往往需要多种应急救援力量共同参与。通常情况下，国家综合性消防救援队伍是作为主力军、国家队，负责主要方向或者主攻任务，军队和武警部队是抢险救援的突击力量，执行国家赋予的抢险救灾任务。专业救援队伍是骨干力量，社会应急救援队伍是辅助力量。各类救援力量在灾区现场指挥机构的统一领导下开展救援工作，军队、武警部队和国家综合性消防救援队伍的指挥员加入指挥机构，其他救援队伍的指挥员加入指挥机构的编组，共同参与会商研判、联合决策，依据灾种和专业优势进行科学分工、明确任务。救援行动中，相互配合，取长补短，形成整体救援合力，确保救援行动能够有力有序有效实施。

2017年8月8日21时19分，四川九寨沟发生7.0级地震。这是人民军队经过改革调整进入战区新体制之后，第一次面对地震灾害考验。西部战区派出的军队救援力量，携带生命探测仪、破拆装备等先进救援设备，与其他救援力量通力合作，在24小时内，完成了6万余名游客和外来务工人员的安全大转移。"6·17"长宁地震发生后，西部战区联指中心迅速启动应急响应机制，查明灾情、核实人员伤亡情况、下达预先号令，指挥四川省军区、武警四川总队等救援力量驰援灾区，配合地方政府展开救援工作，在人员搜救、疏散转移、灾民安置、巡诊救治、排危保通等方面发挥了重要作用。"8·8"九寨沟地震与"6·17"长宁地震灾害应对的过程均表明，军队、武警反应迅速，成建制调动，对九寨沟、宜宾这样地形地貌复杂、原生环境脆弱的山区重大地震灾害抢险救灾有重要作用。但军地联合应对灾害在管理体制、救援出动、力量资源指挥调度、信息共享等运行机制方面还有待完善。军队参与抢险救灾，主要依据为《军队参加抢险救

---

① 国家综合性消防救援队伍主要由消防救援队伍和森林消防队伍组成，共编制19万人，承担着防范化解重大安全风险、应对处置各类灾害事故的重要职责。各类专业应急救援队伍主要由地方政府和企业专职消防、地方森林（草原）防灭火、地震和地质灾害救援、生产安全事故救援等专业救援队伍构成，是国家综合性消防救援队伍的重要协同力量，担负着区域性灭火救援和安全生产事故、自然灾害等专业救援职责。另外，交通、铁路、能源、工信、卫生健康等行业部门都建立了水上、航空、电力、通信、医疗防疫等应急救援队伍，主要担负行业领域的事故灾害应急抢险救援任务。社会应急力量主要是社会应急队伍和志愿者队伍。目前，社会应急队伍有1200余支，依据人员构成及专业特长开展水域、山岳、城市、空中等应急救援工作。另外，一些单位和社区建有志愿消防队，属群防群治力量。

灾条例》，该条例在程序启动、参与重建、训练保障、费用保障等方面规定还不够明确，需要进一步细化，使其更具实践性和可操作性。军队改革后，还要研究如何充分发挥地方与军队在抢险救灾中的优势，在力量建设、指挥调度、险情抢护、物资保障等方面相互支持、相互配合，真正形成军地联合应对灾害的强大合力。

（二）制度问题：现行法律法规政策还存在供给不足、支撑不够问题

应急管理法制作为在突发事件应对中处理国家权力之间、国家权力与公民权利之间以及公民权利之间的各种社会关系的法律规范和原则的总和，在应急管理中发挥着重要的制度保障作用。2007 年 11 月 1 日施行的《突发事件应对法》，标志着中国规范应对突发事件基本法律制度的确立。经过多年努力，我国已经初步形成了以《宪法》为根本，以《突发事件应对法》为基础，以相关单行法、行政法规、规章为主要构成，以应急预案等为补充的应急管理法律规范体系。在这个体系的支持和保障下，全社会依法防范和处置各类突发事件的能力显著提高，各级政府和全社会履行法定责任和义务的自觉性、主动性切实增强。但是，从"6·17"长宁地震应对处置的实践来看，国家与地方应急管理法律政策制度体系还依然存在建构不全、支撑不足、适用性操作性不强等问题。

从法律法规角度观察，初具体系的法律法规依据尚有模糊空白。"6·17"长宁地震发生之后，按照《突发事件应对法》《防震减灾法》及与之配套的一系列行政法规、部门规章及地方性法规、规章，从中央到地方，各个层级部门、各社会组织依法展开抗震救灾行动，救灾行动总体有力、有序、有效。然而，已实施 12 年的《突发事件应对法》受限于其出台背景，以及应急管理事业发展阶段性特点，加之原则性、概括性条款居多，救灾中多次暴露出针对性和可操作性不足的问题，缺乏针对不同类型突发事件的专业性指导。此外，《突发事件应对法》对处置各类突发事件的很多规定基于共性高度提炼概括，具有一定弹性和模糊性，而许多具体应急情景具有高度不确定性，需要明确的法律制度予以规范，这二者之间需要再平衡。在近年来多次重大突发事件的应对中，地方政府的应急管理能力暴露出一些短板，如应急准备不足、应急物资保障不到位、应急征用和补偿容易失序，这都和现有应急法律对相关制度的规定过于粗放有关。由于

突发事件具有紧迫性、不确定性、破坏性等特征，日常的政府管理模式难以应对。[①] 2008年修订后的《防震减灾法》已历十多年，各方面情况有了很大变化，一些规定已经不适应新形势需要。此次救灾也再次暴露出一些不足。例如，个别条款内容陈旧、过于笼统、针对性不强、可操作性差，对于地震引起的次生灾害、连锁反应缺少预防性规定，灾后规划、利益平衡、民众参与、资金分配、巨灾救助与补偿等方面尚没有法律依据。这些法律上的迟滞与空白使得突发事件应对实践中依然存在法律依据不足、制度支撑乏力的困境。

从应急预案的角度观察，"横向到边、纵向到底"的应急预案体系密而有疏。应急预案是应急准备的集中体现，是突发事件应对的行动方案和工作指南。2003年抗击"非典"取得胜利后，我国全面推进以"一案三制"为基本框架的应急管理体系建设。经过多年努力，我国逐渐形成了由国家总体预案、专项预案、部门预案以及地方预案、企事业单位预案和大型活动预案组成的，"横向到边、纵向到底"的全国应急预案体系。据统计，截止到2019年9月，全国共制定了550余万件应急预案。[②] 然而，在如此密集的预案体系框架下，此次地震应急过程中，省市县以及多方联动协同仍然出现了冲突、交叉、空白、迟滞等问题，各方应急预案难以协调一致，有的与现实之间有矛盾或者断层，现行预案未能及时高效地发挥辅助决策与指导行动的功效。此外，应急预案是以事先行动方案的确定性来对冲突发事件的不确定性，因此要求预案制定必须要有很强的针对性和可操作性，要明确回答突发事件发生时谁来做、做什么、何时做、怎么做、用什么资源做等非常急迫的问题。然而，各地普遍存在应急预案质量问题、本土化问题、针对性和可操作性问题，以及修订调整滞后、执行不严等问题。这些问题一直以来没有得到彻底解决，导致突发事件的应对实践中预案权威性不足，执行不力，制定的应急预案往往难以在实践中得以普遍遵循和落实，预案与现实"两张皮"问题在此次地震应急处置中不同程度地存在，需要引起重视。

从政策制定发布角度观察，相关政策发布零碎化现象严重，地震灾后管理政策制定临时性问题突出。近20年来，全球进入自然灾害相对活跃

---

① 马怀德：《〈突发事件应对法〉存在的问题与建议》，《人民论坛》2012年第7期。
② 蔡岩红：《我国基本形成中国特色应急管理体系》，《法制日报》2019年9月19日。

期，各种自然灾害频繁发生。我国地震危险区分布广泛、地震灾害频发，尤其是 2008 年汶川地震发生后，国务院及其职能部门颁布了大量政策法规以应对地震灾害及其衍生出的各种自然生态和社会经济问题政策，并推动了《防震减灾法》的修订。有研究显示，关于地震的发文部门数量从萌芽阶段的 17 个迅速增长到发展阶段的 54 个，新增 37 个。新增部门发布的文件以部门工作文件和部门规范性文件为主，是各部门为开展各自职责领域内的地震应对工作而制定和颁布的。① 大量政策出台，推动着中国的地震灾害管理在不断汲取经验中成熟。但与此同时，大量分散发布的文件，使得灾害治理政策复杂零碎，缺乏统筹和综合，不能很好地支撑地方党委政府对地震灾害进行迅速反应和高效应对。政策的发文部门历经变更，许多政策内容不能形成体系。在党和国家机构改革的大环境下，这些部门在应对地震灾害时做出的临时性工作难以得到继承发展与贯彻实施。例如，对灾区紧急卫生防疫、社区安全管理、受灾人员紧急救援和心理救助等问题还需进一步整合进灾害风险管理体系中。此外，地震灾后管理的临时性问题突出。重大地震后发布的相关文件占比高，如在 2008~2018 年出台的与汶川地震、玉树地震、雅安地震直接相关的政策文件分别为 218 份、44 份和 26 份，总占比达 66%。② "6·17" 长宁地震发生后，宜宾市本级制定出台了地震灾后恢复重建实施意见及过渡安置补贴、住房重建补贴、住房重建担保贷款、土地增减挂钩、农村新型社区规划选址等 "1+5" 核心保障政策，制发了资金管理、物资保障、质量安全、作风纪律要求等 30 个配套执行文件，加强与国家、省政策的衔接，制定一套灾后恢复重建政策体系。这些系列政策为灾后恢复重建提供了及时高效的强大支撑，也再次体现了重大地震事件推动灾害治理工作完善的价值。但是这种 "撞击—反应—完善" 的政策出台应激机制，是在突发事件发生后的被动性应对，一事一议，不具备前瞻性和预防性。这种 "发现问题—解决问题" 的线性思维，主要着眼于针对特定事件暴露出来的某一措施、某一制度、某一环节，不易触及应急管理理念的转变、体制的变革、机制的整体优化等深层次问题。事实上，应急管理领域的政策制定乃至立法活动大多具有这种 "应激式" 特点，这种制度构造模式偏重于关注各类突发事件的个别性问

---

① 黄金荣：《"规范性文件"的法律界定及其效力》，《法学》2014 年第 7 期。
② 张玲等：《中国地震灾害管理政策的演变》，《自然灾害学报》2020 年第 5 期。

题，容易造成制度体系内部冲突，制度设计也比较粗糙。灾后大量临时性政策的紧急出台，从另一个角度也直观地反映出国家和地方相关预设性、可持续性制度的缺失。

（三）治理基础问题：城乡灾害治理基础依然薄弱

灾害事故的源头治理是应急管理的重要基础。能否有效防范灾害，能否及时应对处置各类灾害事故，取决于灾害事故的源头治理是否有效，如果源头治理基础薄弱，就容易出现灾害事故频发。近年来，在高速增长的发展模式下，宜宾市城乡建设突飞猛进，日新月异。但因自然条件、历史欠账以及发展不平衡，城乡灾害治理基础依然薄弱，不少地区底子薄、欠账多、条件差、风险高，面临的各种不确定因素和未知风险不断增加，在各种突如其来的灾害面前，往往表现出较强的脆弱性。此次地震暴露比较突出的薄弱点是城乡建筑抗震隐忧与道路交通脆弱性。

1. 城乡存在抗震隐患的建筑存量依然较大

地震灾害中，人员伤亡和经济损失主要由建筑物倒塌造成。提高建筑物的抗震性能，确保建筑物的抗震设防质量，可以有效防止、减少人员伤亡和财产损失，这是抗震救灾的根本和关键所在。

我国2/3以上农村地区位于潜在地震危险区，但农村民居抗震能力普遍较差。近年来的数次重特大地震灾害中，农村自建房安全隐患的问题比较突出。2008年汶川地震、2010年青海玉树地震、2013年雅安芦山地震中，垮塌的大部分是农民自建房屋。地震中农房垮塌严重，造成人员伤亡，主要原因在于农房建设长期不受重视，建筑质量差，没达到抗震设防标准。汶川地震专家组发布的《"5·12"汶川地震房屋建筑震害分析与对策研究报告》指出，房屋垮塌的原因之一是20世纪90年代中期以前房屋的预制空心楼板中大量使用冷拔低碳钢丝构件，同时农村建房中大量使用"干打垒"等土筑墙形式，用泥、砂或糯米浆为主要黏结材料的房屋，其整体性和抗震性均较差。《"4·20"芦山强烈地震房屋应急评估情况的分析报告》也指出，重灾区农房毁损十分严重的主要原因在于：农村自建房中大量使用简易的砖混、砖木、土木等结构形式，没有必要的构造措施，砌筑墙贴的黏结材料强度差，房屋整体性和抗震能力弱。长期以来，我国农村建房都没有经过专业人员的设计，没有设计施工图纸，主要是由村民自己组织施工，根据个人意愿以及传统的施工工艺建造而成，加之由于资金短缺，在材料选择方面主要考虑经济性，没有考虑抗震性。可以说，中国广大农村基本处于不设防状态，一旦发生地震，房屋倒塌、人员伤亡是难免的。

在汶川地震和雅安地震后，根据 2008 年国务院通过的《汶川地震灾后恢复重建总体规划》和 2013 年国务院通过的《庐山地震灾后恢复重建总体规划》，对农村居民住房的建设做出了具体规划和相关优惠政策，通过加固和新建大大提高了四川大量农村居民住房的抗震性。但是，由于宜宾市现行抗震设防标准偏低，难以满足防震减灾形势需要。按照《中国地震动参数区划图》（GB 18306—2015）分区域的抗震设防标准，宜宾市，包括长宁县、珙县在内的各区县建（构）筑物抗震设防基本烈度均为 6 度，且灾前农村房屋基本不设防，导致此次地震后城乡住房倒塌和毁损非常严重。通过对"6·17"长宁地震的初步调查，震害调查和分析结果表明：学校建筑，特别是中小学教学楼的地震风险最高。我国十年前实施的"校安工程"并未完全解决教学楼结构上存在的"偏"的问题。未经正规设计的农村建筑因存在"散"的问题风险也很高。在此次地震中，木结构和钢筋混凝土框架结构震害较轻，但仍有少量木结构出现了倒塌，部分框架结构出现了吊顶、填充墙等非结构构件的破坏。砌体结构则是当地村镇建筑的主要结构形式，由于缺乏正规的抗震设计和有效抗震构造措施，这种结构的建设在此次地震中破坏最为严重，是人员伤亡的主要原因。城市高层建筑经历了峰值加速度为 0.6g 的强地面运动而保持主体结构基本完好，说明高层建筑本身具有较高的抗震安全储备，但其填充墙破坏造成的经济损失也非常严重。

"6·17"长宁地震后，把加快城乡住房维修加固建设作为灾后恢复重建保障民生的出发点和落脚点。但是，重建中也发现了一些问题，如自建农房没有质检控制体系。一些农村居民自己组织修建的房屋没有遵照相关图集规划，在完成后也没有行政部门进行质检与验收。另外，优惠政策不能完全弥补农民建房资金缺口，由于物价上升，资金缺口大、选址困难、青壮年劳动力的流失等问题，一定程度上影响着灾后重建房屋的质量与安全。

2. 道路交通体系建设需进一步加强

近年来宜宾市交通体系不断健全，枢纽功能全面提升，但是县域路网建设还需要进一步加强。尤其是山区县的道路网络不完善，乡镇人口密度高，地质条件差，交通瓶颈制约明显。部分道路通行能力差，非常脆弱，一旦遇到大的自然灾害，道路很容易中断，给救灾工作造成很大的障碍，使得灾区群众和伤病员无法转移，救援力量无法进入灾区，救灾设备和应急车辆不能第一时间到达现场。此次震中所在的长宁县和珙县都是山区县，震后道路破损严重，抢修保通任务艰巨繁重。尤其是省道 S443 线珙县巡场至硐底段，三处山体塌方约 2 万余方，不仅路基沉陷导致公路中断，而且形成不稳定倒陡立面边坡，高危危岩量巨大，当时经专家评估需要 10 天左右才能抢通。省道 S436 线珙县巡场至珙泉段（月亮湾处塌方 1000 余方）公路中断，经交通部门夜以继日抢修，6 月19 日下午实现救灾车辆应急通行。但因地形条件复杂，加上余震不断，塌方体不稳定，不时有新的垮塌发生，抢通道路又被中断。震后道路保通稳定性比较差，需要反复抢修，严重影响抢险救援。强有力的应急交通体系是国家应急管理体系的重要组成部分，应当进一步提升山区的路网连通性，保证一个区域有至少两条可进出道路，切实增强应急抢险救灾的交通保障能力。

（四）治理能力问题：基层减灾救灾能力亟待增强

汶川地震后，四川省委、省政府非常重视地震勘察网点建设、设备更新、灾害防范、知识普及、减灾救灾能力提升等工作。其后，经历了芦山地震、九寨沟地震等大灾大难，四川各地减灾抗灾专业化程度有了大幅度提高。在某种程度上，四川各地防震减灾应急能力已经强于全国多数地区。尽管如此，"6·17"长宁地震还是造成了死亡 13 人、受伤 299 人、灾损 52.68 亿元的损失，反映出了地方尤其是基层防震减灾能力仍与经济社会发展不相适应的现实。

就地震减灾救灾而言，一是地震监测预报基础依然薄弱，地震观测所获得的信息量远未满足需求。二是防震减灾投入总体不足，缺乏对非政府组织及个人等社会资金的有效引导，尚未从根本上解决投入管道单一的问题。三是灾害评估能力不足，对地质灾害危险性评估工作缺乏根本认识，很多评估报告质量参差不齐，往往变相成审批用地的手续，没有起到地质灾害预防的作用。四是建筑监督管理部门对地质、地貌的认识还有待提高，而有条件了解和掌握地质情况的地质勘查部门，没有充足健全的机制有效参与建筑工程监管。不少重大工程地震存在潜在灾害风险。五是防灾减灾信息化程度不高。包括有关人口、产业等布局的基础信息以及灾情信息共享平台缺乏,报灾系统有时不通畅,应急处置信息沟通共享不足等。如何真正建立起基础信息共享、专业信息纵横贯通并能够高效利用的防灾减灾救灾信息系统,是国家与地方应急管理体系建设的又一重要任务。六是全社会防御地震灾害能力明显不足,农村基本不设防,公众防震减灾素质还不够高,"国防"能力相对突出,"民防"能力依然欠缺,重大地震往往造成较大人员伤亡和财产损失。作为一个农业大市,宜宾市农村各类风险防范化解以及减灾救灾能力提升尤其需要引起重视。在各种突如其来的自然和人为灾害面前,农村往往表现出极大的脆弱性。从伤亡人员的情况来看,还存在有关灾害应对的社会宣传和教育不够,乡镇群众减灾意识薄弱的问题,在地震发生时应对不科学,导致意外伤害甚至死亡,令人惋惜、痛心。

(五) 重建治理体系问题:灾后恢复重建治理体系需要进一步改进

恢复重建是一项复杂的系统工程,要对照"物质生活充实富裕、精神生活幸福满足"的总体要求,同步推进硬性设施建设与软性设施建设,既要保证经济社会的恢复重建,又要防范风险,还要实现生态系统的恢复重建,让灾区和灾区群众生活变得更美好。灾后恢复重建项目多,战线长,资金量大,涉及的层次多,社会关注度高,风险防控压力大,任务紧迫艰巨。灾后恢复重建要经受时间的考验、历史的考验、人民的考验、组织的考验,需要始终坚持问题导向,不断强化底线思维。震后,宜宾市全力抓好"6·17"长宁地震灾后恢复重建工作,灾后恢复重建高效、有序、有力,取得了显著成效,从 2019 年 7 月至 2021 年初,大干一年半,提前半年完成了重建主要任务。但是,重建主要任务的完成,并不代表重建工作的结束,不代表重建目标的全面实现。"后重建时期"的社会运行、演化、重构存在哪些内在逻辑,社会关系、社会心态、社会结构、社会文化有哪些变化,受灾地域目前又存在哪些难以解决的治理问题,都值得关注和研究,还需要持续发力。在全面统筹的基础上,以下几个方面的问题需要持续加以关注,予以重视。

1. 需要进一步发挥好灾后重建收尾开局的价值,注意全周期恢复重建

灾后恢复重建处在承上启下的位置,是灾害管理由非常态救灾转向常态防灾减灾的关键。汶川地震、芦山地震等灾区重建发展的重要经验与深刻启示之一，就是要有效平衡当前利益与长远发展的关系。灾后恢复重建要始终坚持以人民为中心，尊重自然，统筹兼顾，规划引领，科学重建，综合考虑实现灾区群众当前利益与保持区域长远可持续发展之间的有机平衡。

善始容易，善终难。轰轰烈烈的抢险救灾举国关注、八方支援，容易凝聚共识，激发斗志。随着官方主导的灾后救援进程结束，社会对受灾地域的关注减弱、外部对受灾地域的支持减少甚至撤出。灾区社会运行是否已转入良性状态？社会治理的重构是否业已完成或正在进行？艰巨漫长的重建过程考验着地方党委政府、基层组织、灾区干部群众工作与责任的定力与坚持。重建要急缓相宜，既要抢时间赶工期，也要"慢工出细活"，不要片面强调重建任务的完工率，以免"虎头蛇尾、匆匆了事"，要平衡好速度与安全、速度与质量、速度与稳定、速度与公平等关系。要关注可持续发展，以恢复重建为契机，面向未来长远发展，着眼常态长效，补齐建设短板，实现跨越式发展。要进一步注重在重建中提高城乡韧性，要在全面排查风险隐患的基础上，合理布局，实现资源的优化和有效配置，切实把恢复重建变成新一轮灾害防备工作的开始。

宜宾市在全力以赴推动督促重建工作完成既定项目指标过程中，以及"后重建时期"，应当调整工作重点，进一步发挥好灾后重建承上启下功能，既要收好尾，也要开好局。一是要牢固树立"恢复重建是新一轮防备工作的开始"的理念，切实把恢复重建当成是发现问题、分析问题、解决问题，补短板、强弱项、固优势，全面做好防灾减灾工作的新起点，总结经验教训，聚焦暴露出的短板弱项，增强全面加强防灾减灾救灾工作、提升全社会安全韧性的对策。对灾区可能出现的次生灾害，必须长期高度关注，进行科学评估。对于一些高风险区域要严格监管、及时预警、妥善处置，以避免灾区再次遭受次生灾害的打击。对于一些地质条件决定了需要限制发展或考虑异地重建的村庄、建筑、场所或者设施，有关方面应综合考虑，避免群众再次遭受有关灾害。二是要建立灾后学习的理念与机制。灾害发生过程是一个暴露问题、发现问题的过程，而灾后恢复重建过程则是一个解决问题、改进工作的过程。如何化危为机，从灾害中认真学习，比平时学得更多、学得更快、学得更好，也是灾后恢复重建的重要内容。唯有如此，才能避免类似灾害再次发生或有效降低灾害损失，真正在历史灾难中实现历史进步。

2. 需要进一步处理好软硬建设兼顾的关系，注意全方位恢复重建

灾难暴发只有一时，但是恢复重建需要更长时间。恢复重建是包括物资、经济、社会、政治、生态、文化、心理等多个方面重建的系统工程。生产、生活、工作所需硬性设施的恢复重建，旨在重建物质家园、自然家园；社会关系、文化、心理等软性设施的恢复重建，旨在重建社会家园、精神家园。城乡居民住房建设、公共基础设施与公共服务设施等硬性建设，具有显性特点，被重视与关注程度高，也容易被评估评价，完成恢复重建时间相对较短。实践中，政府主导的恢复重建内容往往侧重于物质（物理）层面。而民众心态、社区生态、风俗文化、基层公共服务体系等软性建设，具有隐性特点，不容易被关注与评价，完成恢复重建时间相对较长。有效平衡物质家园和精神家园的关系，抚慰灾区群众遭受重创的内心世界，是灾后恢复重建中一项持久"隐性工程"。

宜宾市虽然克服多方面困难，提前半年完成重建主要任务，但仍然需要继续重视社会层面和精神层面的软性设施恢复重建，避免灾区和灾区群众"外表华丽、内心脆弱"，遗留矛盾问题。抗震救灾期间，多家全国一流救灾专业社会服务机构汇集宜宾，它们积累了常年灾区服务经验，具备提供多样或者定向服务的能力，当地对其对接口径应与普通爱心志愿者有所区分，应当进一步善用、巧用这个群体的力量与作用。汶川地震灾后恢复重建中，充分发挥社会组织的价值，产生了不少灾后持续软性重建的经验。一些社会公益组织驻扎在当地至今没有离开，不断去回应援建过程中灾区不断涌现的多样化需求和变化。例如中国心，从最初的救灾转而关注青少年教育，再衍生出了"妈妈农场"，探索可持续性发展道路。又比如绿耕的四川团队，在汶川完成重建任务后，又在 2013 年雅安芦山地震发生后赶赴雅安进行社区重建。汶川地震灾后恢复重建的多方参与机制，直接推动了中国公益元年的产生、发展。软硬全方位恢复重建，是一项需要漫长时间扎实深入去开展的工作，宜宾可以从汶川地震与芦山地震等案例中借鉴相关经验。

3. 需要进一步处理好灾后重建中的城镇化与乡村治理问题，有效平衡重建与发展的关系

灾后重建要立足于城镇化建设与乡村振兴，发力于可持续发展，注重长短期重建结合，有效平衡重建与发展的关系。灾后恢复重建实施规划中划定的重建时序的前半段主要围绕"基本恢复"，下半段主要围绕"发展振兴"，基本恢复是"短期重建"，后续的发展振兴为"长期重建"。需要长短结合、建治并举，才能铸造灾后重建的宜宾大发展。其中，有两个方面的问题需要进一步关注。

一是灾后重建中的乡村治理问题日益突出。乡村社会处于国家治理体系的最末端。随着城镇化的深入推进，大量农村人口脱离与退出土地市场而流向城市外出务工，乡村呈现出了空心化与原子化的单向度流出衰败形态，陷入经济上各自为战、社会政治生活松散闭塞的内卷化停滞状态，诱发了乡村社会组织结构萎缩和治理疲软的问题。灾后重建的过程中，一些地方由于采取统规联建、集中搬迁安置的方式，实际形成了"村改居"的形态。随着新村基建的完成，来自不同村组的农户入住，打破了原有村落居住格局和村组行政空间界限，形成了跨村与跨组集聚混居的新型社会形态。公共空间的重构，使得乡村组织服务体系被切割分散，原居住地基层服务"鞭长莫及"失位和现居住地基层服务"能力不足"缺位之间的矛盾凸显，新聚居点容易出现治理主体混乱、治理机制缺失和治理经费不足的问题。而随着独户散居变成适度聚居所带来的空间结构变化，各种之前不曾面对的公共问题也随之出现，村民原有"自给自足"和"各扫门前雪"的小农生活与社交方式已难以应对。需要进一步探索灾后重建中具有蜀南乡村特点的治理变革之道。

二是灾后重建中的投入公平问题需要关注。灾后重建不仅涵盖物质、心理和制度等方面的建设，也深刻反映了国家力量对社会生活诸方面的形塑，包括国家再分配能力对不同地区、不同人群间差异和不平等的影响。在灾后重建过程中，随着大量资源的涌入，资源再分配可能加剧也可能削弱原有的发展不平等。"6·17"长宁地震有关灾后重建示范镇、示范村，大多是震中、重灾区，得到关注多，政策保障相对较足，资源投入相对较多，是各方力量重点打造的展示工程和重建窗口，具有示范带动和重建成果聚集展示等作用。但是，灾后恢复重建毕竟不是只惠及少数村庄、少数人群的政绩工程，而是一项涉及所有受灾地区与人群的美好家园再造工程、民生工程、民心工程。如果对村庄基础设施和公共服务的财政投入没有统一标准，绝大多数村庄不可能得到和"明星村""典型村"同等的支持力度。因此，对重建乡村基础设施和公共服务的投入，政府应该进一步加强计划性、科学性和公平性，应该有一个对灾区所有村庄普遍适用的统一标准。

4. 需要进一步处理好政府主导与多方参与的关系

在"6·17"长宁地震重建实践中，宜宾市充分发挥受灾群众在灾后重建中的主体作用，努力创新群众工作思路，提高了当地群众参与重建的积极性。但是，整体而言，还未形成能够真正有序有效调度市场主体和社会组织参与灾害治理的机制。应急之时打破常规，临时动员、调集相关主体参与，非长久之计。重建阶段政府强大的政治动员与组织能力，高姿态介入主导了灾民的灾后生活安排和规划，包揽了重建大部分工作，一些地方社区居民参与不足，一些地方村民的互助和主体性渐渐丧失。政府主导性过强，民众的自主性和社区、村庄内部的力量释放不足，使得重建群众自助和互助的基础不足，可持续发展的动力不足。对当地村民来说，灾后重建中他们更多的是"被重建"的对象，而不是他们自己参与重建。乡村干部则可能感觉村民越来越被动，工作很辛苦却得不到良好的效果。加之重建结果的评估注重经济指标，而忽视人文指标。灾民生活、心理和社区的重建远远滞后于基础设施和房屋的重建，容易对当地村民的自主性和主体性发挥带来影响。

第六节　政策建议

重大灾害事件作为内部和外部推动力，触发应急管理进入政策反思与改进议程，催生相关制度变迁，是我国应急管理事业发展的一个特点，也是世界各国应急管理现代化进程的一个普遍规律。"6·17"长宁地震给当地带来巨大损失，但抗震救灾和灾后重建工作高效迅速，检验了地方政府的灾害治理体系和治理能力，体现了我国的灾害治理制度优势和新时代国家治理体系和能力建设成就，也暴露出了治理体系和治理能力建设中的一些不足与短板。在对"6·17"长宁地震抗震救灾和灾后重建过程进行全面考察，总结经验并反思薄弱环节的基础上，提出以下政策建议。

一　切实提高对严峻复杂形势的认识，立足底线思维，积极谋划地方灾害风险治理

作为世界上最大的发展中国家和国土面积最大的国家之一，无论是横向对比还是纵向对比，中国遭遇的自然灾害不仅分布区域广、灾害种类

多，而且发生频率比较高，造成的损失也比较严重。自然灾害多发频发，是我国的基本国情。当前，我国自然灾害处于风险易发期，城乡间、地区间、行业间生产力发展水平不平衡，存量问题没有根本解决，新的风险因素明显增多，面临的挑战尤为艰巨。① 对此风险治理的基本盘，地方各级党委政府要有清醒认识，要深刻体会到肩负的风险治理历史使命与时代要求，要把"时刻准备着"当作日常制度性安排，着力提升全局性风险发现研判能力、预警能力、救援救灾响应能力、创造性复苏能力以及危机学习等能力。

就地震而言，我国具有地震多、强度大、分布广、灾害重的特点，目前处于相对的地震活跃期，形势严峻复杂，加之刚性约束持续增强，防震减灾任务十分艰巨。习近平总书记对防灾减灾救灾提出了一系列重要指示、重要论述，是引领防震减灾等风险治理事业发展的根本遵循，应深入学习领会。各级党委政府应认真贯彻"两个坚持""三个转变"的指示要求，进一步增强忧患意识，努力防范和化解地震等灾害风险，全面落实《突发事件应对法》《防震减灾法》等法律法规的各项规定，把风险治理融入生产生活的各方面，推动应急管理工作展现新气象、实现新作为。各级党委、政府以及各部门、各行业要全面履行防震减灾法定职责，在地震监测预报、建设工程抗震设防、地震应急救援能力等方面夯实基础、补齐短板，全面提升全社会防震减灾综合能力，最大限度地保护人民生命和财产安全，保障经济社会可持续发展。应进一步加强对"防"的重视，树立正确的政绩导向，在地震频发的地区多下功夫，科学配置防震减灾资源。要树立综合防灾减灾的理念，加强地震、气象、水利等部门的协同联动，注重发挥市场机制和社会力量作用，不断提升抵御自然灾害的综合防范能力。

要树立大应急观念，将应急管理向风险治理拓展。风险治理是突发事件发生前的治理，处置应对是事件发生后的治理。应急管理要关口前移，重在风险治理，抓好常态治理，寓应急管理于常态治理之中。一旦发生突发事件，应急管理可以平滑启动，避免"热启动"产生更大伤害，突破狭

---

① 黄明：《深入推进改革发展 全力防控重大风险，为开启全面建设社会主义现代化国家新征程创造良好安全环境——在全国应急管理工作会议上的讲话》，中国应急管理部网站，https://www.mem.gov.cn/xw/yjyw/202101/t20210113_376985.shtml，最后访问日期：2021年8月25日。

隘的应急观侧重于"头痛医头"的行动策略。要注重风险的系统分析与评估，重视战略思考和长期规划。不仅要控制事态，减少损失，更要进一步完善应急管理体系，推动政策调整与制度变革，实现由应急处置向增强预防改变，由撞击式应急向风险全过程治理转变，由单项应急向综合应急治理体制改变。

当前，正值"十四五"规划布局谋篇与启动实施的关键阶段，以灾后重建为契机，以不放过暴露出的每一个问题的科学严谨态度谋划推动地方灾害风险治理，以对安全底线的确定性坚守赢得应对自然灾害不确定性的主动权，应当成为宜宾市各级党委政府重要而迫切的行动共识。对于地方灾害风险的基本面与态势要有客观清醒的认识，不可抱有任何侥幸和幻想，要筑牢底线思维，把风险往最严重、最难预料的程度考虑，树立现代风险治理意识，做足防范的所有准备。在自然界的不确定性面前，能做的就是构筑更加完善的防灾减灾救灾体系，把"安全冗余"留足留够，最大限度地消除风险。谋划推进灾后应急管理体系新一轮建设。同时，需要进一步强化系统思维，以体系性建构谋划布局重点工程项目。一些长期未被重视、存在重大风险隐患的薄弱环节应放在优先级次序，尽快提升甚至重构。加快启动实施新一轮防灾减灾工程建设，健全完整的防范抵御风险体系，筑牢安全屏障，保护人民生命财产安全，促进地方经济社会高质量发展。

二 发挥地方创新精神，进一步健全体制机制，与国家顶层改革同频共振

2019 年 11 月 29 日，习近平总书记在主持中央政治局第十九次集体学习时提出："应急管理是国家治理体系和治理能力的重要组成部分"[①]，首次从国家治理的高度明确提出"积极推进我国应急管理体系和能力现代化"的要求，指导我们从更高层面来看待应急管理的地位、定位、构成和工作边界。习近平总书记还强调，要发挥好应急管理部门的综合优势和各相关部门的专业优势，根据职责分工承担各自责任，衔接好"防"和

---

① 《习近平在中央政治局第十九次集体学习时强调　充分发挥我国应急管理体系特色和优势　积极推进我国应急管理体系和能力现代化》，中共中央党校（国家行政学院）网站，https:// www.ccps.gov.cn/xtt/201911/t20191130_136558.shtml，最后访问日期：2021 年 10 月 27 日。

"救"的责任链条，确保责任链条无缝对接，形成整体合力。① 要对标"加强、优化、统筹国家应急能力建设"的目标，构建"统一领导、权责一致、权威高效"的国家应急管理体制，为突发事件应对提供坚实的组织依托。在推进国家治理体系和治理能力现代化的进程中，通过全面深化改革完善结构性应急管理制度是治本之策。综合化改革仍然是基本方向。

1. 横向理顺，纵向优化，健全应急管理体制

应急管理主体之间的互动关系包括横向和纵向两个方面。从横向看，涉及政党与国家关系、政党与社会关系、国家与社会关系等，包括决策与执行、支持与配合等；从纵向看，主要涉及中央与地方、地方以下不同层次政党组织和国家组织的关系，包括决策与执行、协调与支持等。② 这些关系是应急管理体制的重要内容，也是未来应急管理事业改革与发展需要进一步理顺、明晰、优化的着力点。

《中华人民共和国突发事件应对法》规定，中国实行"统一领导、综合协调、分类管理、分级负责、属地管理为主"的应急管理体制。"统一领导"意味着权力集中、统一指挥，党委和政府在应急管理体制中居核心地位，拥有对突发事件的领导、决策、指挥权力。"分级负责"一般是指相应层级政府负责对应级别的突发事件。"属地管理为主"是指原则上由事发地负责应急处置，当地方力量不够或者应急处置不力时，上级党委政府应请求或主动介入，为地方提供支持。

在横向上，首先，要将党的领导作用发挥进一步制度化。研究中国应急管理体制必须把"党的领导"作为最重要的因素考虑进来。"党的领导"在应急管理领域的具体表现是"统一领导"，形成强大的组织能力，短时间内进行高效的社会动员，集中力量办急事。近年来我国的大灾大难应对实践表明，党的领导有利于统一指挥、快速反应、高效联动，有利于体现中国集中力量办大事的制度优势，有利于发挥中央、地方两个积极性，作用重大。可以说，中国共产党领导是中国应急管理最大的特点，也是最大的优势，中国特色社会主义制度、中国社会的组织形式和价值观念是中国

---

① 《习近平：充分发挥我国应急管理体系特色和优势　积极推进我国应急管理体系和能力现代化》，中国政府网，http://www.gov.cn/xinwen/2019 - 11/30/content_5457226.htm，最后访问日期：2021 年 10 月 27 日。
② 龚维斌：《应急管理的中国模式——基于结构、过程与功能的视角》，《社会学研究》2020 年第 6 期。

特色应急管理模式的基础。在重大突发事件应对中，由于中国共产党具有强大的政治引领、组织动员、资源整合以及关系协调的功能，党能够领导、组织国家和社会进行积极有效的互动协作，产生强大的领导力。在突发事件处置救援过程中，党负责把方向、定举措、促协调、抓落实。党的组织、纪律检查、新闻宣传、政法维稳机关在干部调配、责任落实、舆情引导、治安秩序等方面提供保障支持。对于小概率、非常规重大突发事件，尤其是在需要跨灾种、跨部门、跨地区等跨界组织协调多方力量和资源，保障处置救援之所需时，党的领导高位强力介入，可以发挥党全面领导的政治优势和组织优势。但是，我们也应该清醒地看到，现行法律中党委在应急指挥体制中的角色长期不明确，不利于应急指挥集中统一领导的实现，也不符合现阶段党政关系的角色定位。党总揽全局、协调各方的核心作用与强大优势是建立在自上而下的政治动员基础上的，离精准化、精细化、节约化还有差距，基层的主动性、创新性尚显不足。需要在发挥好中国特色应急管理模式既有优势的同时，进一步理顺党、国家与社会的关系，进一步将党对应急管理工作的领导制度化。

其次，要理顺赋能型机构与功能型机构之间的权责，形成统分结合、权责一致的组织结构。一方面，要优化各级国家安全委员会以及防灾减灾、抗震救灾、森林防火、防汛抗旱、安全生产等专项应急管理议事协调机构作为"梁"的赋能型职责，发挥好统筹协调作用。另一方面，要进一步明确功能型机构的职责，发挥好应急管理部门的综合优势和各相关职能部门的专业优势，进一步明确应急管理部门在"统时"是综合统筹部门，在"分时"是综合协调部门，其他有关部门在"统时"是分管工作的牵头部门，在"分时"是主责部门，确保"测报防抗救建"各环节无缝对接。以此实现"防"和"救"责任链条无缝对接，减少因部门间职责分工不明、职能交叉造成的"模糊地带"。同时，还要继续推动应急管理机构改革尽快从"物理相加"走向"化学融合"。

2019年地方机构改革后，宜宾市应急管理局承担市应急委、市安委会、市减灾委的日常工作，市应急委属于应急管理工作的"牵头抓总"角色；市直有关部门（单位）作为市应急委成员单位，属于协调配合的角色。市自然资源、林业、公安等部门还各自牵头一些专项指挥部的日常工作，在具体类别突发事件应对工作中又属于"牵头抓总"的角色。市应急委各成员单位需要妥善处理好"牵头抓总"与"协调配合"的关系，充分发挥主观能动性，创造性地抓好各自分内工作，相互支持、配合彼此各自牵头的工作，统筹、协调推进"防抗救"各项工作，全力确保人民群众生命财产安全。

在纵向上，要优化中央与地方的应急管理权责分工，充分发挥中央和地方"两个积极性"。进一步落实"分级负责、属地管理为主"的基本原则，明确地方对相应等级突发事件的统一指挥权、协调权，发挥中央的指导协调作用，借鉴"6·17"长宁地震省、市联合指挥部的经验做法，优化上级应急管理工作组派驻机制。理顺地震系统的纵向间关系，将国家、省、市县地震部门作为一个整体，统筹划分各级机构职能，推动形成工作合力。完善国家综合性消防应急救援队伍"统一领导、分级指挥"制度设计。进一步充实基层应急管理力量，落实编制配备和场地、人员、装备、经费投入等政策要求，提高基层一线的战斗力、执行力。

2. 强化协调联动，优化应急管理各项机制

应急管理的本质是在尽可能短的时间内有效应对处置突发事件，预防、减缓和消除由此带来的危害，需要统一指挥、令行禁止、迅速反应、协调配合，需要权力集中、力量集中、保障到位。但是，应急管理又是多主体参与的复杂系统行动，不只是政府应急管理，还需要政府与社会的合作。"6·17"长宁地震抢险救灾中凸显的统一指挥、综合保障和专业处置、属地责任之间的协同和矛盾关系，再次印证应急管理协调联动机制建立健全并优化的急迫性与必要性。"6·17"长宁地震应急处置中一些部门、单位职能职责边界不清，分工不明，尽管各级各部门在灾情面前高度讲政治顾大局，但是为长期计，仍然需要进一步厘清权责，加强协同配合。需要进一步落实机构改革后"三定"规定中明确的职责，进一步厘清应急管理与其他相关部门之间的职责边界，建立健全跨部门协调机制。应急管理部门内部也需要加强从物理融合走向化学融合，人员从原有技能加速向新技能熟悉提高转变。

应急机制的完善还需要处理好权力依赖与权力限制的关系。多级政府的纵向联动和多个部门的横向合作需要强有力的应急协同机制发挥作用；多主体协调、多边合作需要更为平权化的应急协同机制从中进行疏通联络，这就要求对政府权力进行有效限制并且向社会下放相关权力。要打通常态管理结构性制度与应急管理结构性制度之间的关系，配合行政性放权，创新政府应急职能。对内，依据"分级管理"原则，让地方政府具有

"统一领导、分类管理和综合协调"能力，按照属地原则"重心下移"，配套行政资源。对外，升级共建共治共享社会治理格局，政府鼓励社会人才、资金、技术、工具在应急管理中充分发挥作用。

应急管理发展"十四五"规划是应急管理部成立后的第一个五年规划，这是对应急管理进行系统反思的良机。目前，各地各部门都在积极制定应急管理领域的规划，需要解决的问题很多，当务之急是要坚持国家总体安全观，聚焦问题导向、规律认识、能力建设和制度建设等方面的不足，尽快整合应急管理系统内外部关系，妥善处理各主体机构、人员间关系和职责，强化应急部门与有关部门、社会各界的协调联动。同时着力化解基层应急管理的机制问题，包括信息共享机制、市场和社会参与机制等。

3. 积极融合"国家队"与"地方军"的关系，推进应急指挥救援能力现代化建设

在救援队伍建设方面，消防救援队伍是应急救援的国家队、主力军，为确保地方高质量发展做出了积极贡献。各级地方党委和政府要按照党中央国务院的决策部署，拿出实实在在的举措为增强这支队伍的"职业荣誉感"提供保障，为提高这支队伍的战斗力提供地方支撑；在全力支持"国家队、主力军"建设的同时，各地还应统筹考虑地方应急救援力量建设，理顺救援队伍管理体制，整编地方行业救援队伍，将属地灾害管理与国家救援队伍建设有机结合。宜宾市应当立足市情，整合政府、企业、社会资源，建好建强本地"专业救援力量"，抓好市县两级矿山救护队、民兵应急救援队伍建设，力争将市县两级矿山救护队建成本地"综合应急救援队伍"。

在救援能力建设方面，建立现场指挥官制度，重点把军地多种力量合成演练作为经常科目，完善指挥职责、指挥官资质、标准流程等规定。全面改革应急民兵、矿山救护队、企业救护队、应急志愿者队伍训练体系，出台相关的场地、训练、补助、荣誉等支持政策。依托学校、社区、企业、人口密集场所，开展自救互救训练，提高公众自救互救能力。提高城乡人口集中居住区应急避难场所分布数量和管理保障水平。进一步优化应急物资储备规划布局，完善物资调用和补充机制；改进应急预案，以有效、定期的实操演练对预案进行动态优化、更新。

在指挥体系构建方面，需要进一步推进集中统一的指挥体系的建设。

建设一个综合化、一体化的应急指挥体系，在我国早已成为共识。多方力量参与救灾时，必须坚持联合指挥模式与统一指挥原则。有效整合解放军、武警、消防救援和地方救援四方面力量，形成"四位一体"现场联合指挥模式，更好地管理参与救灾的多方救援力量，明确指挥关系，协调其行动，实现统一指挥。

4. 用好体制改革窗口期，发挥地方能动性，探索创新实践

应急管理体制改革和机构改革后，我国在完善应急管理体系、风险治理体系、应急救援体系建设等方面作出了一系列重大部署，取得了一系列突出成效。地方党委政府应当用好应急管理体系改革窗口期，深入领会和落实党中央对完善公共安全和应急管理体系所作的战略部署，扎实谋划和推进各项深化改革工作。

过去三年多，各地在更好地处理统与分、防与救、上与下关系的过程中，进一步建立健全了一系列制度。2020年，四川省成都市出台的《安全生产监管工作职责任务清单》和《自然灾害防治工作职责任务清单》，厘清了53个市级部门（单位）和产业功能区的191项安全生产监管、46个市级部门（单位）和产业功能区的111项自然灾害防治工作职责，初步构建了"照单履职、照单尽责、照单追责"的全链条责任体系。山西省也出台规定，明确各有关部门安全生产的职责边界、事故灾害防与救的职责边界。广州市黄埔区在全国率先将"三委三部"（突发事件应对委员会、安全生产委员会、减灾委员会、森林防火指挥部、抗震救灾指挥部、防汛抗旱指挥部）整合成一个区应急总指挥部；山东济南在全省率先探索实行市应急指挥中心与市政府总值班室同平台同岗位应急值守。各地针对应急管理体制机制运行中产生的问题，进行了大胆探索和实践，极大丰富了我国应急管理事业的改革成果。

应急管理事业发展的难点堵点痛点，就是改革的切入点、着力点、突破点。在国家层面的顶层改革框架下，地方层面应积极探索地方特色的体制机制改革实践。作为地震、洪涝等自然灾害活跃区域的宜宾，在近年来抗震救灾、防汛抗洪等工作中积累、储备了不少经验、能力与探索，客观上具备提供更多研究样本和创造更多实践经验的条件。建议各级党委政府及相关部门以此次地震灾害应急和灾后恢复重建工作为契机，对接发展所需、基层所盼、民心所向，以前瞻未来的眼光推进改革，积极探索，勇于尝试，大胆创新，深入推进防灾减灾救灾体制机制改革，探索和创造符合新时代灾害治理规律的宜宾模式，以"宜宾实践"和国家层面应急管理改革大动作同频共振，以"宜宾创新"充实拓展地方风险治理的整体发展。

三 进一步完善灾害治理法律法规政策体系与制度支撑

应急管理法制凝聚着多年灾害事故防范应对的理论成果和实践经验，是风险治理最基本最稳定最可靠的保障。应当深入开展灾害治理法律法规立法、修法和预案清理、优化工作，理顺冲突条款，填补衔接空白，废止过时规定，合并重复内容，尤其要明确职能定位，厘清职责界限，厘定事权范围，增强灾害治理法规系统性、科学性、针对性。同时，健全有关政策体系与制度构建，为地方灾害治理实践提供有力支撑。

1. 进一步健全完善灾害治理法律法规体系

中华人民共和国成立 70 多年来，应急管理制度演进的总体方向是从政治动员到依法应对。20 世纪 80 年代后期开始，国家相继以立法的形式保障综合减灾以制度化形式持续推进。2003 年以后，以《突发公共卫生事件应急条例》为起点、《突发事件应对法》为引领的应急管理综合性立法取得进展。《突发事件应对法》《防震减灾法》及与之配套的一系列行政法规、部门规章及地方性法规、规章，初步奠定了我国自然灾害防御应对的法律体系。但是，随着灾害形势变化、国家治理的要求、机构改革的需要、人民群众的新期待，灾害治理法治化进程必须加快步伐。2018 年 4 月开始的应急管理体制改革整体力度大、牵涉面广，体制机制重构难、融合难，机构人员观念认识差距大。要顺利完成机构改革的初衷与目标，也需要一系列法律法规予以制度支撑和保障。2020 年突如其来的新冠肺炎疫情，给我国经济社会稳定发展带来了极其严峻的冲击与考验，一些地方的初期应对出现失策、失范、无序。对此，习近平总书记强调："疫情防控越是到最吃劲的时候，越要坚持依法防控，保障疫情防控工作顺利开展；"① 要求系统梳理和修订应急管理相关法律法规，抓紧研究制定应急管理、自然灾害防治、应急救援组织、国家消防救援人员、危险化学品安全等方面的法律法规。为贯彻落实中央要求，健全国家应急管理体系、强化

---

① 习近平：《疫情防控越到最吃劲时候，越要坚持依法防控》，《人民日报》2020 年 2 月 7 日，第 1 版。

公共安全法治保障，应当加快《突发事件应对法》的修改完善，① 并以此为契机，加快《自然灾害防治法》《应急救援组织法》等立法进程，适时启动修改《防震减灾法》。同时，要在贯彻习近平总书记关于防灾减灾救灾的重要指示与论述，总结提炼近年来防震减灾工作取得的成功经验基础上，加强防震减灾法治建设顶层设计和前瞻研究，构建以防震减灾法为主干，以法规为支撑的防震减灾法律法规体系，加快推进地震灾害风险防治、地震预警等方面的规章建设，形成更加完备、科学的防震减灾法律制度体系。确保地方的灾害治理措施与行动能够有充足的法律依据与法律引领，能够以法治的平稳有序、张弛有度对冲灾害的不稳定性和不确定性。

2. 加快地方应急预案的修订与优化

应急预案的最大价值在于将法律上的应急原则、制度和措施转化为可供操作的具体方案。应急预案本身虽然不是法律，但其编制和管理在应急管理中占有重要地位，在应急准备制度中具有纲举目张的意义。"6·17"长宁地震应急处置启示我们要更加关注地方整体预案、专项预案的体系化、专业化、精准化建设，在应急预案建设的深度、细节和协调性上下功夫，要重点防止特殊情境下不确定性因素的风险。现阶段当务之急的工作是完善地方预案的体系化问题，应当根据机构改革推进的实际情况，以及近两年新的形势发展，以系统化思维，跳出部门壁垒与地区藩篱，改变碎片化现状，加快清理修订地方应急预案体系，形成符合地方实际、上下左右协调一致、结构合理、逻辑严密的地方应急预案体系。精准应急、科学应急需要提升应急预案的精准程度与专业程度，要下功夫解决地方应急预案质量不高问题、针对性不够问题、可操作性不强问题，以及"两张皮"问题。应急预案体系的建立不代表预案执行的到位，也不能保证预案执行效果。应急预案能否发挥作用，主要取决于预案的编制技术和各级各部门对应急预案的执行。应急预案的可执行性需要预案自身具备可操作性，也需要有满足预案执行的外部条件，内外部条件共存的情况下才能保证预案的精准性。针对地方应急预案存在的预案质量不高、可操作性较差、更新迭代慢等问题，应当明确应急预案的演练、评估机制和定期、不定期结合

---

① 2020年3月26日，全国人大常委会召开强化公共卫生法治保障立法修法工作座谈会，修改《突发事件应对法》开始列入立法议程。

的更新机制，实行应急预案编制之后先演练、再评估、后备案、同时公开、随机抽查的制度，明确规定应急预案更新的条件、方式和频率。要在预案优化的基础上，形成定期演练并动态修订制度，要通过定期演练，注重实效，不流于形式，不搞花架子，进行常态化压力测试，以此检验体制机制以及队伍，发现问题，以练促改，以练促进。要推动建立市、县领导干部定期参与跨部门、跨灾种、跨区域复杂巨灾演练制度。领导干部不仅要熟悉预案，更要尊重预案，要让预案的行动指南价值切实成为领导干部内在危机领导力的重要组成，而不是仅停留在纸面上的方案。

3. 发挥地方主动性，积极完备灾害治理政策制度体系

"6·17"长宁地震后短时间内形成了一整套政策体系，为灾后恢复重建提供了有力支撑。但是一事一议的临时制策，没有可持续性与稳定预期。国家层面和地方层面都需要进一步加大相关政策的制度化与体系化建设，进一步形成稳定可预期可复制的一整套制度供给。2008年汶川特大地震后，为保证灾后恢复重建顺利进行，做到质量与效率、眼前与长远的协调统一，国家将整个灾区震后恢复重建问题上升到行政法规高度，国务院专门颁布了《汶川地震灾后恢复重建条例》，以规范汶川地震灾后恢复重建活动，明确各级政府和国务院有关部门在恢复重建中的责任，确保了地震灾后恢复重建工作有力、有序、有效地进行。"4·20"芦山强烈地震后，2017年1月雅安市人民代表大会常务委员会通过并报四川省人民代表大会常务委员会批准《雅安市新村聚居点管理条例》，针对"4·20"芦山强烈地震灾后建设的232个新村聚居点管理进行专门立法。该条例不仅是《立法法》修订以来雅安市第一部实体性地方法规，也是四川乃至在全国皆具新村管理立法意义的创新，为巩固提升地震灾后重建成果，规范新村聚居点管理提供了有力的法律依据和制度保障。不仅彰显了西部欠发达地区"灾后重建"新村管理地方立法之特色，也凸显了城乡建设与管理范畴内地方创制性立法之意义。这些经验与探索，可以给宜宾以及各地灾后恢复重建提供很好的借鉴与参考。

四 注重综合防范，进一步优化灾害治理体系

美国行政学家奥斯本和盖布勒提出的"有预见性的政府——防范而不是治疗"的治理范式认为：政府管理的目的是"使用少量钱预防，而不是

花大量钱治疗"。① 冰冻三尺，非一日之寒。应对灾害，关键是平时下功夫，日常见真章。首先，要做好源头防范，把防灾减灾渗透到规划、发展、建设、管理、运行、服务、文化等各个环节、相关领域，尽最大努力实现"无急可应"。其次，备预不虞，夯实基础，未雨绸缪，从最坏处着眼，做最充分准备。同时，要加强制度建设，积极探索实践政府负责、社会广泛参与的救灾路子。要构建综合防范机制，在降低脆弱性和提升恢复力方面综合部署，从而实现防灾减灾与可持续发展并重，整体推进城乡灾害治理体系系统性升级。

在"防灾"方面，强调关口前移和主动防御，紧抓灾害预防工作，全面提升全社会灾害风险综合防范能力。2015年世界减灾大会通过的《仙台减灾框架》在继《兵库行动框架》之后给出了新的减灾理念，强调灾害管理要向灾害风险管理转变，更加关注灾前的有效预防，从灾害风险构成要素的角度出发考虑降低受灾风险。② 2016年，中共中央和国务院联合下发了《关于推进防灾减灾救灾体制机制改革的意见》，明确指出未来的减灾理念要"从注重灾后的救助转向注重灾前的预防""从减少灾害的损失转向减轻灾害的风险"。③ 因此，要把风险家底摸清，在科学合理地评估灾害风险的基础上，加强自然灾害综合风险监测预警能力建设，健全风险形势动态联合会商机制，要以建立高效科学的灾害风险防治体系为重点，细化灾害风险调查、评估和治理的全链条各环节任务。

在"备灾"方面，要立足底线思维，做好应急准备。从决策指挥、力量调配、物资保障、救灾演练、社会动员、技术支撑等环节充分做好"非常态救灾"的各项准备，确保灾后第一时间能够高效有序地开展应急处置工作。持续开展对重点危险区和重点行业地震应急准备工作的检查。掌握地震重点危险区防震薄弱环节，动态把握震灾风险，制定抗震救灾专项方案，做好地震应对准备。

在"救灾"方面，加强属地为主、分级负责的抗震救灾应急管理机

① 〔美〕戴维·奥斯本、特德·盖布勒：《改革政府——企业家精神如何改革着公共部门》，周敦仁等译，上海译文出版社，1996，第205页。

② United Nations Office for Disaster Risk Reduction（UNDRR）. Global Assessment Report on Disaster Risk Reduction（2019）〔R/OL〕. Switzer-land：United Nations Office for Disaster Risk Reduc-tion（UNDRR），2019. http：//gar. unisdr. org/.

③ 《2018年国务院关于中国地震局等机构设置的通知》，中国政府网，http：//www. gov. cn/zhengce/content/2018 - 07/13/content_5306204. htm，最后访问日期：2021年8月27日。

制，建设探索实践以地方为主，上级统筹、地方分级负责，社会广泛参与的路子。加强各级抗震救灾指挥机构建设，健全部门间、军地间、区域间协调联动机制。加强灾害基础信息管理，建设灾害救援队伍、物资、装备等资源数据库，提高基础信息对应急决策指挥的保障能力。

我国已进入"十四五"开局之年，人民群众对公共安全期待更高，数字化、智能化等科技与产业支撑更加给力。地方灾害治理要在新的经济社会基础上，充分利用5G、大数据、人工智能、物联网等带来的社会治理创新契机，自上而下着力推进灾害治理数字化、智能化建设，加大高新应急技术装备研发应用力度，加快推进应急管理手段现代化。以加快构建新发展格局为契机，大力发展安全应急产业，提升灾害治理的产业基础与实力技术。以科技与产业的大发展，有力支撑灾害治理体系的转型升级，提档加速。

五 进一步筑牢城乡防灾减灾基础，全面提升基层风险防范能力

针对此次地震暴露出的区域发展不平衡、城乡灾害治理基础依然薄弱以及基层防灾减灾能力需要进一步提升等问题，因地制宜，结合本地灾害特点，在强基固本上下功夫，以前瞻性布局切实巩固和提升当地综合防灾减灾基础和风险防范能力。

1. 进一步筑牢城乡防灾减灾基础

建筑物的质量安全，是应对地震破坏的关键。建议有关部门和各级政府开展抗震排查，尽快摸清不符合抗震设防标准的建筑底数，加大对城市老旧房屋、农村民居抗震改造的扶持力度，加强城中村改造以及学校、医院等人员密集场所抗震加固，坚决避免出现"小震大灾"。要加快各行业抗震设计规范与规划的衔接，推进抗震设防城乡一体化管理，确保新建、改建、扩建工程达到抗震设防要求。我国现行抗震设防标准偏低，难以满足防震减灾形势需要，建议尽快提高标准。充分考虑本次地震烈度和重建投入的关系，应适当提高震区房屋的抗震设防标准，增强抵御地震灾害的能力，安全、高效地解决受灾群众永久性安置。要重点改变农村灾害和突发事件不设防状况。宜宾部分农村地区的老旧房屋，存在建设时间长、建设结构不规范、建筑质量较差、抗震能力较弱的问题，中小地震频繁的震动会造成房屋震害的多次叠加效应，要想办法支持进行农房抗震加固，增强抗震性能。要扎实推进自然灾害防治"九大工程"，特别是要实施地震

易发区房屋加固维修工程，切实减轻地震灾害风险。相关部门对新建农房加强监督管理和指导，借鉴汶川地震及雅安地震农房建设的经验和教训，改变农民自主建设模式，为农房建设提供规划图，并加强指导，督促其达到抗震设防标准。针对农村经济基础薄弱问题，应加快研发推广低成本建造方法。住建部门把好房屋设计、建筑质量关，自然资源部门把好选址关，避开地震断裂带和地质灾害多发区，提高城乡房屋抗震设防能力，降低灾害承灾体的脆弱性。

要做好活动断层探测和地震灾害风险评估等基础工作，做好病险水库、重要堤防、道路桥梁、次生灾害源等地震安全隐患排查治理。对查明的地质灾害隐患点落实监测预警、避让搬迁和工程治理等措施。出于历史原因，部分重大工程建设在地震带上，容易因地震引发次生灾害，造成重大损失。应尽快研究提出应对措施，能迁移的迁移，能加固的加固，确保抗震安全不出问题。今后在规划和选址建设重要基础设施、重大生命线工程以及重大开采工程时，应认真听取地震部门和相关领域专家的意见，相关企业要加强与当地政府沟通，优化选址，避开地质条件复杂、人口稠密、生态脆弱、有地质灾害隐患地区，尽量减少和降低有关工程对当地居民正常生产生活的影响。

"放管服"改革将建设工程地震安全性评价由行政审批改为强制安全性评估后，有关部门的监管措施应迅速跟上，督促建设单位、设计单位、施工单位、监理单位等方面认真落实法定责任，严格执行相关标准，把地震安全性评价、抗震设防规范等强制性要求不折不扣地落实到工程建设中。

2. 切实加强地震监测与震情研判会商工作

地震监测是一项重要的基础性工作，只有进行长期的数据积累，才能更好地分析研判和预报预警。应进一步加强地震监测台网建设和管理，提高密度，优化布局，确保地震监测台网安全有效运行。针对地震灾害最集中、人员伤亡最严重的区域，应加强对地下断层结构的监测评估，探明活断层的位置及其地震危险性，把"地下搞清楚"的工作做好做扎实。桥梁、水库、矿井、开采平台等重大基础设施的地震监测信息十分宝贵，特别是遭受过强震的重大工程在地震下的运行状况和数据，对同类及其他工程的抗震设计、安全评价、应急方案等具有重要参考价值。建议有关部门加强这方面数据和案例的统计和分析，建立统一规范、信息共享的重大工程抗震数据库。

"6·17"长宁地震灾区为地震多发区、活跃区，且呈现震级越来越高、间隔时间越来越短、破坏力度越来越大的趋势，地震后余震频繁。因此，建议中央和省级的地震局加强与相关方面震情研判协调会商，对灾区地震的规律特点和发展趋势组织专门的科学考察和研判，指导市县有针对性地做好防震减灾，开展地震知识的科学普及和宣传，回应社会关切。

3. 加强基层应急能力建设

基层是防范化解重大风险的第一道关口，预防是最基础的应急管理工作。要提高城乡基层一线面对不确定性因素的抵御力、恢复力和适应力。要以防范化解各类风险为抓手，用改革的思维破解基层治理难题，构建"全民防灾"的基层应急管理工作格局，推动公共安全重心下移、力量下沉，服务基层、服务群众。

要在研究出台加强基层防灾减灾能力建设方案，实施基层应急能力提升计划基础上，重点推进以下几个方面的工作。一是在灾区修建一批规范的避难场所和救灾储备库，确保灾后及时就地转移安置受灾群众。二是打通地震灾区县域间的生命通道，形成环线，提升应急救援力量通达投送能力。三是统筹规划建设应对重大自然灾害的专业救援队伍，提升基层应急指挥能力、救援能力、保障能力、信息化水平。四是在深化防灾减灾救灾体制机制改革中，强化综合防灾减灾救灾能力，完善提升市、县两级减灾中心的队伍、装备和能力建设。五是完善基层风险评估机制，建立重大风险隐患台账，制定相应的分级管控和动态监测方案。加强基层风险沟通和灾害预警工作，拓展灾害预警手段，完善预警响应程序，解决灾害预警发布"最后一公里"的难题，第一时间、第一现场在基层发现问题、消弭隐患。

4. 建立应急减灾宣传教育长效机制

应当充分利用地震灾害以及其后的新冠肺炎疫情防控所激发的公众对公共安全事务的关注与热情，加强应急减灾科普宣教工作，在提升公众防灾减灾意识和能力方面取得新成效。建立应急管理防震减灾宣传教育长效机制，充分调动社会资源，利用公共教育平台，拓宽防灾减灾宣传渠道。深入推进防灾减灾宣传"六进"、在中小学公共安全教育中突出有关内容，对少数民族、残疾人、农村留守老人和儿童以及城市棚户区居民等特殊群体开展针对性的知识普及宣传。积极利用国家防灾减灾日和国内外发生地震灾害等时点，组织开展防震减灾科普宣传教育。加大经费投入，增加产品研发，制作更多科技含量高、互动性和趣味性强的宣传作品，积极打造互动式、体验式等新载体新形式，强化宣传效果，提高全民防震减灾意识和自救互救能力，筑牢防灾减灾的人民防线。建立与媒体、公众的有效沟通平台和机制，强化地震突发事件的舆论引导和风险应对，及时主动回应社会关切问题，切实维护社会稳定。

六　进一步改进灾后恢复重建治理体系，进一步探索研究地方为主灾后重建新思路

灾后恢复重建是应急管理流程的重要一环，是涵盖受灾地区经济社会发展诸要素的系统性工程。重特大地震等灾害，不仅对自然环境破坏巨大，而且对当地社会的常态运行系统造成的重大冲击，导致受灾地域的社会治理体系与社会治理能力受损，亟须经由重建或重构方得以恢复到平稳的社会运行轨道上。无论是2008年"5·12"汶川大地震以"举全国之力、中央统一部署采取各省市对口支援"的重建模式，还是"4·20"芦山地震开始蹚出的"中央统筹指导、地方作为主体、灾区群众广泛参与"重建模式，既体现了社会主义制度集中力量救大灾办大事的优越性，同时也反映着在我国自然灾害易发多发频发的国情下探索出可持续、可复制、可推广的重建模式的必要性和紧迫性。"6·17"长宁地震是当地应急管理体制改革后应对处置的首例重大地震灾害，具有体制及范式转换背景下典型案例研究剖析价值，有必要在总结经验的基础上，进一步探索灾后恢复重建的地方创新实践，进一步改进与塑造地方灾后恢复重建治理体系。

1. 坚持系统思维，树立全方位、全周期恢复重建理念

党的十九届五中全会在阐明"十四五"时期经济社会发展必须遵循的原则时，首次提出"坚持系统观念"。这是我们党在总结实践经验基础上作出的重大理论概括，也是灾后恢复重建应当坚持的原则。恢复重建关系到受灾群众切身利益和灾区的长远发展，具有综合性、关联性、扩散性、建构性、转化性、复杂性和艰巨性的特点，是一个"稳定—重建/重构—再稳定"的社会治理动态变迁过程。这一过程涵盖了物质和社会两大重点内容，且不同恢复重建时期的重点内容不同，是一项艰巨繁重的系统工

程。要坚持系统观念，加强前瞻性思考，将安全发展和风险治理理念贯穿于灾后恢复重建各方面、全过程。

恢复重建要"软硬兼施"，全方位重建。既要重视硬件设施重建，也要重视软性设施重建，有效平衡物质家园和精神家园的关系。灾后重建发展不仅要满足群众基本的生存条件和物质需求，让群众安居乐业，更要关注精神家园建设，抚平群众的心灵创伤，保护优秀传统文化，传承优良民风民俗。在灾后农村重建中，必须抛弃以经济发展为主导的单线发展途径，提倡以人为本，促进灾区能力建设的新型城镇化发展路径与模式，积极发动灾区群众的主动性与积极性，重视乡村原有的初级社会关系，立足农村社会现实和农民的日常生活，创造适合本土的重建发展模式，真正回归人的发展需求。

灾后恢复重建是突发事件应对流程的后期环节，但不是最终的环节，具有承上启下的作用，既是应急处置与救援的结束，又是新一轮灾害预防与应急准备的开始，是推动非常态管理向常态管理转化的关键。不仅要抓紧恢复生产生活，重建家园，整改学习，提高防范治理能力，而且需要在重建中全面系统谋划，提高全社会的韧性，综合考虑实现灾区群众当前利益与保持区域长远可持续发展之间的有机平衡，实现科学发展。

2. 加快经济发展方式转变，把产业重建贯穿重建全过程

灾后重建同样是加快转变经济发展方式的历史机遇。加快灾区经济发展振兴，是促进受灾群众生产生活方式同步转变的前提。灾区能否获得持续发展能力，关键在于产业的恢复与发展。科学、迅速地实施产业转移，保证灾区区域经济健康发展。在重建中实现加快经济发展方式转变步伐，优化城市和乡村功能，加速灾区产业恢复和发展振兴。要在全面排查风险隐患的基础上，统筹优化产业结构，合理布局产业结构，实现资源的优化和有效配置。同时，培育优质现代农业基地和具有地域特色的旅游品牌，淘汰落后产能，形成以高新技术产业、现代制造业、现代服务业、现代农业为核心的现代产业体系，促进资源优化、产业集中集约集群发展。与此同时，还要防止急功近利、求快求省、错失良机。

3. 全面提高社会抗灾韧性，注重重建中防灾减灾能力提升

塔勒布在《反脆弱》一书中指出，既然"黑天鹅"事件无法避免，人类在面对外在冲击时要培养一种类似抗药剂的机制，迅速产生自我补充和自我修复的能力，并转危为安，从中获益。[①] 恢复重建的最终目的，是全面提高社会抗灾害韧性，将城乡重建得更加安全、放心。2015年通过的联合国《2015－2030年仙台减灾风险框架》，将"韧性"作为减轻灾害风险的最终目标。[②] 根据《2015－2030年仙台减灾风险框架》，联合国减灾署在全球发起了"让城市更具韧性行动"。"韧性"已成为当今世界各国城乡建设发展的主流方向。比较一致的理解认为，韧性包含四个特征。一是抗冲击，即当突发事件发生时，造成的生命财产损失小。二是可持续，即整个系统的主要功能不被中断或者能快速恢复。三是防次生，即快速开展处置，不让事件产生链式反应，减少次生、衍生灾害。四是恢复快，即恢复重建的时间与程度能在短期内满足基本需求。

进入21世纪后，特别是在2011年日本"3·11"大地震和新西兰基督城地震后，由于多次出现城市遭受严重地震破坏后重建难度大、时间长的问题，社会代价巨大，所以抗震"韧性"问题得到了广泛重视。"韧性城乡"代表了国际防震减灾领域的趋势，也成为我国很多地方防震减灾工作的奋斗目标，中国地震局已将"韧性城乡"作为地震科技创新项目计划的4个重点工程之一。抗震韧性城镇是指对城镇整体进行抗震设计，通过一系列的防震减灾措施，使城镇遭遇大地震后，依靠城镇自身力量，"小震不坏""中震可修""大震不倒"，在设定时间内恢复城镇震前的功能。"小震不坏"指城镇的功能应保持完好，人民生活不应受到重大影响。"中震可修"指城镇基本功能不丧失，可快速恢复。"大震不倒"指城镇重要基础设施功能不中断，不造成大规模人员伤亡，所有人员均能及时完成避难，城镇能够在几个月内基本恢复正常运行。[③]

包括宜宾在内的川滇黔结合部地区，由于地质形态复杂以及特殊的自然地理条件，一些山区县尚处于资源消耗型开发阶段，地震、崩塌、滑坡、泥石流、石漠化等各类地质环境问题比较突出，潜在的地质难民数量在全国处于高位。尤其需要高度关注的是地震中的建筑倒塌和引发的次生

---

① 〔美〕纳西姆·尼古拉斯·塔勒布：《反脆弱：从不确定性中获益》，雨珂译，中信出版社，2014，第23页。

② 范一大：《我国灾害风险管理的未来挑战——解读〈2015－2030年仙台减轻灾害风险框架〉》，《中国减灾》2015年第7期。

③ 傅大宝：《汶川地震反思与抗震韧性城镇的提出》，福建城市建设协会网站，http://www.fjcj.org/nd.jsp?id=287&groupId=-1，最后访问日期：2021年8月27日。

灾害。灾区很多山体"松而未滑，崩而不溃"，常住于此，不得不防。针对灾害治理基础比较薄弱的现实，需要在重建中提高基层关键基础设施、城乡住房和重点场所的安全韧性，建设"韧性城市""韧性乡镇""韧性乡村"，重点改变农村灾害和突发事件不设防状况。要以灾后乡镇基础设施抗灾能力、农村住房设防水平和抗灾能力普查评估为切入点，在重建中提高基层重要设备设施和应急避难场所抗御常见突发事件的能力。加强乡镇，特别是人口密集场所和工业区等高风险地区的公共安全基础设施配备及建设，对于农村住宅和乡村公共设施必须严格执行规定的抗震设防标准，要适当提高学校、医院等公共场所的抗震设防标准，在公共场所设立相应的逃生通道和避难场所。进一步提升工程减灾和基础治理能力。同时，还需进一步增强公众的防灾减灾意识，在各级各类学校、农村广泛深入地宣传防灾救灾的基本知识，加强逃生避险、自救互救等基本技能的学习和演练。此外，还应该提高应对突发事件的保障能力。满足复杂条件下有效应对各种突发事件的需要，按照"宁可备而无用、不可用时无备"的要求，有针对性地储备应急物资装备，确保关键时刻应急资源"备得有、找得到、调得快、用得好"。

4. 坚持共建共治共享，激励多元参与自然灾害风险治理

灾后重建，不仅是在废墟上进行基础设施和公共服务设施等硬件建设，更重要的是当地社会的系统重建，需要持续投入大量人力、物力、财力，以及科技、文化等诸多支撑，是一项复杂系统的长期工程。在发挥政府主导作用的同时，社会组织、市场主体、公民是不可或缺的重要结构性资源。要从行政部门包办一切走向政府主导、市场主体与社会力量、公民积极参与的新格局。这不仅是提升应急管理效能的必由之路，更是动员社会各界参与综合减灾的必由之路。要建立灾后恢复重建的多元参与机制，在发挥好党委领导核心作用和政府主导作用的基础上，充分调动各种社会力量的积极性、主动性、创造性，发挥好协同作用，推动形成灾后恢复重建合力，实现灾后恢复重建的高效运作。

政府部门要加强协调机制，支持、激励、引导好各类社会力量参与灾区重建，需要完善组织动员、沟通协调以及考核激励等相关制度；要根据地方实践与地情，探索建立起政府、企业、社会组织和个人多方联动参与的协作共建工作机制。完善社会力量和市场的参与机制，有效解决项目推进难、资金筹措难、产业发展难、扩大就业难等问题，源源地不断为灾区发展注入新动力；积极推进巨灾保险、意外伤害、房屋保险、农林牧渔保险等，发挥市场机制在风险治理中的作用。由于社会组织具有行动优势，便于深入灾区一对一地与灾区群众沟通交流，有助于全面了解个人、家庭的受灾情况、面临的困难和压力、可调动的社会资源等，科学评估受灾群众的需求，了解潜在的矛盾和风险，为政府和群众之间的信息沟通搭建了桥梁，有助于加强政府与民众间的对话，提升政府决策的精准度。需要发挥各类社会组织的优势，在政府、群众、其他社会资源和社会力量之间搭建起桥梁，协助政府更好地推动恢复重建工作。社会组织与地方政府良性互动，及时了解灾区发展意愿与发展需求，积极发挥宣传动员、组织协调、慈善捐赠、专业特色、资源整合、凝心聚力等作用，有效推动灾区内部需求与外部资源的合理配置，降低重建成本，提高重建效率，确保灾区恢复重建效益最大化。加强对灾后重建项目的后期评估管理，通过建立项目评议委员会、小组等形式，提升群众在灾后重建中的话语权，进一步改进灾后恢复重建和风险治理体系。

重建发展过程中，要重视有效平衡党的领导与群众主体作用之间的关系。中国特色社会主义最本质的特征是中国共产党的领导，中国特色社会主义制度的最大优势是中国共产党的领导。在党的正确领导下，广大基层党组织充分发挥战斗堡垒作用，团结带领党员干部群众共赴危难、共克时艰，积极投身抗震救灾和灾后重建伟大实践，形成了推动发展振兴的强大合力。灾区基层党组织要坚持引领不包办、抓总不包揽、统筹不代替，组织党员干部走村入户宣讲党的政策，广泛听取群众意见建议，及时解答群众疑难困惑，充分调动群众的积极性、主动性和创造性，不断提高群众主人翁意识，激发群众内生动力。要用身边事教育身边人，让群众学有榜样、干有目标、赶有方向。只有聚民智民力，广泛发动群众，动员全民参与，防范化解安全风险的人民防线才会更加牢固，形成团结协作的局面。

同自然灾害抗争是人类生存发展的永恒课题。面对我国自然灾害严重的基本国情和我国防灾能力和水平较为低下的现状，防灾减灾救灾是一项需要长期坚持的艰巨任务，也是造福国家、造福人民、造福社会的伟大事业。地方党委政府应当解放思想，更新观念，开阔视野，切实增强责任感、使命感、紧迫感，牢固树立落实安全发展理念，坚持以防为主、防抗救相结合，坚持常态减灾和非常态救灾相统一。正确处理灾害治理和经济社会发展的关系，更加注重灾前预防，更加注重综合减灾，更加注重减轻灾害风险，更加强化落实责任、完善体系、整合资源、统筹力量、创新举措，不断提高地方灾害治理制度化、规范化、现代化水平。

祝愿重建后的宜宾更加美丽，祝愿宜宾干部群众幸福安康。

地方应急体制改革与深化

李　明[*]

摘　要： 本文主要结合宜宾市应急管理工作实际，概述了地方应急管理体制的主要内涵、外延和基础，尤其是着重论述了新时代中国特色应急管理体制的制度优势。在此基础上，全面阐述了新时代应急管理体制改革的由来、改革总体框架设计和改革后形成的职能安排、部门间关系。尤其是结合体制初步形成后，宜宾长宁"6·17"地震的应对处置过程，全面梳理了震灾检验下的体制改革进展和亟待解决的短板问题，并有针对性地提出了进一步深化改革的意见和建议。

关键词： 应急管理；地震灾害；体制改革

第一节　地方应急管理体制状况

地方各级党委、政府在突发事件应急管理过程中，承担着领导指挥、组织协调的职能，同一层级党委、政府内部也由承担各种不同职能的部门构成。各地的突发事件状况、经济和社会条件、应急管理需求也各不相同。为有效履行应急管理职责，需要对各类型组织进行职责及其履行方式的划分，这就构成了地方党委、政府应急管理体制的主要内容。

一　地方应急管理体制的内涵和外延

应急管理职能是地方公共管理职能的重要组成部分，是衡量一个地区应急管理体系和能力现代化水平的重要指标。一个地区的应急管理体制的形成与发展，与其突发事件状况和各地行政体制、环境状况之间具有互动关系。

---

　　*　李明，中共中央党校（国家行政学院）应急管理培训中心（中欧应急管理学院）理论教研室主任，教授，博士生导师，研究方向为安全发展。

（一） 应急管理体制的定义

改革开放以来，宜宾市委、市政府一直高度重视防灾减灾和应急管理工作，尤其是"非典"过后，按照中央和省委、省政府部署，建立了相应的应急管理机构和工作机制。2007 年《突发事件应对法》出台后，宜宾市按照中央、省机构建设的要求，结合本地实际，初步形成了"统一领导、综合协调、分类管理、分级负责、属地管理为主"的应急管理体制。宜宾市当年成立了市县两级应急办，以及自然灾害、事故灾难、公共卫生、社会安全等专业部门应急管理结合的体制模式，在历次应对各类突发事件中发挥了巨大作用。在经历了前期发生在四川的汶川地震、芦山地震抗震救灾和 2010 年系列滑坡泥石流等重特大灾害应对之后，应急管理体系建设问题得到四川全省进一步重视，省委、省政府也先后就完善应急管理体系，提出了一系列优化体制建设和管理要求。宜宾市贯彻上级党委、政府的规定精神，应急管理体系得到了持续完善和发展，应急管理能力不断提升，在预案建设、救援队伍、应急演练等方面取得了一定的进展。在 2019 年进行的宜宾市党委、政府机构改革中，宜宾市按照中央的统一部署，在市应急管理局的三定方案中，确定了形成"统一指挥、专常兼备、反应灵敏、上下联动、平战结合"的中国特色应急管理体制原则，设计了宜宾市的应急管理体制。

体制是有关组织形式的制度，限于上下之间有层级关系的国家机关、企事业单位等，主要是指各类单位机构间设置和管理权限划分的制度。以 2019 年改革中重点调整完善的防汛抗旱应急职能为例，改革政策规定，"市水利局负责落实综合防灾减灾规划相关要求，组织编制并实施洪水干旱灾害防治规划和防护标准，承担水情旱情监测预警工作。组织编制市内重要江河湖泊和重要水工程的防御洪水、抗御旱灾调度和应急水量调度方案，按程序报批并组织实施。承担防御洪水应急抢险的技术保障工作。"[①] 洪涝灾害应急管理体制内容所做的规定，即关于水利局的应急管理职责型规定，与新组建的应急管理局形成"防"和"救"的关系。

从宜宾市改革中形成的各个领域的应急管理职能可以看出，应急管理体制主要解决两个方面的问题：一是各种应急管理主体的角色、地位、组

---

① 《关于调整宜宾市水利局关于机构编制事项的通知》（宜编发〔2019〕20 号）。

织形式和相互关系；二是各种应急管理主体权力与职能的设定和分配。上下级机关之间的应急管理机构设置职能上有共同性，但在机构设置上有所不同。例如，按照宜宾市机构改革方案，水旱灾害应急管理职能中，"防"的职能在宜宾市水利局，"救"的职能在宜宾市应急管理局。宜宾市水利局设水旱灾害防御科，负责水旱灾害防御工作。而宜宾市珙县水利局行政编制仅有8人，一共只有3个内设机构，即办公室、水政河湖管理股、水利规划建设股，其中的水旱灾害防御是水政河湖管理股的职能之一。

从宜宾应急管理实践中可以看出，应急管理体制是在应对突发事件过程中，地方党政机关、企事业单位、社会团体、公众等各利益相关方，在机构设置、领导隶属关系和管理权限划分等方面的体系、方法、形式等的规范性的制度。地方应急管理体制主要是由中国特色社会主义制度、各地突发事件状况、特点所决定的，既有高度的统一性，也呈现地方特色。

（二）应急管理体制机制关系

地方应急管理体制往往与应急管理机制的运行密切相关。一方面，体制内含机制，应急管理组织是应急管理机制运行的"载体"，体制决定了机制建设的具体内容与特点。应急管理机制建设是体制的一个重要方面，要通过体制和法制的建设与发展来保障体制的顺利运行。另一方面，应急管理机制的建设对于体制建设具有反作用。应急管理体制的建设往往具有滞后性，尤其当体制还处于完善与发展的情况下，机制建设能帮助完善相关工作制度，从而有利于弥补体制中的不足，并促进体制发展与完善。

宜宾市应急管理体制改革中，确定了宜宾市应急管理局的体制，其中涉及统一协调指挥各类应急专业队伍的职能中，需要"建立应急协调联动机制，推进指挥平台对接，提请衔接解放军和武警部队参与应急救援工作"[1]。这种应急协调联动机制的建立，就是为了保证应急管理体制中的统一协调指挥各类应急专业队伍职能的实现。我国各级应急管理体制和机制首先是由社会主义制度决定的，具有很强的政治性。地方应急管理体制与机制的建设要与现阶段国家的相关制度、地方应急管理状况相适应和匹配，同时植根于各地的应急管理文化，其内涵与外延还应根据地方安全发

---

① 《关于印发〈宜宾市应急管理局职能配置、内设机构和人员编制规定〉的通知》（宜办〔2019〕21号）。

展的要求得以进一步调整。

（三）党的领导与应急管理体制

地方应急管理体制建设和运行中，必须坚持党的领导地位，发挥党的领导核心作用，这是中国特色社会主义最本质的特征。党的领导是应急管理体制建设的核心内容，反映了中国应急管理体制的重要特征，更是地方应急管理体制改革的重要内容。宜宾市应急管理体制改革中积极贯彻党的集中统一领导原则。《宜宾市应急管理局职能配置、内设机构和人员编制方案》的第三条规定："市应急管理局贯彻党中央关于应急的方针政策和市委的决策部署，在履行职责过程中坚持和加强党对应急工作的集中统一领导。"

党的领导不仅仅体现在指导性、原则性的规定上，也体现在了具体的应急管理改革体制、机制设计中，还体现在应急管理体制运行和实施过程中。《关于推进防灾减灾救灾体制机制改革的意见》中就明确规定"坚持党委领导、政府主导、社会力量和市场机制广泛参与。充分发挥我国的政治优势和社会主义制度优势，坚持各级党委和政府在防灾减灾救灾工作中的领导和主导地位，发挥组织领导、统筹协调、提供保障等重要作用。更加注重组织动员社会力量广泛参与，建立完善灾害保险制度，加强政府与社会力量、市场机制的协同配合，形成工作合力。"[①] 习近平总书记对切实做好安全生产工作高度重视，针对落实安全生产责任，多次作出重要指示，并强调在安全生产中要做到"党政同责、一岗双责、齐抓共管、失职追责"[②] 等，这些都体现了新的历史时期党中央及各级党委在应急管理体制建设中的领导作用。在长宁地震应对过程中，正是在中央、省、市、县各级党委的坚强领导下，依靠集中统一指挥，发挥基层组织战斗堡垒作用，彰显党员的先锋引领作用，最终使得改革后形成的应急管理体制在长宁地震灾害应对中的作用得到充分发挥。例如，在党委、政府领导下，参与抗震救灾的广大党员干部，第一时间在震后安置点设立了帐篷临时党支部，党支部下设党员服务队、志愿者服务队、治安服务队、子弟兵救援服务队和医疗服务点，传达政府救灾政策、了解群众需求、开展心理抚慰、

---

① 《中共中央国务院关于推进防灾减灾救灾体制机制改革的意见》，《中华人民共和国国务院公报》2017 年第 3 期。
② 《习近平关于社会主义社会建设论述摘编》，中央文献出版社，2017，第 162 页。

解决困难和问题，通过党员干部的实际行动，迅速建立起来抗震救灾的工作体系并进入正常运行，让灾区群众感受到党和政府的关心，感受到组织的温暖，树立战胜灾难的信心。

二　应急管理体制的基础

改革后的地方应急管理体制是建立在新时代的政治和行政管理体制基础上的，也是其重要组成部分。地方应急管理体制也初步成为我国政治生活和政府行政管理过程中，用以应对非常态事件的一项重要制度设计。地方党组织在长宁抗震救灾工作中发挥了坚强堡垒作用，推动党建工作走进帐篷、走进安置点、走进社区，推动灾后安置工作顺利开展，保持了灾后社会稳定，这是新时代应急管理体制运行的基本政治基础和行政体制保障。

（一）地方应急管理体制的政治基础

中华人民共和国是工人阶级领导的、以工农联盟为基础的人民民主专政的社会主义国家，这是应急管理体制的基本政治基础。这种政治基础保证了长宁地震应急救援过程中，能够实现"集中力量办大事""一方有难八方支援"等制度优越性的有效发挥。在这一政治基础上，中央、省和四川各地通过转移支付、志愿服务、爱心捐助等多种途径，进行了大力的无私援助。与这一政治基础相适应的政权组织形式是人民代表大会制度，与这一政治基础相适应的政党制度是中国共产党领导的多党合作和政治协商制度。人民代表大会制度、中国共产党领导的多党合作和政治协商制度、民族区域自治制度以及基层群众自治制度，构成了中国政治制度的核心内容和基本框架，是社会主义民主政治的集中体现。在遭遇类似长宁地震的情况下，这种制度设计为各级党委团结各方面力量共同应对灾害奠定了基础。例如，长宁地震应对中，市县人大、政协领导就充分发挥人大、政协组织和相关人士联系群众的优势，震后请缨，主动担当，为应对灾害做出了巨大贡献。这些基本制度为中国实行中央统一领导、地方分级负责的管理体制提供了政治基础和法律保障。

（二）应急管理体制的行政基础

地方应急管理体制是建立在地方政府行政管理体制基础上的，除受突发事件应急管理自身规律的影响外，也受到地方政府行政体制的影响。政府行政体制是政府组织的机构设置和权限配置两个基本要素的统一，外在表现为政府机构的各类组织形式。在多层级地方政府组织中，各级行政领导机构形成一个金字塔形体系，人们可以从机构设置、权限配置中观察到政府行政管理体制情况。宜宾市县乡镇各级政府及政府各部门中，除了常态的日常管理职能外，大多数公共服务和公共管理职能都有非常态的应急管理职能，这是行政管理体制问题的两个方面。

相对于设置明确的政府机构，地方政府机构及其领导人的权限配置虽然根源于宪法、法律、法规、政府规章和各级规范性文件，但具体的权力运行也依赖于传统、习惯和领导人间、领导和群众间互动的结果，尤其是主动的担当作为。基本的制度规章，只是规定了行政机构运行的主要规则，只能规定应急管理权限配置的概貌，而不能观察到应急管理制度运行、权限配置的细节。行政领导体制必须符合统一领导、统一指挥的原则，应急管理体制则更加强调集中统一的领导。

（三）应急管理的行政决策基础

地方各级党委、政府的管理决策机制可以从四个角度进行划分。

一是决策人数上的首长制和委员会制。就决策人数而言，可分为一人单独决策的首长负责制（以下简称首长制）、若干人共同决策的委员会负责制（简称委员会制）两类。首长制与委员会制各有其相应的适用范围，凡是执行性、技术性与紧迫性一类的事务，适宜采用首长制，如宜宾市各个委办局应急管理尤其是应急救援中需要处理的事务；凡立法性、长远决策性、价值倾向性、非紧急性事务，适宜采用委员会制，如出台重要的预案，安排灾后重建资金和规划等。

二是决策的集中与分散。就行政权的集散程度而言，可分为最高领导机关自行负责处理的集中，以及各具独立法律地位的上下机关各自全权负责的分散两类。二者各有利弊，要分析其各自的使用范围，只有做到既相互结合，又合理运用，才能在保证政令统一的前提下，充分发挥下级机关的主动性与积极性。

三是事权的层级制和功能制。就行政权纵向和横向统属而言，可分为事权由完整的一个层级负责的层级制，和事权不相统属的平行的、各具功能的横向机构负责的功能制两类。地方的各级行政机关都是将层级制与职能制相互结合起来运用的，一般是以层级制作为基础，在每一层次上又设立若干的职能部门，职能部门内部又由分管各种事务的若干单位组成。如宜宾市机构改革中，将自然灾害、事故灾难、公共卫生、社会安全类事务相关的职责，在改革中进行一定程度综合的同时，依然由不同部门分别行使，尤其是涉及公共卫生和社会安全类的事件。即便是自然灾害、事故灾难这两类，也涉及纵向市县乡镇之间的权限划分，以及"防"和"救"之间职能上的分工。这种模式既便于合理分工、相互配合，又便于统一指挥，统一行动，内在的基础就是现有层级制和功能制。

四是指挥控制的完整制和分离制。就同一层级行政权的统属而言，可分为上级直接指挥与控制权集中于一个行政首长手中的完整制，分属两个以上平行首长的分离制两类。例如，宜宾市在应急管理体制改革后保留的市防汛抗旱指挥部、市抗震救灾指挥部、市处置群体性事件指挥部等，在突发事件发生时候的统一指挥，就属于指挥控制的完整制。在涉及非紧急时刻，尤其是在日常的监测预警、预防准备等过程中，就属于典型的分离制，由指挥部各个成员单位分工负责，各负其责。

（四）应急管理体制的时代基础

2018年的党和国家机构改革，开启了新时代应急管理体制改革，标志着我国将应急管理上升到综合管理的高度。国家顶层设计的战略调整，也为宜宾市由突发事件发生时协调应对的应急管理体制转向常态时日常管理与突发事件发生时应急管理相结合的部门化综合管理体制奠定了坚实的基础。宜宾市的应急管理体制改革从2019年开启，进行体制调整整合和适应，逐渐构架起处置相关灾害和突发事件的应急管理基础框架。在此期间，发生了"6·17"长宁地震，对应急管理体制成果是一个全面压力测验。2019年11月29日，习近平总书记在政治局学习会上的重要论述，提出"应急管理是国家治理体系和治理能力的重要组成部分"，明确指示要"积极推进我国应急管理体系和能力现代化"①，也促使宜宾市从更高层面来认识应急管理的地位和工作边界，并成为未来宜宾市应急管理体制改革的指导思想。尤其是2020年初发生的新冠肺炎疫情，更加凸显了我们现有

---

① 《习近平：积极推进我国应急管理体系和能力现代化》，中国应急管理部网站，https://www.mem.gov.cn/xw/mtxx/201911/t20191130_341796.shtml，最后访问日期：2021年10月27日。

应急管理体制在统一指挥、综合保障和专业处置、属地责任之间的协同和矛盾关系，需要从总体国家安全观的战略高度、国家经济社会发展规划的系统维度、风险管理理论的专业深度来创新发展中国特色的国家应急管理体制。

三 党的领导成就中国特色应急管理体制优势

地方应急管理体制改革过程中，党的领导是保障应急管理体制改革方向和成效的首要因素，也是充分发挥我国的政治优势和社会主义制度优势坚强保障，体现了新的历史时期党中央及各级党委在应急管理中的领导作用。宜宾市应急管理体制改革充分体现了坚持各级党委和政府在应急管理中的领导和主导地位，发挥组织领导、统筹协调、提供保障等重要作用。

（一）由党的性质和宗旨决定的

地方应急管理体制改革中的作用是由党的作用和中国的政治特色所决定的。中国共产党是中国特色社会主义事业的领导核心，同时党的领导也是中国的最大特色。中国共产党有着光荣的历史传统，在革命战争和社会主义建设时期，都有着丰富的社会组织、社会动员、社会改造的经验。党的根本宗旨是全心全意为人民服务，不断实现好、维护好、发展好最广大人民根本利益，坚持贯彻党的群众路线与应急管理的目的和任务是一致的。党的十九大报告中"以人民为中心"，是习近平新时代中国特色社会主义思想强调的核心概念。报告中的总体国家安全观则是强调必须以人民安全为宗旨。国家安全工作归根结底是保障人民利益，要坚持国家安全一切为了人民、一切依靠人民，为群众安居乐业提供坚强保障。在面对宜宾长宁地震灾害时，从中央到地方各级党委和政府坚强领导、科学指挥，始终与灾区人民心连心、同呼吸、共命运，成为人民群众在困难和危机条件下的主心骨。各级党委、政府周密组织、科学调度，建立上下贯通、军地协调、全民动员、区域协作的工作机制，迅速组织各方救援力量赶赴灾区，紧急调集大批救灾物资运往灾区，精心部署受灾群众安置工作，及时推动灾后恢复重建。真正体现了中国共产党立党为公、执政为民和全心全意为人民服务的宗旨使命。

（二）有利于统一指挥、快速反应，高效联动

在长宁地震的危急关头，灾区各级党委和政府处变不惊、指挥若定，沉着冷静地开展抗震救灾工作，带领群众抓紧恢复生产、重建家园，体现了应急管理中的卓越领导力。为了全力做好群众的安置安抚工作，参与抗震救灾的广大党员干部们，第一时间在震后安置点设立了帐篷临时党支部，党支部下设党员服务队、志愿者服务队、治安服务队、子弟兵救援服务队和医疗服务点，传达政府救灾政策、了解群众需求、开展心理抚慰、解决困难和问题，通过党员干部的实际行动让灾区群众感受到党和政府的关心，感受到组织的温暖，树立战胜灾难的信心。基层党组织在此次抗震救灾工作中发挥了坚强堡垒作用，推动党建工作走进帐篷、走进安置点，使得灾后安置工作顺利开展，社会稳定。

（三）有利于体现集中力量办大事的制度优势

宜宾长宁地震发生后，四川省、宜宾市、受灾县各级党委、政府迅速启动本级《地震应急预案》以及《自然灾害救助应急预案》，省市联合抗震救灾指挥部迅速成立。涉及的县级指挥部成员根据"灾情就是命令"惯例，全部从家中自动赶赴县委县政府，并各就各位，领受任务，投入战斗。在震后 30 分钟内，就全面开始指挥救援力量集结、救灾任务分配、伤亡人员搜索、救灾物资发放，全部工作高效顺畅进行。在人力资源迅速集中的同时，各级物资调度、资金配置等工作也在紧张有序地进行。救灾资源在第一时间满足灾民的需要，全市几乎没有出现灾民缺衣少穿、食宿无着的问题，基本上能够做到需求的高质量满足。这种统一行动模式，实现"集中力量办大事"的优势，是中国特色的社会主义制度的特有的。

（四）有利于发挥中央、地方两个积极性

长宁地震应对成功，也是与宜宾市在日常工作中，按照中央、省里的部署，长期开展扎实细致的日常工作，防患于未然，功夫做到平时的结果密切相关。在中央、省、市、县、乡镇的各级共同努力下，宜宾市近年来持续推进避险搬迁与工程防灾治理，截止到 2018 年底，全市累计投入 2 亿元避险搬迁 3377 户，投入 1.46 亿元进行地质灾害治理，彻底

消除了 7000 多人的安居隐患，做到平时多出汗，战时少流血。同时，在各级党委政府指导下，全市积极开展了综合减灾示范社区、应急管理示范单位等建设，还将学校、社区的群众性疏散演练作为常态应急管理工作。在机构改革全面实施推进后，宜宾市更是通过点面结合、典型示范作用，推动全市基层灾害管理标准化、制度化、规范化、经常化，务求日常的行政管理收到实效。

第二节　新时代应急管理体制改革

宜宾市在应急管理体制改革探索过程中，在与中央、省保持一致的同时，也积极发挥主观能动性，形成了一些独特的做法，呈现应急管理决策迅速、出手快、出拳重、措施准、工作实、应对有力的鲜明特色，反映出宜宾市在探索风险治理模式方面的发展和进步。

一　改革前应急机构设置

2003 年非典以后，2019 年新的应急管理体制形成之前，宜宾市根据《突发事件应对法》《国家突发公共事件总体应急预案》《四川省突发事件应对办法》《四川省突发公共事件总体应急预案》等相关法律法规规章和宜宾市印发的《突发公共事件总体应急预案》（宜府发〔2006〕2 号）等有关规定，建立了宜宾市应急管理体制。从应急管理机构上讲，分为五个层次。

（一）领导机构

宜宾市应急委员会是原有体制下建立的全市突发事件应急管理工作的行政领导机构。在市应急委领导下，由市公安局、市民政局、市安监局、市卫生局（后改为卫计委）、市水利局、市地震局等相关突发事件应急管理工作部门，突发事件应急指挥机构负责突发事件的应急管理工作。同时还建立了安全生产委员会、抗震救灾指挥部、防汛抗旱指挥部、森林防火指挥部等协调指挥机构。

（二）办事机构

宜宾市政府办公室内设有宜宾市政府应急管理办公室，作为市应急委的办事机构，依照宜宾市有关规定和三定方案的要求，履行全市突发事件的值守应急、信息汇总和综合协调职责，发挥运转枢纽作用。应急办按照职能要求和职责定位，还充分发挥了市领导的处置突发事件的参谋助手作用，承担协调相关部门共同参与突发事件处置的职能。可以说，市政府应急办在原有体制下，最突出的作用是发挥综合协调职能。

（三）工作机构

宜宾市政府有关部门依据有关法律、行政法规、地方法规、规章和各自的三定方案所确定的职责，分别负责自然灾害、事故灾难、公共卫生、社会安全等类别突发事件的应急管理工作。各有关部门分别具体负责相应类别的突发事件专项和部门应急预案的起草与实施，贯彻落实市委市政府有关决定事项。例如，市公安局牵头社会安全类事件处置，市民政局承担自然灾害类事件处置，市安监局牵头安全生产类事件处置，市卫生局（后改为卫计委）牵头公共卫生类事件处置，其他的如市水利局、市地震局、市农业局、市竹业局等相关工作部门，分别也有相应的应急管理职能。

（四）地方机构

依据属地管理原则，宜宾市所属各县区级人民政府是本行政区域突发事件应急管理工作的行政领导机构，负责本行政区域各类突发事件的处置应对工作，属地管理的含义也主要是指县区级政府对本辖区内突发事件应急管理的第一责任人职责。县区、乡镇政府的应急管理工作体系，是由应急管理机构、组织、设施、技术和装备等应急管理要素组成并具有内在联系的系统。政府应急管理体系各组成要素之间既相互独立，又相互配合，所处置的应急事项往往是跨部门、跨地区的。县区级政府也建立有应急委员会及其办公室（简称某某县区政府应急办）。

（五）专家组

宜宾市、县区两级政府及其应急管理机构，建立各类专业人才库，通过聘请应急管理各领域的有关专家组成专家组，为应急管理工作的正常有序开展提供决策建议，必要时参加突发事件的应急处置工作。专家组一般按照宜宾市印发的《突发公共事件总体应急预案》（宜府发

〔2006〕2 号）中确定的自然灾害、事故灾难、公共卫生、社会安全 4 类突发事件，加上综合类的共 5 方面的专家组成，各个领域的专家也有具体的管理办法。例如，《宜宾市安全生产专家管理办法》（宜市安办发〔2017〕43 号）就专门规定了安全生产类应急管理专家组的组成、职责和履职的规定。

二　改革后的新体制总体框架

宜宾市按照《突发事件应对法》和四川省的相关规定，在改革前初步建立了"统一领导、综合协调、分类管理、分级负责、属地管理为主的应急管理体制"。这一体制在长达十五年的时间内，充分调动了宜宾市、县区、乡镇三级政府、各部门和社会各界的力量，对宜宾市应急管理工作起到了巨大的推动作用。在新的历史时期，面对应急管理新形势、新问题，在 2018 年党和国家机构改革过程中，从中央到四川省、宜宾市县区积极推进了应急管理体制改革。《中共中央关于深化党和国家机构改革的决定》强调要"加强、优化、统筹国家应急能力建设，构建统一领导、权责一致、权威高效的国家应急能力体系，推动形成统一指挥、专常兼备、反应灵敏、上下联动、平战结合（后调整）的中国特色应急管理体制。"宜宾市应急管理体制改革的规定中，贯彻了中央和省级的应急管理体制建设原则，开始了新时代应急管理体系建设。

根据 2018 年 3 月中共中央印发的《深化党和国家机构改革方案》中对于地方应急管理的要求，四川省制定了本省推进改革的相关规定，宜宾市根据国家和省级的相关规定建立了市应急管理局，并完善了水利、自然资源、卫生健康等各部门的应急管理相关职能。机构刚刚组建完毕，即遭遇突如其来的"6·17"长宁地震。宜宾市通过总结宜宾长宁"6·17"地震的经验教训，学习习近平总书记的指示精神，进一步提高全市应急管理能力和水平，提高保障生产安全、维护公共安全、防灾减灾救灾能力，确保人民群众生命财产安全和社会稳定。宜宾市市县两级应急管理机构的成立，为防范化解重大安全风险，健全公共安全体系，整合优化应急力量和资源，推动形成"统一指挥、专常兼备、反应灵敏、上下联动、平战结合"的中国特色应急管理体制发挥了重要作用。

在经历了枢纽型的市县两级"政府应急管理办公室"和乡镇政府应急管理职能设置后，宜宾市应急管理体制开始进入综合型"政府组成部门"

的新时代，改革标志着从灾种分割管理走向灾害综合治理，有利于从根本上改变长期以来按灾种分割管理而形成的部门分割、政令不一、标准有别、资源分散、信息不通的防灾减灾救灾和防范安全生产事故旧格局。通过改革对相关部门的公共安全职责做重新界定，是在新的体制架构下全面提升公共安全应急管理能力的历史性契机。应当抓紧历史机遇，在新时代中国特色社会主义体系建设中，在总体国家安全观的理论指导下，将应急管理纳入全市经济社会总体规划，构建以风险管理为基础、以智慧技术为手段的新型应急管理体制。

三　改革后形成的职能安排

2019 年的宜宾市应急管理体制改革过程中，对市、县区政府部门的应急管理职能进行了调整。将安监部门的安全生产监管职责、市县区政府办应急管理职责，公安局的消防管理职责，民政局的救灾职责，国土资源局的地质灾害防治、水利局的水旱灾害防治、农业局的草原防火、林业局的森林防火相关职责，地震局的震灾应急救援职责以及防汛抗旱指挥部、抗震救灾指挥部、森林防火指挥部的职责整合，组建市应急管理局，作为宜宾市政府组成部门。

从突发事件类型的角度，应急管理部门大体上整合了自然灾害、事故灾难两大类突发事件的应急管理职能，但这两大类中的交通运输应急、核事故应急等职能，也并未完全进行整合。从突发事件处置流程角度，自然灾害的前端预防与应急准备、风险防控、监测预警，后端的灾后重建等部分职能，仍然需要充分依靠和发挥各有关部门的作用。事实上，地方政府的任何机构都不可能将所有的职能都整合进一个应急管理部门，任何综合都是相对的。宜宾市市县两级政府在应急管理体制改革中，要在党中央、国务院和省委、省政府的统一领导下，通过不断加强部门配合、条块结合、区域联合、军民融合、资源整合等多种途径，才能将新应急管理体制的作用有效发挥。

四　改革后的部门间应急管理关系

从宜宾市特殊市情来观察，其面临的突发事件涵盖面比较宽，既包括西南地区常见的洪涝、地震、滑坡、泥石流等自然灾害，也包括经济高速增长过程中面临的各类生态环境事故、核安全事故，从重大风险防范角度还包括经济社会、科教文化等各个方面的风险挑战，市县两级应急管理部门无法包打天下。如果不适当地加以归类管理，或者片面地强调应急管理的集中，都很难准确认识每一类突发事件的特殊本质，不便于进行有效管理。

（一）部门间应急管理职能关系

宜宾市按照全国各地通行做法，结合本地实际，按照突发事件的性质和机理，从管理角度将其分为自然灾害、事故灾害、公共卫生事件和社会安全事件四大类。据此建立合理、精干的应急管理体制和机构，将多个政府部门管理的某一类突发事件整合到一个部门管理，或形成以一个部门为主、有关部门配合的体制，这对于提高应急管理能力极为重要。但是，综合管理、专业管理都是相对的，从世界范围内看，各国也没有绝对的标准，综合性的应急管理部门一般也不会将所有的应急管理职能都包含在内。如美国、德国的应急管理部门就负责自然灾害、部分公共卫生类、网络安全、恐怖袭击等类事件的应急管理工作；俄罗斯紧急情况部的职能主要包括自然灾害、部分事故灾难救援等。

宜宾市级应急管理部门的组建，从体制上对突发事件实施了一定程度上的综合管理。按照《突发事件应对法》所列的四大类突发事件，应急管理部门的职能中包含了自然灾害、事故灾难两大类事件的绝大部分应急管理职能。但是公共卫生、社会安全类事件应急管理的全部职能，以及自然灾害、事故灾难类事件应急管理的部分职能，尤其是这两类事件的"防"的职能，依然由各个有关专业部门处置和管理。例如，防汛抗旱的水旱灾害防治规划、防护标准，地质灾害的防治标准、灾害监测预警，等等。

如果从政府常态管理、非常态管理的角度，几乎所有的政府部门都有常态管理、非常态管理职能，非常态管理也就是广义上的应急管理职能。这些专业部门、机构由可被视为依据不同突发事件类型而设置的分类管理专业机构，都应当坚持以防为主、防抗救相结合，坚持常态减灾和非常态救灾相统一。在现代化的专业分工条件下，工作分类有助于建立科学研究独立的方法和体系，但需要在此基础上加强对各部门职能的综合协调。

（二）部门间职责界限

宜宾市应急管理体制改革后，根据市委、市政府改革政策的规定，以及市编办关于安全生产、自然灾害、物资储备等方面的应急管理职责规定，对市应急管理局、市自然资源和规划局、市水利局、市林业和竹业局等部门职责边界进行了划分（见表1）。

表1　各个部门职责边界划分

主要方面	职能机构	职责边界
安全生产监管	应急管理局	安全生产综合监督管理职责
	市工业和军民融合局、市住建局、市交通局、市林业和竹业局等	相关行业领域安全生产监督管理职责
自然灾害防救	市应急管理局	编制综合预案和专项预案，组织开展演练，自然灾害类应急救援救灾，编制综合防灾减灾规划，指导、协调森林火灾、水旱灾害、地震和地质灾害等防治，会同有关部门建设应急信息平台、监测预警和灾情报告制度，综合风险评估等工作
	市自然资源和规划局	落实综合防灾减灾规划，组织编制并实施地质灾害防治规划和防护标准，地质灾害调查评价及隐患普查、详查、排查。开展地质灾害群测群防、专业监测和预报预警等，地质灾害工程治理工作，地质灾害救援技术保障
	市水利局	落实综合防灾减灾规划，编制实施洪水干旱灾害防治规划和防护标准。承担水情旱情监测预警工作。编制市内重要江河湖泊和重要水工程的防御洪水、抗御旱灾调度和应急水量调度方案，按程序报批并组织实施。防御洪水应急抢险的技术保障工作
	市林业和竹业局	落实综合防灾减灾规划相关要求，编制实施森林火灾防治规划和防护标准。开展防火巡护、火源管理、防火设施建设等。森林火情监测预警、火灾预防，发送森林火险信息。国有林场林区开展防火宣传教育、监测预警、督促检查等
救灾物资储备	市应急管理局	提出救灾物资储备需求和动用决策，编制救灾物资储备规划、品种目录和标准，会同市发改委确定年度购置计划并实施，下达动用指令
	市发展和改革委员会	救灾物资的收储、轮换和日常管理，根据市应急管理局指令按程序调拨

资料来源：根据宜宾市委、市政府《关于印发〈宜宾市应急管理局职能配置、内设机构和人员编制规定〉的通知》（宜办〔2019〕21号）的有关内容改写。

1. 在安全生产监督管理方面的职责分工

按照"管行业必须管安全、管业务必须管安全、管生产经营必须管安全"的原则，市应急管理局承担安全生产综合监督管理职责。市应急管理局和其他负有安全生产监督管理职责的市直有关部门，依法依规承担相关行业领域安全生产监督管理职责。

2. 在自然灾害防救方面的职责分工

市应急管理局与市自然资源和规划局、市水利局、市林业和竹业局等部门要做到各司其职、无缝对接．市应急管理局负责统一组织、统一指挥、统一协调自然灾害类突发事件应急救援救灾工作。市自然资源和规划局、市水利局、市林业和竹业局依法依规承担相关行业领域的灾害监测、预警、防治工作及抢险救援的技术保障工作。

（1）市应急管理局负责牵头组织编制全市综合应急防灾减灾预案和安全生产类、自然灾害类专项预案，承担应急预案衔接工作，组织开展预案救援演练。按照分级负责的原则，组织、指导自然灾害类应急救援救灾。组织、协调较大灾害应急救援工作，并按权限作出决定。承担全市应对较大及以上灾害指挥部工作，负责组织较大及以上灾害应急处置工作。组织编制全市综合防灾减灾规划，指导、协调有关部门森林火灾、水旱灾害、地震和地质灾害等防治工作。会同市自然资源和规划局、市水利局、市林业和竹业局、市气象局等有关部门（单位）建立统一的应急管理信息平台，建立监测预警和灾情报告制度，健全自然灾害信息资源获取和共享机制，依法统一发布灾情、发布森林火险信息。组织开展多灾种和灾害链综合监测预警，承担自然灾害综合风险评估工作。

（2）市自然资源和规划局负责落实综合防灾减灾规划相关要求，组织编制并实施地质灾害防治规划和防护标准；组织、指导、协调和监督地质灾害调查评价及隐患的普查、详查、排查；组织、指导开展地质灾害群测群防、专业监测和预报预警等工作，组织、指导开展地质灾害工程治理工作。承担地质灾害应急救援的技术保障工作。

（3）市水利局负责落实综合防灾减灾规划相关要求，组织编制并实施洪水干旱灾害防治规划和防护标准，承担水情旱情监测预警工作，组织编制市内重要江河湖泊和重要水工程的防御洪水、抗御旱灾调度和应急水量调度方案，按程序报批并组织实施，承担防御洪水应急抢险的技术保障工作。

（4）市林业和竹业局负责落实综合防灾减灾规划相关要求，组织编制并实施森林火灾防治规划和防护标准。组织、指导开展防火巡护、火源管理、防火设施建设等工作。负责森林火情监测预警、火灾预防工作，发送森林火险信息。组织、指导国有林场林区开展防火宣传教育、监测预警、督促检查等工作。

（5）因为职能上存在相互配合，个别状态下需要强化应急管理职能，所以在必要时，市自然资源和规划局、市水利局、市林业和竹业局等部门（单位）可以提请市应急管理局，以市应急指挥机构名义部署相关防治工作。

3. 救灾物资储备方面的分工

（1）市应急管理局负责提出市级救灾物资的储备需求和动用决策，组织编制市级救灾物资储备规划、品种目录和标准，会同市发展和改革委员会等部门确定年度购置计划并监督实施，根据需要下达动用指令。

（2）市发展和改革委员会根据市级救灾物资储备规划、品种目录和标准、年度购置计划，负责市级救灾物资的收储、轮换和日常管理，根据市应急管理局的动用指令按程序组织调拨。

五　宜宾改革后加强体制机制建设

中央和国家层面的应急管理体制改革在 2018 年启动，地方应急管理体制改革在 2019 年上半年陆续完成，宜宾市的改革进程也紧随了国家的统一部署安排。"6·17"长宁地震前，宜宾市县两级基本完成应急管理部门整合组建任务，为应对震灾救援提供了有力的组织体制保障。按照中央和四川省的要求组建完毕后，宜宾市县两级应急管理部门积极贯彻习近平总书记提出的"对党忠诚、纪律严明、赴汤蹈火、竭诚为民"① 的训词要求，发扬政治作风优良、工作聚焦实战的精神，苦练内功，全面开始业务大练兵并收到实效。例如，在长宁地震发生时，宜宾市应急管理局正在参与筹备组织西南区域多支矿山救援队进行联合应急演练，当天灾情一发生，正在演练的应急救援队伍立即启动应急响应，切换战斗状态，有力地保障了应急救援工作。这个实力，就是宜宾市应急系统在改革后，加强应急能力

---

① 《对党忠诚纪律严明赴汤蹈火竭诚为民　为维护人民群众生命财产安全英勇奋斗》，百家号·新华社，https://baijiahao.baidu.com/s? id = 1616712622818295100&wfr = spider&for = pc，最后访问日期：2021 年 10 月 28 日。

建设的一个缩影。

监测预警机制建设上，宜宾初步改变了很多地方普遍存在的监测预警体系散乱差的局面，统一整合全市 20 多个行业监测预警系统，集中了公安、自然资源、水文、海事等各类监测站点 5000 个，统一预警信息发布机制。隐患排查机制建设上，定期开展地质灾害、水库、工业园区、饮用水水源地、垃圾填埋场、城镇污水处理厂等隐患常态化排查复核，及时编制地灾隐患点的治理方案，并按照三同时的原则同步开展地质灾害应急治理。信息公开和舆情管控机制上，采取疏堵结合，以疏导为主的方式，不间断发布灾情信息，实现饱和覆盖效应，同时强化网络舆情，及时应对处置虚假舆情。

第三节　深化宜宾市应急管理体制改革

"6·17" 长宁地震灾害的抗震救灾和灾后重建过程中，应对有力，成效明显，向群众提交了一份满意的答卷，工作中的一些经验和做法具有一定创新性与普适性，值得各地借鉴；但其中也显露出来一些需要从顶层设计上予以解决的问题，需要通过深化改革予以健全和完善。

一　进一步认识深化应急管理体制改革的意义

实用性、实战型是应急管理的一大特色，也是应急管理体制改革的目标。正如习近平总书记在党的十九大报告中指出："军队是要准备打仗的，一切工作都必须坚持战斗力标准，向能打仗、打胜仗聚焦。"[1] 应急管理是维护人民群众生命财产安全的战斗，也要按照打仗的标准严格要求。宜宾市按照应急管理体制改革的新要求，坚持以人民为中心的原则，按照实战要求，聚焦实战，进一步加强优化统筹应急力量和资源。一切工作应当坚持突发事件处置能力标准，聚焦突发事件的应急处置与救援，确保人民生命安全。通过改革推动形成"统一指挥、专常兼备、反应灵敏、上下联动、平战结合"的新时代中国特色的应急管理体制。

在体制建设方面，前期随着公共安全形势的变化和政府治理模式的调整，宜宾市的应急管理体制也在不断适应改革发展的新形势、新需要，不

---

① 《习近平谈治国理政》第 3 卷，外文出版社，2020，第 42 页。

断地进行变化调整。在 2019 年之前，宜宾市按照应急管理体制改革的要求，已经建立起"一案三制"的管理体系，并在实践中发挥了巨大的作用。2019 年地方机构改革启动后，宜宾市按照中央和省级统一部署，结合本地实际，学习其他地方的一些先进做法，初步建立起来了应急管理体系，并在近年来的自然灾害、事故灾难事件中经历了一次次考验。

二 "6·17"长宁地震应对处置对完善应急管理体制的启示

坚持问题导向，从问题中寻求改进措施，一直是以习近平同志为核心的党中央治国理政的鲜明特色。在长宁地震的应对处置中，我们也发现当前应急管理体制中依然存在的一些带有普遍性的问题，亟须通过完善顶层设计，予以解决。

一是应急管理部门定位不清。"6·17"长宁地震应对处置中，就特别明显地暴露了应急管理部门定位不清带来的问题。地震往往会带来一些衍生、次生灾害，在宜宾的地理、气候条件下，特别容易造成新的地质灾害隐患。在日常应急管理过程中，尤其是地震过后，都需对地质灾害隐患进行全面排查和治理，排除潜在危险。在常态下，对已知隐患的监测治理是自然资源部门的职责，但当隐患对人民群众生命财产已构成现实危险时，排危除险又属于抢险救援的范畴，应由应急部门负责。中央层面的地震局属于应急管理部，省一级两机构间职能分工也问题不大，但市、县地震局与应急管理局的关系有待理顺明确。这种职能和机构设置交叉，容易带来定位不清的问题。

在应急管理各个领域，都存在类似职能、机构定位不够清晰的问题。按照本轮地方改革方案，应急管理部门灾害"防""救"职能并存，"防"上也有牵头抓总的职责，但实际上水利、自然资源等部门与应急管理部门在水旱灾害、地质灾害等方面工作的"防""救"职能定位不够清晰。交通运输局的交通安全与应急管理职能和应急管理局的职能之间的关系也不够清晰。

二是综合救援指挥协调不顺。按照现行管理体制和中央和省级改革要求，宜宾市政府办公室在将应急管理办公室的部分职能调整到市应急管理局后，将原应急二科的职能保留，在政府办公室内设置总值班室，负责政务值班和突发事件信息报送，并指导县区和市直各部门值班工作，保证了突发事件信息上下贯通。但是，这种机构设置与应急指挥过程中的信息容易产生脱节。另外，综合救援队伍实行"垂直管理"，根据上级消防机构的指令和自身职责去执行综合救援任务，地方政府在调动综合救援力量的指挥救援机制尚未完善，遂行任务的沟通机制也没有完全建立。同时，有些地方与灾害应急救援指挥直接相关的应急指挥中心、预警监控装置、指挥末梢的社区人员存在重复设置、多头管理、资源浪费等问题，影响了指挥效率的提高。

三是部门协同机制建设有待加强。按照宜宾市委办公室、市人民政府办公室印发的《宜宾市卫生健康委员会职能配置、内设机构和人员编制规定》，宜宾市卫健委在涉及卫生应急方面的职责主要是：拟订卫生应急政策、制度、规划、预案和规范措施。负责突发公共卫生事件应急处置，承担自然灾害、事故灾难、社会安全等突发公共事件紧急医疗救援工作。负责卫生应急预案演练的组织实施和指导监督工作。组织开展卫生应急知识教育，指导推进卫生应急体系和能力建设。根据授权发布突发公共卫生事件处置信息等工作。卫生应急本身是四大类突发事件之一，同时其他三类突发事件，出于可能涉及人员伤亡、人身伤害等原因，也往往需要卫健部门协同行动，但是统一协调的机制尚未完全建立，也影响了响应的行动效率。

四是地方应急管理基础工作有待加强。按照地方党委、政府赋予的使命，应急管理部门应该是政治机关、纪律部门、战斗单位，必须全天候枕戈待旦，二十四小时备勤。但市、县不同程度存在现有人员老化、素质参差不齐、激励机制缺乏等问题，难以满足艰巨的工作需要；各地救援队伍建设、物资装备储备配置、监测预警系统标准滞后。现有应急体制建设理论与实际脱节。改革后的四大类突发事件及其分类、定义等依然停留在十年前，有些法律法规存在相互矛盾、冲突和执法主体不一的问题。改革后赋予地方应急管理部门牵头应急预案管理职能，但现有工作范围又主要限于自然灾害、事故灾难两类，在具体的全面性预案建设中，难以做到统筹兼顾。

五是军地应急管理协调有待进一步畅通。各地应急管理实践中，很多地方党委、政府建立了应急管理委员会，并将驻军纳入应急委成员单位，有的还签署有军地联动的协议或备忘录。但实际的灾害救援中，由于队伍管理体制、救援出动机制、指挥调度程序上不协调，大多需要层层上报、往返批示，军队救援力量难以在第一时间应请求出动。到达灾害现场后，也往往缺乏军地联合指挥调度机制。

三 深化宜宾市应急管理体制改革的基本要求

(一) 协调指挥的集中统一

从领导学理论角度看,应急管理的统一指挥主要是指在实施突发事件应急处置时,最优化的处置结构,是接受一位领导人或上级单位的最终命令。另外,对于力求达到同一安全目标的应急管理部门,其全部应急管理工作,也只能有一个领导机构和领导人员的集中统一指挥。在机构改革整合前,由于缺乏统一的应急指挥体系,可能会出现"多头决策""指挥紊乱""力量分散""信息孤岛"等问题,各类应急力量协调容易出现不够一致的问题。

应急指挥权的集中统一原则,并不意味着各类规模突发事件全部由应急管理部门进行统一指挥,也不意味着指挥权全部由上级应急管理机构统一行使。按照分级负责的原则,一般性灾害由地方各级政府负责,应急管理部代表中央统一响应支援,统一提供支持。发生特别重大灾害时,应急管理部门作为指挥部,协助党委、政府负责同志组织应急处置工作,保证政令畅通、指挥有效。同时,应急管理部门与党委、政府的其他部门之间,也要处理好防灾和救灾的关系,明确与相关部门各自的职责分工,建立起有效的协调配合机制。

(二) 救援力量专常专兼结合

在突发事件应急管理过程中,既需要应对各类火灾、洪涝等常规突发事件的常规救援力量,也需要处置非常规突发事件,以及处置常规突发事件中的部分特殊环节的专业救援队伍力量。常规救援力量主要由具备一般性的救援知识和技能的救援人员组成,主要配备常用的救援装备、设备、技术手段和解决方案的队伍。例如,解放军、武警部队中的非专业队伍,大部分的民兵预备役人员,大部分救援志愿者等。专业性救援力量主要由具备特殊技能和训练的人员组成,并具备特殊的设备、装备、技术手段和解决方案。例如,地震灾害紧急救援队、核生化应急救援队、应急机动通信保障队、医疗防疫救援队等。

在市县两级应急管理局成立后,原有的其他部门或单位的应急管理机构名称改变了，但相应的专业化职能并未消失。各类应急救援职能统一到新的应急管理体系内，不同的专业职能对应不同类型的突发事件。通过建立专司应急管理职能的政府部门，各类应急管理、救援处置职能可以更加专业化。一般性、通用性的应急救援能力，又能通过救援力量、资源的集中统筹运用，达到资源共享、效率提高的目的，最终实现专业化的救援和常规化的救援职能兼备，相互配合，共同提高。

（三）事件反应方面高效迅速

突然性、复杂性、紧迫性是突发事件最明显的特征，这就要求应急处置要做到反应灵敏、高效迅速。做到这点，就要在保持应急管理、应急处置质量的前提下，尽可能缩短从事件发生到响应、处置的时间。这主要包括应急管理质量、时间两方面的要素，应急管理的一些原则、环节、要求等，都与反应灵敏高效的要求密切相关。要做到应急处置的反应灵敏高效，一是监测预警，对事件的发生要事前预测，事发时能够有所准备。二是预防准备，包括思想准备、预案准备、应急物资储备、装备准备等资源储备，专业训练、人员素质等人力准备。三是应急指挥能力，包括统一指挥、决策迅速等，都成为应急指挥的基本要求。四是统一应急管理职能，减少部门之间协调的成本，提高应急处置效率。

新体制下的反应灵敏，主要是指应急管理机构、应急救援队伍对于突发事件的高效、迅速反应体系的建立。近年来，适应突发事件的衍生、次生的发展趋势，呈现综合性灾害链的特点，组建综合性的应急管理部门，以提高应急管理响应速度和效率，成为世界各国地方政府应急管理发展的趋势。与改革前的专业性应急管理部门处置，政府协调机构进行协调的模式相比，这种以综合性应急管理部门直接处置为主的模式，降低了各类不同机构的协调成本，具有较高的响应效率。这种体制下的综合救援队伍，保持了应急处置的专业性，逐步实现正规化、专业化、职业化，并能够与时俱进地综合处置多类型的突发事件，提高处置与救援效率。

（四）救援队伍的激励约束

世界各国消防队伍大多由全职消防员与志愿消防员结合组成，少数国家有现役消防队伍。现役消防的优点是人员体力充沛、反应速度快，但由于受服役年限所限，专业人才流失严重。我国公安部于 1955 年成立了消防局，1982 年起归属于武警部队，同时也是公安机关的警种之一，2018 年正式移交应急管理部，不再列武警序列。新体制下组建的综合性消防救援队伍，需要通过三年的改革调整，保持原有现役制优点，真正建设成为一支政治过硬、本领高强、作风优良、纪律严明的中国特色综合性消防救援队伍，全面提高防灾减灾救灾和保障安全生产等方面的能力，有效维护人民群众生命财产安全和社会稳定。但是要建设好高效的地方应急救援力量，处理好市县两级政府应急管理局和消防救援队伍之间的关系，除了市县两级的努力外，从顶层设计角度需要着重做好以下 6 个方面工作，为市县两级应急管理体制完善提供必要的基础保障。

一是建立统一高效的领导指挥体系。省、市、县级分别设消防救援总队、支队、大队，城市和乡镇根据需要按标准设立消防救援站；森林消防总队以下单位保持原建制。根据需要，组建承担跨区域应急救援任务的专业机动力量。国家综合性消防救援队伍由应急管理部管理，实行统一领导、分级指挥。

二是建立专门的衔级职级序列。综合性消防救援队伍人员，分为管理指挥干部、专业技术干部、消防员 3 类进行管理；制定消防救援衔条例，实行衔级和职级合并设置。

三是建立规范顺畅的人员招录、使用和退出管理机制。根据消防救援职业特点，实行专门的人员招录、使用和退出管理办法，保持消防救援人员相对年轻和流动顺畅，并坚持在实战中培养指挥员，确保队伍活力和战斗力。

四是建立严格的队伍管理办法。坚持把支部建在队站上，继续实行党委统一的集体领导下的首长分工负责制和政治委员、政治机关制，坚持从严管理，严格规范执勤、训练、工作、生活秩序，保持队伍严明的纪律作风。

五是建立尊崇消防救援职业的荣誉体系。设置专门的"中国消防救援队"队旗、队徽、队训、队服，建立符合职业特点的表彰奖励制度，消防救援人员继续享受国家和社会给予的各项优待，以政治上的特殊关怀激励广大消防救援人员许党报国、献身使命。

六是建立符合消防救援职业特点的保障机制。按照消防救援工作中央与地方财政事权和支出责任划分意见，调整完善财政保障机制；保持转制后消防救援人员现有待遇水平，实行与其职务职级序列相衔接、符合其职业特点的工资待遇政策；整合消防、安全生产等科研资源，研发消防救援新战法新技术新装备；组建专门的消防救援学院。

（五）应急行动的上下联动

突发事件的应急管理既需要快速反应，也需要有强大信息、资源支持。属地的政府机构、企业、社会组织和公众，具有信息和距离优势，能够迅速及时地对突发事件进行反应，开展自救互救；上级政府机构和应急救援组织，掌握更广泛范围内的专业力量、信息、资源等优势，能够提供强有力的应急管理方面的支持和指导。

应急管理中的上下联动，主要是指由上级党委政府或应急管理部门牵头，自上而下，动员社会上多层次的应急管理主体，广泛参与突发事件的应急管理。上下联动工作方法中，各级党委、政府主要发挥领导作用，做好组织、指挥协调功能；从国家应急管理部、省级应急管理厅（局）、地市级应急管理局、县（市、区）应急管理局四级应急管理部门联动，充分发挥应急管理主体作用；综合应急救援队、专业应急救援队、常规应急救援队互相配合，发挥应急救援主力军的作用；企业、社会组织、第一响应人和志愿者广泛参与，发挥了基础性的支撑作用。通过各类应急管理主体的相互配合、有机整合，形成上下联动的应急网络系统和全方位、立体化的公共安全网。

（六）应急全过程高效转换

突发事件包括监测预警、预防准备、应急响应、应急处置、恢复重建等全过程，新的应急管理体制要贯穿全过程，做到高效转换。在尚未发生突发事件时，要积极做好监测预警、应急准备工作，保证突发事件发生时，应急力量、装备设备、基础设施、物资资源等，能够满足应急管理工作需要。同时，积极适应并服务于经济发展、社会发展和人民生活服务的需求，实现应急效益、社会效益、经济效益的统一。真正做到以防为主、防抗救相结合，坚持常态减灾和非常态救灾相统一，努力实现从注重灾后救助向注重灾前预防转变，从减少灾害损失向减轻灾害风险转变，从应对单一灾种向综合减灾转变。要强化灾害风险防范措施，加强灾害风险隐患排查和治理，健全统筹协调体制，落实责任、完善体系、整合资源、统筹力量，全面提高国家综合防灾减灾救灾能力。

第一，应急救援队伍、避难设施、应急装备要与政府常态管理、公共事业、设施建设及装备配备等相互结合，起到相互促进的作用。应急设施、场地建设要纳入城市建设总体规划，并做到地上、地下统一安排。

第二，应急队伍和设施、装备工程和设备、设施的维护管理，要与平时演练、使用相结合，以使用促配备，以配备促使用，在日常使用中提高装备配备质量。

第三，应急队伍和设施、装备的应急效益与社会效益、经济效益相结合。应急效益作为前提，经济效益作为基础，社会效益体现发展。

应急管理"平战结合"的主要思路是立足经济和社会的常态运行、社会服务日常管理开展应急管理工作，满足平战协调统一、平战紧密结合、平战迅速转换、平战融合发展的应急管理工作的需要。真正做到了按照加强部门协调，制定应急避难场所建设、管理、维护相关技术标准和规范。针对宜宾市面临的灾害风险特点，充分利用公园、广场、学校等公共服务设施，因地制宜建设、改造和提升成应急避难场所，增加避难场所数量，为受灾群众提供就近就便的安置服务。同时，在日常重点组织好群众针对地震、滑坡泥石流等灾害的应急疏散演练，实现有备无患、平战结合的目的。

震后应急响应研究*

游志斌**

摘　要：应急响应是应急管理过程中的关键环节。四川宜宾长宁"6·17"6.0级地震应急响应，由于其具有震级不高但震害大的特点，具有一定的代表性，对于研究和完善我国的地震应急响应的有重要现实意义。通过对震后中、省、市、县各级响应情况的研究分析，总结经验与启示，提出地方党委政府需要持续不断扎实做好地震应急响应的有关准备工作和基础工作，进一步优化各环节的应急响应措施的若干建议。

关键词：宜宾；地震；应急响应

应急响应是应急管理过程中的关键环节。"6·17"长宁地震应急响应，由于其具有震级不高但震害大的特点，具有一定的代表性，对于研究和完善我国的地震应急响应有重要意义。

第一节　应急响应中灾害特点

2019年6月17日22时55分，宜宾市长宁县（北纬28.34度，东经104.90度）发生6.0级地震，震源深度16千米。此次地震主要涉及宜宾市长宁县、珙县、高县、兴文县、江安县、翠屏区6个县（区）。其中烈度6度及以上区域共涉及61个乡镇32.98万人，造成直接经济损失52.68亿元。震中长宁县位于四川盆地南缘，宜宾市腹心地带，位于四川盆地与云贵高原的过渡带，东临江安县，南界兴文县，西与高县、珙县交邻，北

---

　*　该部分调研和研究中得到了宜宾市应急管理局、宜宾市消防支队、宜宾市卫生健康委、珙县县委和县政府等单位的大力支持。

　**　游志斌，中共中央党校（国家行政学院）应急管理培训中心（中欧应急管理学院）"一带一路"风险治理教研室主任，教授，博士生导师，主要研究方向为应急管理。

与南溪区相连。长宁县辖 11 个镇、7 个乡，面积 999.6 平方千米，人口 43.27 万。6 月 17 日当天，灾区以阴转中雨为主，昼夜温差起伏较大，气温 17~31℃，风力以西北风 1 级为主。

近年来，宜宾地区多次发生过 4.5 级以上的中强地震，震源深度集中在 10km 左右，地震灾害具有震级不高但震害大的特点。与近年来宜宾发生的几次地震相比，此次地震主要体现了以下突出特点。

一　地震破坏性大，伴随次生灾害多

本次地震震中位于长宁县双河镇，距离宜宾市城区 72 公里，距离长宁县城 22 公里，震级 6.0 级，最高烈度为Ⅷ度（8 度），面积 84 平方千米，涉及 3 个乡镇；Ⅶ度（7 度）区面积 436 平方千米，涉及 14 个乡镇。地震余震频发，截至 7 月 4 日 11 时，共记录到 2.0 级以上余震数达 225 次，5.0~5.4 级余震 4 次（23 日上午 10 时，发生 5.4 级余震，部分危房发生垮塌，再次造成 31 人受伤），4.0~4.9 级余震 6 次，造成部分危房发生垮塌。宜宾水系发达，正值雨季和汛期，暴雨极易造成山洪泥石流等次生灾害。地震造成该市地质灾害隐患点新增多处，多个水库受损并有水库出现险情。应急救援人员宿营场所、车辆装备主要在有限的平地集中，救援行动要兼顾防范房屋、山体等二次坍塌和山洪、泥石流等次生灾害风险。

二　交通道路损毁导致队伍行进难度大

部分乡镇地处偏远山区，余震滚石不断，沿途道路狭小，行进通道因路基沉陷、桥梁塌陷和山体滑坡而中断，车辆无法进入，救援人员携带的重型车辆装备行进受到严重影响，大部分地段只能采取徒步方式行进，耗时较长。交通通行难度大的原因主要是山区道路狭窄，特别是通村组的道路只有 3~5 米宽，地震造成大量道路塌方，道路中断；其次是地震发生在晚上。地质气象条件复杂，当晚暴雨不断，震中又位于距离县城较远的乡镇，道路泥泞不堪，救援力量精准投送难度增大。地震造成双河镇境内大部分电力网全部中断，手机和固话的通信机房、基站、光缆严重损毁导致通信中断。救灾队伍进入双河镇后，手机、3G 网络、卫星网络等均无信号，无法使用，导致应急救援队伍在救灾第一黄金时间很难及时掌握准确信息。

三　地理环境复杂导致应急响应难度大

宜宾处于华蓥山地震带，该地震带属于中强地震带，沿着以华蓥山为代表的川东平行岭谷及其余脉分布，从重庆荣昌经过泸县、富顺、宜宾斜穿川南，在宜宾西南部和南北地震带交汇。震中长宁县双河镇位于四川盆地边缘向云南过渡地带，属深丘、浅丘结合性地貌，为厚层泥块夹薄层砂岩地貌。震中长宁县双河镇以及灾情较重的珙县巡场镇、珙泉镇，多为村镇自建房，老旧房屋较多，抗震等级低，地广人稀、农户散居，极易形成搜救"盲区"，救援任务十分艰巨。多数房屋处于半倒塌状态，由于余震多达 300 多次，易发生再次倒塌的危险，加之余震造成滑坡、滚石不断，给搜救工作带来很大的困难。

四　应急响应工作社会关注度高

震中双河镇为长宁县的区域性中心场镇，部分房屋垮塌、人员受伤被埋压的照片、视频在微信朋友圈和微博等社交媒体平台流传，新闻媒体通过航拍、走访、视频连线等方式直播，利用微博、微信等新媒体报道现场情况，受灾情况和应急响应工作暴露在镜头下，应急响应工作的科学性、规范性及有效性受到各级政府以及社会各界的极大关注，特别是宜宾近年来地震多发频发，以及历史上有的地震引发群体性事件影响，给应急响应工作带来了很大压力。

第二节　各层级应急响应基本情况

一　中央层面的应急响应情况

地震发生后，习近平总书记高度重视并作出重要指示，要求全力组织抗震救灾，把搜救人员、抢救伤员放在首位，最大限度减少伤亡。[①] 解放军、武警部队要支持配合地方开展抢险救灾工作。注意科学施救，加强震情监测，防范发生次生灾害，尽快恢复水电供应、交通运输、通信联络，

---

① 《习近平：把搜救人员、抢救伤员放在首位，最大限度减少伤亡》，百家号·人民日报，https://baijiahao. baidu. com/s? id = 1636673878158506371&wfr = spider&for = pc，最后访问日期：2021 年 12 月 15 日。

妥善做好受灾群众避险安置等工作。当前正值汛期，全国部分地区出现强降雨，引发洪涝、滑坡等灾害，造成人员伤亡和财产损失，相关地区党委和政府要牢固树立以人民为中心的思想，积极组织开展防汛抢险救灾工作，切实保障人民群众生命财产安全。国务院总理李克强作出批示，要求抓紧核实地震灾情，全力组织抢险救援和救治伤员，尽快抢修受损的交通、通信等基础设施。及时发布灾情和救灾工作信息，维护灾区社会秩序。① 水利部、应急管理部、自然资源部要指导协助相关地方切实做好汛期强降雨引发各类灾害的防范和应对。

根据习近平总书记和李克强总理重要指示批示精神，应急管理部、国家卫生健康委等部门迅速派出工作组赶赴灾区指导救援救灾。自然资源部、水利部派出工作组赴宜宾指导地方排查震区周边风险隐患点。四川省、宜宾市组织了桥梁、地质专家以及救援队等力量开展救灾工作，并紧急调拨帐篷、棉被、折叠床等救灾物资运抵灾区。抗震救灾各项工作紧张有序展开。

应急管理部党委书记黄明同志以及该部有关部领导、消防救援局主要领导等坐镇部指挥中心进行视频调度指挥，多次询问灾情并就做好抗震救灾工作作出指示。应急管理部第一时间从位于成都的国家物资储备库紧急调拨帐篷、棉被等物资连夜发往灾区。地震发生后，交通运输部主要领导立即作出指示批示，要求四川省交通运输主管部门迅速核实灾情，在省委、省政府领导下做好抗震救灾、抢险救援、保通保畅等各项工作；科学施措，保证安全，防止次生灾害；密切关注震情灾情及抢险救援等信息。国家层面各相关部门纷纷快速响应。

二 省级层面应急响应情况

地震发生后，四川省委书记彭清华同志迅速作出批示，要求省级有关部门和宜宾市迅速启动应急预案，组织力量赶赴震区了解灾情，全力救治受伤人员，妥善转移安置受灾群众，及时组织防灾避险，保障电力、通信、道路等畅通。要加强舆情管控，确保灾区社会稳定。近期，震区经历了较强降雨，要严防地震和降雨双重影响造成的次生灾害，加强地质安全

---

① 《全力组织抗震救灾 切实保障人民群众生命财产安全》，百家号·央视新闻，https://baijiahao.baidu.com/s? id=1636669614863868341&wfr=spider&for=pc，最后访问日期：2021年10月27日。

隐患监测，特别要对河坝、山塘、水库等进行拉网排查，确保人民群众生命财产安全。省地震局要加强震情监测分析，有情况及时报告。时任四川省省长尹力同志要求宜宾市迅速采取有力有效措施，核查灾情，抢救人民群众生命财产，确保社会稳定。6月18日凌晨2时30分，时任四川省委副书记、省长尹力同志在省应急管理厅召开会议，听取相关部门抢险救灾工作推进情况的汇报，对伤员救治、灾情核实、群众安置、道路电力通信等抢通保通、震情监测和维护灾区社会大局稳定等工作作出部署，要求相关部门各司其职，按照应急预案，进一步做好各项工作。凌晨2时50分，会议结束后，尹力同志出发赶赴地震现场指导救灾工作。从应急响应情况来看，地震发生后，按照《四川省地震应急预案》相关规定，省政府第一时间启动地震二级响应，时任省长尹力同志、副省长尧斯丹同志迅速率工作组赶赴灾区一线指导救灾。省应急管理厅派出前方工作组赶赴震中，并调派国家矿山救护队芙蓉队、宜宾市矿山救护队、兴文县矿山救护队、珙县安顺矿山救护队、筠连县矿山救援大队、叙永县矿山救护队、云南东源矿山救护队等救援队紧急奔赴现场实施救援。

6月18日7时，尹力同志在震中长宁县双河镇召开会议，成立四川省"6·17"抗震救灾应急救援联合指挥部，高效有序地展开了拯救生命、人员安置、风险隐患大排查等工作。省委书记彭清华、时任省长尹力多次对抢险救援、受灾群众安置、防范次生灾害等工作作出指示、提出要求。省委常委会多次专题听取情况汇报，对抗震救灾工作作出全面部署。

根据抗震救灾工作进展和成效，经省委、省政府同意，2019年6月27日12时整，四川省终止"6·17"长宁地震二级应急响应。

三 市级层面的应急响应

地震发生后，宜宾市委、市政府认真落实中央和省级领导指示批示精神，团结一心、全力以赴、抓好抗震救灾工作。在外地出差的市委书记刘中伯同志连夜赶回宜宾，赶赴灾区和先期赶赴灾区的市委副书记、市长杜紫平同志一起带队深入灾区了解灾情，指导搜救伤员，转移安置群众。6月18日凌晨零时30分市委副书记、市长杜紫平召集会议对震情灾情初步研判后，迅速决定启动"宜宾市地震一级应急响应"，并成立宜宾市"6·17"长宁地震抗震救灾指挥部，对抗震救灾工作作出了明确的安排部署。指挥部派出市委、市政府所有在宜市领导带队的10个工作组，赶赴震中及周边的10个重点受灾乡镇，了解收集人员财产损失基本情况，组织救援工作。

市交通运输局派出 3 个道路工程抢险工作组分赴长宁县、珙县、兴文县等地震灾区开展道路灾情调查及应急抢通工作，安排市公路、路政、运管部门迅速调集 240 余人、50 余台车辆、30 余台设备对 630 公里国省干线公路进行巡查排危，对通往灾区的客运班车全部停运；截至 6 月 18 日下午，全面抢通长宁、珙县通往震中的主通道 7 条，保障各类救援力量顺利通行。

市住建局组织 8 个建筑安全专业工作小组、40 余名地质、结构、房屋建筑专家分赴长宁县、珙县、高县指导抗震救灾工作，排查房屋受损情况和隐患，采取措施防控次生灾害的发生；组织华润燃气公司、清源水务公司于 18 日凌晨组织专业技术人员到灾区参加供气、供水救援保障；全面开展城乡生态环境风险排查，及时发现并处置了珙县县城污水处理厂进水管网因地震撕裂问题，确保全市生态环境安全可控。

截至 18 日下午，宜宾市公安机关共投入救灾警力 1050 名（其中长宁县灾区 550 名，珙县灾区 500 名），及时发布交通管制通告，有效管控前往灾区车辆，确保了灾区交通畅通；加强临时安置点治安巡逻防控、强化对危险区域的封控、开展灾区网格化巡逻防控，有效维护了正常救灾秩序。卫健委、工信、应急、宣传等部门都迅速开展应急响应。

根据抗震救灾工作进展和成效，2019 年 8 月 2 日零时起，宜宾市政府决定终止长宁"6·17"地震一级应急响应。

四 县级应急响应的情况

1. 长宁县应急响应情况。

震后 10 分钟，长宁县委、县政府启动一级应急响应；震后 30 分钟，长宁县首支救援力量（宜宾市消防宋家坝中队）抵达震中双河镇开展救援工作；震后 1 小时，在双河镇葡萄村 8 组竹林口成功搜救出第 1 名被困人员；震后 2 小时，长宁县首批专家医疗队（长宁县人民医院医疗队）抵达震中；震后 4 小时，首批救援物资到位、首个安置点搭起第一顶帐篷（双河中学）；震后 18 小时，首位危重伤员通过救援直升机抵达成都；震后 13 天，紧急集中安置的 6620 名受灾群众，全部分散安置完毕。

从指挥部组织架构来看，2019 年 6 月 18 日当晚，经县委、县政府同意，决定成立长宁县"6·17"地震抗震救灾指挥部，县委书记董茂成和县长贾利华同时担任指挥长，县应急委指挥部下设办公室在县应急管理局，由局长兼任办公室主任，应急管理局其他班子成员任办公室副主任，具体负责抗震救灾指挥部日常工作。

根据抗震救灾工作进展和成效，2019 年 8 月 5 日零时起，长宁县委、县政府决定终止"6·17"长宁地震一级应急响应。

2. 珙县应急响应情况

"6·17"长宁地震发生后，对珙县冲击影响非常大。珙县县委、县政府立即成立了以县委书记叶盛，县委副书记、县长徐创军为指挥长的"6·17"地震抗震救灾指挥部。6 月 18 日上午，指挥部召开第二次会议，安排部署抗震救灾工作。县委副书记、县长、指挥部指挥长徐创军出席会议。会上传达了省、市领导批示精神，并就做好当前抗震救灾工作进行了详细、具体的安排部署，提出："要全力以赴安置受灾群众，加强救灾物资调配，做好转移群众服务工作；要全力以赴核查灾情，做好各方面统计工作，确保灾情准确无误；要全力以赴维护好灾区社会秩序，做好舆论引导，确保社会和谐稳定；每个受灾安置点，要落实一名县领导专门负责，切实做好安置点相关工作；各成员单位要深刻领会，落实责任，加强配合，迅速行动，以对人民群众负责的态度扎实开展各项抗震救灾工作"。指挥部下设办公室在县应急管理局，另设综合协调保障组、抢险救灾组、舆论引导组等 10 个工作小组，全面统筹开展各项抗震救灾工作。6 月 18 日下午，珙县"6·17"地震抗震救灾指挥部召开第三次会议，传达学习习近平总书记、李克强总理、彭清华书记、尹力省长重要批示指示精神，以及宜宾市"6·17"长宁 6.0 级地震抗震救灾专题会议精神。这次会议强调要进一步提高政治站位，进一步明确工作目标；在重点排查上，数据准确，逐村逐户逐人走到位，做好群众安置和群众安抚工作；干部要主动担当担责，在抗震救灾中，要正确处理好公与私的关系，物资分配要公平公正，转变工作作风，提振干事精气神；全县要进一步抓好工作统筹，完善科学救灾和精准救灾；建立信息卡，精准安抚；进一步做好次生灾害的防范；做好矿区次生安全排查是一项硬任务；要坚决贯彻中央、省、市各级指示精神，在这次地震中要坚持正确舆论和正能量统一思想、引导群众；还要迅速妥善解决好转移群众的吃住难题；要严谨细致深入做好灾害核查上报工作，全面加强安全隐患大排查大整治，并加快组织技术力量和施工力量开展房屋鉴定排危；要精心救治地震受灾伤员，加强受灾群众安置点的防疫工作；要保持灾后社会稳定，科学有序谋划灾后重建；要把抗震救灾工作作为当前全县压倒一切的中心工作。

3. 其他方面应急响应的主要时间节点

2019 年 6 月 18 日零时 30 分，宜宾市中心血站向长宁县供应首批血液运出，并于 1 时 35 分送达长宁县中医院。

6 月 18 日零时 30 分，四川电视台记者抵达震中双河镇。

6 月 18 日零时 36 分，市矿山救护队抵达长宁县梅硐镇。

6 月 18 日零时 40 分，宜宾消防救援支队联合当地群众在长宁县双河镇葡萄村 8 组竹林口成功搜救出两名被地震埋压人员。

6 月 18 日零时 58 分，第一个地震宝宝在珙县巡场镇的宜宾市矿山急救医院院内降生。

6 月 18 日 1 时 30 分，市委副书记、市长杜紫平赶往地震灾区。

6 月 18 日 2 时，宜宾市委副书记黄河到长宁县双河镇中心卫生院，看望慰问受灾群众。

6 月 18 日 2 时 50 分，第一批救灾物资帐篷 200 顶、棉被 2010 床装车完毕，运往珙县巡场和长宁双河。

6 月 18 日 3 时，市领导杜紫平、黄河、唐浪生、吴勇及长宁县领导董茂成、贾利华等召集乡镇、相关应急救援队伍负责人召开会议。

6 月 18 日 4 时 30 分，市疾控中心到达长宁、珙县，指导两地设置安置点和传染病监测点。

6 月 18 日 5 时 3 分，长宁发生 4.5 级地震，震源深度 14 千米。

6 月 18 日 6 时，四川省消防救援总队已成功救出 8 名被困群众。

6 月 18 日 6 时 2 分，红十字"帐篷医院"在长宁县双河镇中心卫生院的搭建完成并开始运行

6 月 18 日 6 时许，省委副书记、省长尹力率省级相关部门抵达地震震中长宁县双河镇，代表省委省政府看望慰问受灾群众，指导抗震救灾工作。

6 月 18 日 7 时 34 分，长宁发生 5.3 级余震，震源深度 17 千米。

6 月 18 日 7 时 40 分，宜宾到成都的高铁停运，12 时 30 分恢复运行。

6 月 18 日 8 时 30 分，宜宾长宁"6·17"地震第一次新闻发布会在长宁县召开。

6 月 18 日 10 时，市民政局通过新闻媒体向社会各界爱心人士发出慈善捐赠倡议。

6月18日上午，市委常委、组织部部长杨俊辉，市政府副市长廖文彬到珙县指导抗震救灾工作并召开座谈会。

6月18日12时，中国人寿财险保险股份有限公司宜宾中心支公司办理第一起汽车保险理赔。

6月18日12时20分，五粮液集团宣布向灾区捐款2000万元。

6月18日中午，四川省应急管理厅厅长段毅君一行到长宁县双河中学居民安置点指导工作。

截至6月18日15时30分，珙县设置地震集中安置点39个（巡场镇7个、珙泉镇29个、孝儿镇1个，曹营镇1个、石碑乡1个），安置人员7543人，发放帐篷263顶、棉被725床，采购发放方便面、矿泉水各10000件，面包10000袋，抗震救灾工作有序推进。

截至6月18日15时30分，地震已造成13人死亡，199人受伤。

6月18日下午，长宁县中医院一位病情危重的病人，需要转入四川省人民医院治疗。飞机于17时5分抵达长宁县中医院，17时10分，病人在医护人员的陪护下送入机舱内，17时15分飞机起飞飞往四川省人民医院。

6月18日17时30分，宜宾市"6·17"长宁地震第二次新闻发布会在长宁县召开。

6月18日17时30分，国家派遣的第一批医疗专家团队9人到达宜宾。

6月18日下午，市财政局向地震灾区下拨资金1000万元，长宁、珙县各500万元。

6月18日，国家发改委下达宜宾市长宁6.0级地震救灾应急补助中央预算内投资计划5000万元。

6月18日，成贵高铁延迟发车，滞留旅客2000余人。

第三节　主要应急救援力量的响应情况

在此次地震应急响应工作中，直接参与应急抢险工作的各支救援力量主要包括：消防救援队伍526人、森林消防队伍154人、国家矿山应急救援队伍172人、五粮液专职消防队23人、应急民兵1343人，以及宜宾市红十字会应急救援队等社会救援力量，省、市有关部门组织各行业领域的专家和技术人员800多人，协调调集武警部队760人，以及宜宾军分区的应急力量等。部分应急救援力量的响应行动如下。

一 消防救援力量的行动

2019年6月17日22时55分，四川省宜宾市长宁县双河镇6.0级地震发生后，23时25分，第一支专业救援力量——宜宾市消防救援支队宋家坝中队到达双河镇开展救援工作。地震发生后，四川消防救援队伍全警动员、紧急响应，快速行动，调集10个支队194名指战员、52辆车、8条搜救犬、20台生命探测仪以及3000余件套器材装备，全力投入抗震救灾。全体参战消防指战员克服黑夜、余震、塌方、飞石等多重困难，共营救出被埋压人员20人，紧急疏散转移827人。在地震发生的同时，各方的救援力量已经开始行动，打响了与时间赛跑的战役。6月17日23时，地震发生仅仅5分钟之后，四川省消防救援总队便启动二级响应机制，调集10个支队116辆消防车526人赶赴震区，宜宾市消防救援支队派出13辆消防车、63名消防员赶往震中救援；四川省森林消防总队第一时间作出应急响应，紧急派出前期在北京凤凰岭国家地震紧急救援训练基地特训的成都特种救援大队150名指战员，火速赶赴灾区实施救援，并命令攀枝花森林消防支队做好增援准备；震区附近的12支国家矿山应急救援队派出172人赶赴震区开展人员搜救和救灾工作。

6月17日22时56分，地震一发生，宜宾市消防支队第一时间响应，迅速启动《宜宾市地震灾害应急救援预案》，立即调集长宁县周边的珙县、南溪、江安、高县、筠连、兴文6支地震救援分队赶赴灾区救援，该支队全勤指挥部遂行出动。同时，将灾情信息上报总队，请求增援。

6月17日22时56分，长宁县大队就地展开救援，以震中为圆心，就近调集双河镇消防分队1车5人深入震中核心区域勘察灾情，为后方指挥中枢精准研判、科学决策提供了持续不断的信息支撑。

6月17日22时57分，宜宾市消防支队调派长宁县大队4车28人、珙县大队3车27人作为第一梯队立即就地就近搜救被困群众。

6月17日23时，宜宾市消防支队全勤指挥部调集1个轻型地震救援队、1个通信保障分队以及筠连大队、高县大队、兴文大队、特勤中队、长顺街中队、竹都大道中队6支地震救援分队，共120名指战员赶赴灾区救援。实行快反先行、建制跟进出动模式，做到边调度边研判，边出动边指挥，兵分多路紧急增援长宁县双河镇、龙头镇、富兴乡，珙县巡场镇、珙泉镇。

6月17日23时05分，宜宾市消防支队支队长第一时间到达宜宾市政府抗震救灾指挥部，迅速与震中区域公安派出所、乡镇（街道、社区）、村末端信息"网格员"联系，收集获取现场信息，向市、县政府和民政部门进一步了解核实灾情情况。支队、大队1名主官进入市、县抗震救灾指挥部，与市县应急管理部门及地震、气象、水利、民政、自然资源等部门进行会商，评估灾情、预判趋势，并及时上报消防救援总队。宜宾市消防支队成立抗震救灾前线指挥部、后方指挥部、遂行出动指挥所三类指挥机构，组建作战指挥、通信保障、战勤保障、宣传报道、政治鼓动、社会联络、信息联络、安全管理8个职能组，各司其职、前后联动、高效运转。

6月17日23时10分，调集屏山大队、临港大队、长江路中队、古塔路中队共11车72人集结待命。

6月17日23时15分，调集战勤保障大队集结各类保障物资共3车15人，运送和调配各类装备物资328件（套）、食材食料0.65吨，帐篷50顶赶赴现场。

6月17日23时45分，支队前线指挥部到双河镇现场后，成立"前方指挥部"，结合受灾情况，全力开展救援工作。通过联系当地政府，抗震救灾指挥部进一步掌握了灾情信息，确定震中位于长宁县双河镇葡萄村，灾情严重。现场救援力量坚持"绝不漏掉一个点、绝不放弃一个人"的原则，以班组为单元，兵分10路，对灾区3个乡镇（双河镇、巡场镇、富兴乡）71个村、8个社区6462户展开搜寻，确保不漏一村一组一户，实现了消防搜救力量第一时间全覆盖。公布现场报警电话，专人值守汇总灾情，快速锁定被困人员，迅速调整8个救援点力量，抢夺生命黄金救援第一时间。

二 卫生应急力量

2019年6月18日凌晨零时15分，宜宾市第一人民医院派出2辆救护车、10名医护人员赶往长宁县。多方医疗救援力量也在第一时间投入灾区实施紧急救治工作，累计投入各级医疗专家组及救护组83组401人次，巡诊诊疗伤病员6226人次、收治住院伤员205名。同时，高度重视心理疏导工作，累计开展心理疏导700多次，现场心理咨询培训辅导18242人次。卫生防疫工作也同步开展。此次集中安置任务重，集中安置点多，人口密集，在卫生防疫部门的努力下，消杀面积累计达 28 万平方米，建立传染病、饮用水等监测点，整个抗震救灾期间未发生卫生疫情事件。在四川省卫生健康委应急办的指挥下，四川省人民医院应急快速反应小分队（国家紧急医学救援队先遣分队）10 名队员在接到指令的 30 分钟内，快速反应，迅速集结，于 23 点 45 分连夜赶赴宜宾长宁县。这是快速反应小分队机制建立后第一次真正投入实战。

一是迅速做好地震伤员救治。地震发生后，按照省、市统一部署，市卫生健康委庚即启动突发公共事件医疗卫生救援一级响应，成立长宁"6·17"地震医疗卫生救援领导小组，制定"6·17"长宁地震医疗救援方案。向震区累计派出医疗专家组及救护组 99 组 498 人，其中国家级 6 组 47 人，省级 10 组 97 人，市县级 83 组 354 人，救护车 80 辆。

二是及时开展公共卫生服务。累计出动卫生监督员 1222 人次，监督车辆 297 车次，检查指导乡镇 247 个次，临时集中安置点 364 户次，临时医疗救助点 395 户次，水厂（站）544 户次，学校 88 家次，卫生院 484 户次，对灾区医疗点传染病报告、医疗废物处置、安置点"消杀"防疫、生活饮用水水质、健康教育等进行监督指导，张贴、发放饮用水及传染病防治宣传资料 5 种，共 36000 余份，出具监督意见书 7 份。累计派出疾病预防控制人员 453 人，派出车辆 113 辆次，累计消杀面积达 80.25 万平方米。对受灾群众开展灾后卫生防病知识宣传培训达 26.1 万人次，发放卫生防病知识宣传单 35.1 万人份。建立传染病监测点 24 个，设立生活饮用水卫生监测点 66 个。按照四川省卫生健康委、省中医药管理局的统一安排部署，宜宾市卫生健康委根据省级中医药专家提供的处方，组织市、县（区）7 家中医医院累计派出医务人员 400 余人次，累计熬制预防感冒和胃肠道疾病的中药汤剂 25900 余人份，及时送到了长宁、珙县地震安置点群众手中。

三是积极开展震后心理疏导。派出震后心理咨询专家 66 组 241 人次，开展心理疏导（住院）1786 人次，现场心理咨询培训、辅导 35674 人次。

三 交通运输系统应急响应力量

地震发生 10 分钟后，长宁县交通局立即成立了长宁县交通运输系统"6·17"6.0 级地震交通抗震救灾指挥部，启动地震救灾应急预案，运安股及时向市局、县应急管理局报告，并由县交通局局长带队，分三个巡查组对全县所有主要道路进行巡查，调动应急抢险队伍（养护段）50余人，6台应急抢险机具对道路塌方进行清理，运管所安排五辆客车对应急抢险力量进行运输（派出3辆转运民兵至梅硐镇）。长宁县交通局多措并举开展交通运输应急抢险保通处置工作。一是及时响应。立即收集信息、上报地震受损道路情况并第一时间启动应急预案，连续奋战40小时，全力以赴打通县域主干线通往震中双河镇、梅硐镇等的道路，确保救援部队和物资尽快进入灾区第一线，并组织专业技术人员指导乡镇展开交通运输应急抢险保通处置工作。二是迅速行动。立即成立由局长任指挥长的长宁县"6·17"交通抗震救灾指挥部，下设公路保通组、公路巡查组、运输保障组、技术保障组、后勤保障组5个工作组，各司其职开展相关工作。三是有效处置。S309硐底大桥至崖门口因山体滑坡断道，已制定绕行方案，6月19日晚长宁境内硐底大桥山体滑坡段抢通；县域内主干线公路长大路、竹双路、珙晏路、梅青路、三慈路、竹海至龙头、龙头至双河、双河至梅硐、双河绕城线等已抢通；县乡道路300个垮塌处，约4.45万立方已全部清理完成；现场勘察有30座桥梁受损；县乡道路路面开裂受损里程约50公里；111条村级公路边坡垮塌路段中已完成抢通工作。

四 其他专业部门的应急响应力量

按照应急预案，省、市、县整体联动，以市、县为主共同做好灾区群众的安置工作。在此次应急响应中，总共设置了临时安置点27个、转移安置8万余人，累计发放帐篷6332顶、床10422张、棉被16141床，救灾物资和款项及时调拨到位。地震后，电力、通信、交通、供水、供气等行业部门迅速开展抢修保通工作。6月18日凌晨零时20分，国家电网电力抢险队伍第一时间为长宁县政府现场指挥部提供应急照明。电网在较短时间内恢复到震前水平的95%，通信系统全部恢复并运行正常，恢复供气5万余户，为2.8万余人提供可靠饮水。地震发生后，四川移动第一时间启动地震专项应急预案，集结维护人员赶赴震中区域进行基站线路巡检。截至6月19日晚，已集结抢险人员108人、抢险车辆15辆、抢险油机37台、应急通信车2辆、卫星电话8部等赶赴震中区域进行基站线路巡检和通信保障。同时，全省按照统一安排均已做好应急抢险储备，随时待命。

第四节　此次地震应急响应工作的主要经验

一　加强应急准备是做好应急响应的重要基础

在地震发生两天前的 6 月 14 日，宜宾市市长杜紫平主持召开市政府常务会，审议市人民政府关于调整完善宜宾市应急委员会的通知，研究进一步完善应急管理体系，不断提升应急救援能力。会议审议并原则同意宜宾市人民政府关于调整完善宜宾市应急委员会的通知。会议要求各地各部门，一是强化认识，要务必提高思想认识，强化工作落实，确保市应急管理体系更加完善，应急救援能力不断提升。二是细化责任，要迅速清理工作职责，明确工作任务，尽快完善相关机制，健全应急事件新闻发布工作机制，做好舆论引导。三是落实工作，结合汛期安全防范，迅速开展一次安全生产大排查，坚决整改安全隐患，杜绝较大以上安全事故发生，要加强应急演练，提升应急处置能力，切实保障人民群众生命财产安全。

从近年来相关工作开展来看，四川省和宜宾市都比较重视应急准备。一方面，重视做好应急预案工作。消防部门每年依据国家地震风险会商研判结果，修订总队级地震救援预案，针对四川省有 3 条高风险地震带，分区域、分等级、分任务制定救援预案，突出高危区域，职责明确到边、任务落实到人、流程细化到项，录入调度系统，在灾情发生时可直接按预案展开调度，节省了时间、提高了效率。另一方面，重视完善指挥体系。事前编制《重大地震灾害操作手册》，明确应急响应、灾情搜集、力量调度、专家研判、信息报送、行动管理、辅助决策、舆情监控 8 类工作制度。编制《重大地震灾害前方指挥部工作手册》，明确 8 大职能组（作战指挥、通信保障、安全管理、政治鼓动、战勤保障、宣传报道、信息联络、指挥中心）工作职责和工作流程。

值得关注的是，这是四川省应急管理厅成立以来，应用综合应急救援机制实施的第一次"四川实践"。自组建以来，四川省应急管理厅就举行了包括 2019 年全国首次省级及分片区地震灾害桌面推演、2019 年省级抗震救灾综合演练等多项大型应急演练，其内容涉及震后搜救、矿山矿井险情、城市内涝、危化品泄漏等的应急处置能力和协同配合水平，进一步提升了安全生产事故应急处置能力，为长宁 6.0 级地震发生后的应急救援工作奠定了扎实的保障基础。应急管理部矿山救援中心、四川省应急管理厅、宜宾市政府原本计划于 2019 年 6 月 18 日至 20 日在宜宾联合开展一场针对云南、贵州、四川、重庆四地的区域矿山应急演练。参与演练队伍集结到宜宾的当晚，就遇上 "6·17" 长宁地震发生。灾情一发生，"演练就地变实战"，来自西南各省份的演练队伍及时发挥了迅即响应增援抗震救灾的作用。

二　信息获取是应急响应和决策的重要依据

在地震救援行动中，如何及时、准确、全面地获取灾情，发挥社会单位联勤联动的优势，对于救援行动的指挥决策至关重要。四川省地震救援升级灾情分析、力量调度、辅助决策等工作，提升指挥决策由经验驱动向数据驱动转型的能力。研发地震救援行动管理微信小程序，从集结响应、途中行进、现场救援、撤离归建等环节，详细记录出动力量、行进位置、点位分布、救援战果、重要时间节点等信息，自动形成分析报表。对接地震、自然资源、气象、应急等部门，接入地震灾害评估报告、地质灾害隐患点、气象、危化品等信息。总结此次地震救援经验，需要着眼细化信息种类、明确方式来源这两个方面规范地震灾害相关信息搜集工作。

1. 信息种类

地震发生后会有大量的信息涌入，如果不对这些信息进行遴选和甄别，反而会造成数据灾难，影响各级指挥员的决策。6 月 17 日 23 时，四川省安全科学技术研究院迅速启动二级响应，成立长宁地震应急处置工作组。震后 0.5 小时，综合协调小组、灾害监测小组、灾情评估小组、专家支持小组和宣传报道小组均到岗。灾情监测小组及时掌握地震震中位置，跟踪震后余震位置，震后 1 小时编制了地震灾区断裂构造图及地震烈度图、长宁地震震中区乡镇分布图、长宁地震灾区人口密度分布图、长宁震中区受灾重要村镇分布图。震后 4 小时，灾情监测小组 6 名技术人员携 5 架无人机、3 台高性能移动图形工作站、1 套 RTK、2 台三维激光扫描仪等精良装备，奔赴长宁地震灾区开展现场灾情侦察工作。灾情评估组编制了地震灾区断裂构造分布图、地震灾区人口密度图、地震灾区危险化学品企业空间分布图、地震灾区矿山重大危险源分布图、宜宾市危化企业分布图等专题图件。震后 8 小时，灾情监测小组到达长宁地震灾区，完成双河镇和龙头镇 2 个架次无人机数据获取工作。震后 12 小时，灾情监测小组完成长宁地震灾区双河镇和龙头镇无人机数据快速处理，生成震区震后 9cm 精度的正射影像图。①

一方面，重视震情、灾情、社情和舆情。震情包括震级、震源深度、震中的具体位置、烈度分布情况、地震类型等；灾情包括地表破坏、建（构）筑物破坏、次生灾害，尤其要关注人员埋压、受困、失踪、死亡、受伤等情况。要高度关注地震重灾区的重要设施、重要目标、重要资源的相关情况，比如水电站、水库大坝、核设施、重点科研机构、大型制造企业等；社情包括地震波及区域的人口密度、经济水平、建筑结构、抗震等级、风景区分布、少数民族情况等，社情也会直接影响地震烈度的分布，比如当地房屋抗震等级低、人口密度大，可能地震烈度就会提高；舆情是从各种媒体舆情信息中发现震区灾情、受灾人员迫切需求以及社会稳定情况等与救援决策相关的辅助信息。

另一方面，重视交通、气象、通信、地质等条件。交通条件是指道路是否损毁、堵塞、管制，机场是否关闭，铁路、桥梁是否损毁，河道是否中断等情况；气象条件是指灾区天气是否有冰冻、雨雪、大风、高温等极端天气等情况；通信条件是指三大运营商语音、图像、数据等通信业务运行情况；地质条件是指震区的地质构造，所处高原、山地、平原等地形地貌的情况。这些条件，都会直接影响救援力量需求、资源需求、投送方式、救援准备等决策，都非常重要，不能忽视。

2. 信息来源

根据以往地震灾害救援经验，大致有以下几种信息获取方式。

一是前方信息反馈。应急部组建后，明确要求事故灾难抢险救援的应急通信保障任务由消防救援队伍承担，提出了"组成网、随人走、不中断、联得上、听得见、看得清、能图传、能分析"的要求。震中附近的消防救援队伍，可以第一时间派出通信突击小组，第一时间到达重灾区报告灾情，按照 24 小时不间断、全天候、全地域的要求，使用无人机、便携站、4G 图传等设备进行灾情侦查和监测。

---

① 郭万佳等：《四川"6·17"长宁 6.0 级地震震后应急决策支撑体系建设应用》，《低碳世界》2019 年第 10 期。

二是灾害评估报告。地震发生后，地震部门会提供灾情评估，6 级以下地震在 20 分钟以内、6 级以上地震在 1 小时以内生成快速评估报告，4小时以内生成详细评估报告。评估报告的内容包括：人员伤亡、震源机制、余震分布、烈度分布、人口分布、重点区域等信息，以及相关图纸。消防救援指挥中心也会建立信息共享机制，第一时间获取评估报告，并用于辅助决策。

三是激光雷达评估。激光雷达有机载、车载、手持等类型，通过激光雷达扫描技术，快速成像，对地质灾害隐患点、建筑物损坏情况等进行勘测。"8·8"九寨沟地震后，科研部门通过激光雷达扫描成像分析技术，对山体地质结构变形情况进行分析，提前预测山体滑坡等次生灾害风险点，辅助救援决策。

四是卫星遥感支持。国防科工办遥感中心每 42 天提供一次全国卫星高分图，灾害发生后，测绘局高分中心、商业卫星公司等单位在两小时以内可以调集灾害点上空的卫星，分辨率可以达到 0.5 米，能够准确地分析房屋倒塌、道路桥梁损毁和地质灾害隐患等情况。卫星遥感技术在 2018 年"10·11""11·03"金沙江堰塞湖抢险中发挥了重要作用。

五是现场监测手段。包括社会联动单位的地下声波探测、北斗位移监测、应急气象监测等手段，能对现场地质灾害、气象等情况实时监测。

三　科学决策研判是应急响应的关键环节

在此次地震应急响应工作中，根据灾害特点，对地震救援行动承担的主要任务进行预判，包括搜救被困人员、处置次生灾害、灾情侦察监测、受灾群众救助等，以突出重点、分清主次、先急后缓、统筹兼顾。例如，"6·17"长宁地震初期是以浅表救援为主的人员搜救行动，中期转为大范围的进村排查、人员搜救及次生灾害处置，后期为危房排查，物资疏散，地质灾害隐患点排查，灾民安置点帐篷搭建。根据灾情研判救援实施地的天气、交通、海拔、地形等情况，提前做好应对极端气候和恶劣生存条件的准备。根据灾区情况研判救援人员、搜救犬、救援装备、工程机械、特殊资源等的数量、种类需求情况。根据通往道路、桥梁等损毁、山体滑坡、塌方的情况，指挥员应研判以何种方式能高效、安全地进入灾区。增援队伍根据与震区之间的距离，选择空中投送还是陆路挺进。投送方式对救援力量的规模、物资种类等影响很大。根据现场条件和任务需求，研判作战、生活、医疗、电力、通信保障等方面的需求，并和救援力量同步调度，做到"粮草先行"。为了提高效率，增援队伍的保障可以实行接力保障的模式，由沿途消防救援单位紧急组织，增援队伍边行进边补给，这种方式在"4·14"青海玉树、"8·8"九寨沟等地震救援中得到检验。

四　区域协同是应急响应的有力支撑

从整体来看，此次地震四川省、宜宾市及时响应、科学应对、高效处置，通过各级各方上下联动、共同努力，抗震救灾应急救援工作取得较大成果。地震发生当晚，四川省应急管理厅第一时间启动应急响应，在请示应急管理部后，调集多支队伍赶赴灾区。由于距离较近，国家矿山应急救援芙蓉队以及东源矿山救护队于 18 日零时 15 分抵达了位于震中的双河镇，并赶到了受灾严重的葡萄村八组进行搜救。截至 6 月 19 日 10 时，13 支救援队伍从垮塌废墟中解救被埋压群众 2 人，搜寻遇难人员 4 人，解救被困群众 19 人，搭建帐篷 305 顶。19 日 16 时开始 13 支救援队伍的队员们将工作重心转移到灾后安置上，主动为灾区群众搭建帐篷、开展集中安置区消防和用电安全检查等。①

四川省应急管理厅救灾和物资保障处处长彭凯介绍："调拨救灾物资的及时高效，得益于我们建立的地震灾害快速评估系统，以前需要到现场核实情况后再调拨救灾物资，现在通过这套系统形成初步判断后就能快速调拨。"② 自"5·12"汶川特大地震以来，四川先后扎实推进了防灾减灾综合协调机制建设，进一步优化了应急预案，完善了政府主导、部门联动、军地协调、社会参与的防灾救灾决策部署和运行机制，基本形成了较为系统的、综合的自然灾害防灾救灾体制和机制。

五　重视应急响应过程中的突发事件舆论引导

地震发生后第一时间，利用官方政务微博动态滚动发布震情灾情及抗震救灾情况，积极对接各类媒体、提供新闻通稿、公布有关动态，正

---

① 冯雅可：《科学安全高效有序开展应急处置的四川实践》，《四川省党的建设》2019 年第 13 期。

② 转引自冯雅可《科学安全高效有序开展应急处置的四川实践》，《四川省党的建设》2019 年第 13 期。

确引导社会舆论。以珙县的初期应急响应为例（截至 6 月 23 日），珙县重点向社会宣传了以下几个方面的工作。一是全力开展拉网式大排查，搜救受灾群众，切实保障群众生命安全。二是全力开展伤员救治，确保不发生新的死亡，切实降低致残率。三是继续做好受灾群众转移安置工作，确保灾民有饭吃、有干净水喝、有安全住所、有衣穿、有医疗保障。四是再次对受损房屋进行评估鉴定，做好排危工作。五是继续做好对外信息发布，让社会各界和广大群众第一时间了解受灾情况和抗震救灾工作推进情况。六是做好相关政策的宣传和解读，提高灾后重建政策的透明度和知晓度。七是切实抓好灾后重建规划编制工作，为灾后重建打下坚实基础。以上措施在应急响应中就纳入了考虑的工作事项，对于及时宣传应急响应的重点工作，澄清不实信息，凝聚应急响应的全社会力量，发挥了重要作用。

第五节　应急响应中存在的主要问题

一　应急指挥体系需要继续完善

从本次救援来看，在救援初期，各救援队伍的前方指挥部或多或少存在灾情搜集不完整、力量分配不均等现象。各救援队伍相互之间沟通协调不畅通、信息共享不及时、协同配合不默契的问题，也依然存在。究其原因，对内而言，定岗、定责、定流程做得不足，缺少高密度、高强度的训练和演练。对外而言，还没有建立纵向贯穿中央、省、市、县、乡五级，横向连接各救援力量和政府部门的联动响应体系。此外，应急救援队伍指挥协调存在问题。按照现行管理体制，国家综合性消防救援队伍属于"垂直管理"，主要根据上级消防机构指令和自身消防救援职责遂行任务，地方应急管理部门在发生自然灾害和其他事故灾难时直接调动本地消防救援队伍的机制尚未形成，而消防救援队伍在本地遂行任务时与地方信息沟通机制也未形成。

二　应急响应的信息管理需要继续加强

减灾、地震、地质等部门的基层信息员队伍没有完全形成，初期灾情获取时间较长。"6·17"长宁地震救援行动中，四川省消防救援总队通过逐一拨打电话的方式，花费了约 2 小时才将房屋垮塌、人员被困、道路损毁等灾情基本了解。用于信息研判的数据形式和来源还不丰富，对利用"高精尖"信息化手段开展灾情研判的意识还不强。由国家层面调集高分遥感卫星拍摄震区卫星图，可快速大面积侦查受灾情况，为前期力量调集、分配救援区域提供直接依据。需要进一步建立相关的工作机制，加强应急响应的信息来源收集汇总。

三　应急救援装备体系亟待完善

救援类装备，存在功率偏小、动力不足等问题，普遍只能适应小型或局部现场，缺少微型、可拆卸型的工程机械。保障类装备方面，地震救援往往时间长、强度高，灾区天气阴晴不定，救援人员在被雨水淋湿后无换洗衣服，无烘干设备，适合野外宿营的方舱宿营车配备较少，个人野外高等级防护装具还不具备，官兵热食供应的食材保障、卫生防疫、洗澡如厕等设施尚不完善，营地搭建还没集成化、模块化。

四　卫生应急响应体系亟待加强

市、县两级卫生健康部门现场指挥部应急力量投入不够；受灾县的主体责任没有充分发挥，应急组织管理和协调能力不足。伤员数据统计信息化程度不高，统计表格设计复杂、格式不规范、标准不统一、伤员信息报送难度较大，统计存在困难，伤员重复计算（人次与人数不清）、数据报送偏差等问题时有发生。不同部门、行政区域和上下级应急协调联动差，部门间的信息不统一，县政府与县卫生健康局信息不统一。医疗救援能力和装备不足，现场处置装备缺乏，缺乏轻便、通用、模块化的救援装备，承担大规模伤员救治的能力欠缺。伤员救治费用长期拖欠；捐赠医疗物资的接收无相关规范和要求；救援人员受伤，或其他伤情经费补助标准不明确。尤其需要注意的是，基层医疗机构的条件简陋，房屋抗震性能较差。

第六节　对策与建议

此次地震发生的 15 年前的同一天，即 2004 年 6 月 17 日 05 时 25 分，在宜宾市的宜宾县（现叙州区）白花镇境内（北纬 29°06，东经 104°38′）

也发生了一次地震。该次地震 4.5 级，10 人受伤，其中 1 人重伤，没有造成人员死亡，室外避难人数在 3000 人左右。两次地震发生在同一天，值得关注，需要地方持续不断地扎实做好地震应急响应的有关准备工作和基础工作。

一　进一步健全地震应急响应制度体系

要在总结我国地震应急响应教训与经验的基础上，抓紧修订《突发事件应对法》以及有关法律法规和制度。具体来看，一是研究建立国家地震初期快速响应制度，构建大地震应对决策支持机制。在应急指挥工作中，针对不同的灾害风险，设立相对固定的巨灾应对参谋组，并研究建立专家值班和快速征召机制，制定辅助中央及地方领导巨灾快速决策工作规范。二是构建"立体化、全天候、多灾种"的综合应急救援体系。研究优化和逐步整合消防救援、安全生产救援、人防、地震、民政救灾、水上救援等应急力量，切实提高政府应急服务的质量与水平；抓紧研究在预备役、民兵基础上，建立国家应急志愿者队伍。三是完善国家专项应急预案编制方法，建立国家巨灾应对演练制度，按照业务连续性管理方法，研究修订国家专项应急预案，制订国家专项应急预案编制指南。在评估国家巨灾风险分析与评估的基础上，设立大地震、大洪水等基准场景，建立国家巨灾应对演练制度，定期开展中央、跨省区、跨部门的巨灾应对演练。在此基础上，指导地方开展预案与演练优化提升。四是建立国家重特大突发事件应对评估与改进制度。要建立或指定权威性的重特大突发事件应对评估与改进的领导机构，在巨灾发生后，对应对过程进行制度化、系统化总结与回顾，要对现场应急指挥与调度、突发事件响应效率和效能、关键决策、多部门协调与配合、资源整合与应用等重点工作的规范性、有效性、科学性进行梳理和评估，以及时完善应急管理体系建设。五是制定高中级公务员应急管理训练大纲，举办"国家巨灾应对专题研讨"等专项干部培训。围绕我国面临的巨灾风险，研究制定高中级公务员应急管理训练大纲，调训应急管理、发展改革、财政、公安、民政、卫生健康、水利、气象等领域的领导干部，以及军队、武警等相关部门的干部，完善国家巨灾应急指挥机制，不断提高我国巨灾应对的整体效能和效率。

二 进一步加强应急响应的决策科技支撑能力

在长宁 6.0 级地震震后应急处置过程中，长宁地震震中区乡镇分布图、长宁地震灾区人口密度分布图等对科学指导震后灾区防灾减灾及开展安全应急保障提供了重要决策支撑信息。从长宁地震震后应急救灾处置相关实践来看，进一步完善地震震后应急决策支撑体系框架，即在震后 1 小时、震后 4 小时、震后 8 小时、震后 16 小时、震后 7 天、震后 30 天时间期限，对不同应急用途的应急决策提供支撑。

三 重视应急通信体系的建设

应急管理体制改革后，职责任务向"全灾种、大应急"转变。面对新形势新任务新要求，要牢固树立"没有通信就没有指挥"的理念，将应急通信摆在作战行动的"刀尖"位置。在本次地震救援处置中，各级队伍始终坚持通信先行，实施建立体系、精准组织、全域保障、联勤协同四步应急通信保障模式，做好领导决策指挥的"千里眼""顺风耳"。从此次的地震案例调研的情况反馈来看，综合地方政府应急、消防救援、交通运输等部门的建议，下一步可以重点开展以下工作。一是建立五级保障体系。地震发生后，利用指挥视频有线系统、卫星移动站，建立上下贯通、横向协同的部、省、市、县和灾害现场五级保障体系。二是建立前、后方通信保障中心。前、后方指挥部成立通信保障中心，设置通信指挥、图像调度、语音调度、信息记录、遂行保障、机动应急等岗位，做到专人负责、驻点值守、各司其职，同时及时调整、轮换力量，确保通信保障不中断。注意加强联勤协调能力。三是组建技术保障队伍，协调电力、通信等部门派员负责现场通信网络恢复、电力保障；组建运维支撑队伍，调集省、市运维力量携带关键设备赶赴现场运维，协调多家地方公司技术人员驻守总队，做好各类系统巡检、网络监测、设备维护、现场制图等工作。四是整合"多方资源"。积极与前方工作组、应急管理、自然资源、水利、气象、通信、交通、新闻媒体、各级救援单位等定期联系，汇总各类情报数据，双向推送信息，加强多方资源持续不断地支撑。

四 健全地震应对紧急决断制度

地震应对紧急决断制度是一项按照"底线思维"要求，防范化解重大风险的重大制度设计。一是加强地震初期响应制度设计，研究和总结重大安全决策的"制度响应设计"，尤其在巨灾条件下，不再通过逐级领导批示响应，而是通过建立"事前责任划分"制度、"预授权"制度、事后总体评估和责任追究制度等体系化的制度设计，确保在特大地震灾害条件下的响应机制能自动启动，最大限度地提升决策效率，并防止权力不被滥用。二是合理划分地震应急管理中的"后方行政决策权"和"前方现场指挥权"，完善现场指挥和后方领导决策的整体制度设计，真正建立起属地化领导和现场专业化指挥相衔接、相协调的制度，加快建立平战结合、平灾结合的标准化突发事件指挥体系。三是建立综合安全信息管理制度，加强综合安全信息管理资源的整合和共享，逐步解决各部门、各地方信息资源分割、闭锁的问题，构建平战结合、平灾结合的大情报信息体系，强化对国内外、实体和虚拟安全信息的综合分析、研判和评估功能，重点加强基于综合安全信息的预警预测、决策支撑等功能。四是加强应急预案管理，健全应急预案体系，落实各环节责任和措施，研究借助业务连续性管理、情景构建等方法，完善国家大地震应急预案体系，提高巨灾快速应对能力。

通过对长宁地震应急响应实践工作的观察与分析，我们可以深刻地感受到，随着我国社会经济进入高质量发展阶段，也随着应急管理事业的长足发展，社会各界对应急响应的精准度、科学性、合理性提出了更新更高的要求，需要我们进一步提升理念，进一步优化各环节的应急响应措施。

基于特殊县情的受灾人员转移安置

陈　旭[*]

摘　要："6·17"长宁地震发生后，当地政府立即组织人员将受灾群众转移到安全地带，当天深夜开始在余震中组织转移和临时安置，特别是震中的长宁县双河镇受灾最严重，转移安置的任务重，压力大；由于灾区大量房屋受损，政府采取分散安置为主，集中安置为辅的原则，切实解决灾区群众的过渡安置问题。本文针对"6·17"长宁地震影响的长宁县和珙县两地受灾情况，详细梳理了灾害发生后，对受灾人员的转移安置过程，分析了此次转移安置的主要做法：迅速有效的指挥决策和制定转移安置方案、社会力量积极参与的协调配合、科学专业的应急决策、依法依规的严格执行、落实以人民为中心的救灾理念等。在此次受灾人员转移安置过程中，充分体现出社会应急救援能力的提升，政府救灾应对的科学，始终把人民群众生命安全放在首位，始终确保群众的利益不受损害，地方政府的具体做法和表现值得肯定。本文最后提出要增强和提升风险防范意识和能力，完善应急避难场所规划与建设，提高该地区建筑物的抗震烈度标准，建立完善的救灾物资储备体系等建议。

关键词：长宁"6·17"地震；疏散转移；临时安置；过渡安置

第一节　"6·17"地震灾区长宁县与珙县的特殊县情

2019年6月17日发生于长宁的6.0级地震，震中位于长宁县的双河镇，距离宜宾市72公里，距离长宁县城27公里，距珙县县城22公里，距离震中较近的巡场和珙泉两镇，分别是珙县的新老县城。当地建筑物设防

---

*　陈旭，中共四川省委党校（四川行政学院）应急管理培训中心主任，四川省应急管理学会会长，教授，硕士生导师。研究方向为风险管理，应急管理。

标准低，地震使得长宁县和珙县都呈现较大灾情。虽然"6·17"长宁地震的震级不高，但是，震源浅、烈度大、余震多。随后的余震不断，在长宁县和珙县间交替发生，6月17日23时36分，在珙县又发生5.1级余震，6月18日，在长宁县分别发生4.1级、4.2级、3.8级三次余震，随后几天在珙县又分别发生了几次余震，并且都是浅源地震，6月22日22时29分，宜宾珙县发生5.4级地震。截至6月25日16时，长宁县、珙县不断发生3.0级以上余震48次。由于长宁县和珙县两县的县情特殊，乡镇人口密度大，地质条件差，交通瓶颈制约明显，房屋受损严重，灾害损失巨大，导致地震后的受灾人员转移安置面临了诸多困难。

一 城镇化率低，劳务输出多

长宁县和珙县特殊的县情在人口分布上表现为城镇化率低。2018年底，长宁县共有13镇，5乡，辖269个行政村，30个社区。户籍总人口46.27万人，人口密度为464.6人/平方公里，其中农业户籍人口31.5万人、非农业户籍人口14.77万人。常住人口34.67万人，人口密度为348人/平方公里，城镇居住人口15.8万人（其中县城规划区居住9.72万人），农村居住人口18.87万人。常住人口城镇化率只有45.57%，一半以上的人口分散居住在农村。"6·17"地震震中的双河镇，2018年末户籍人口28340人，常住人口18965人。①

2018年底，珙县共有11个镇，6个乡，户籍人口总户数为13.88万户，总人口43.01万人，人口密度为374人/平方公里；男性人口22.34万人，女性人口20.67万人。其中，城镇人口13.54万人，乡村人口29.47万人。珙县有苗族、回族、彝族、藏族、土家族等14个民族成分。珙县县城巡场镇是川南最大的建制镇，辖22个行政村、4个农村社区、6个城市社区、186个农业合作社，巡场镇有常住人口13万人（其中：农业人口47748人，非农业人口68427人），流动人口3万人，面积108平方公里，其中城区面积达10平方公里。珙泉镇为珙县第二大镇，有4万多人，全县2018年末常住人口37.5万人，人口密度为326人/平方公里，其中城镇常住人口19.42万人，农村居住人口18.08万人，常住人口城镇化率

① 《2018年长宁统计年报》，长宁县人民政府网站，http://www.sccn.gov.cn/zwgk/zwdt/tjxx/tjsj/201909/t20190930_1136427.html，最后访问日期：2021年10月27日。

51.79%，比上年提高个 1.3 个百分点，城镇化率不高，有近一半的人口居住在农村。①

从上面两县统计的常住人口大大少于户籍人口的情况可知，长宁县和珙县都是劳务输出大县，也是农民工大县，一部分劳动力在省内就业，另一部分出川打工。据统计，2018 年长宁县全县农村劳动力转移 18.35 万人，劳务收入 50.26 亿元。珙县 2017 年全县劳务输出 15.68 万人，劳务收入 21.65 亿元。大量的青壮年外出务工，给当地带来留守问题，留守在老家的很多是老年人、妇女和儿童，留守人员受年龄、教育、信息、认知以及社会接触面所限，防灾减灾救灾意识差，体力差，能力弱，遇到天灾人祸，自己无能力开展自救互救，无力支撑灾后重建，几乎完全需要靠政府等外来力量帮助。

二 地形地貌复杂

长宁县和珙县都属于四川省宜宾市管辖，两县相邻，位于四川盆地南缘。长宁县位于珙县东北面，县域南北两端小，中腹较大，南北长约 60 公里，东西宽 30 公里，地势南高北低，山地多平坝少，南部为中低山，中北部为丘陵，海拔 245.9～1408.5 米。植物资源丰富，植被类型多样，形成"竹海"、"双楠"（楠竹、楠木）、"松竹"景观，是全国十佳生态养生旅游名县、四川天府旅游名县，拥有蜀南竹海和七洞沟等 4 个国家 AAAA 级旅游景区，2018～2019 年蝉联中国最美县域。长宁县属四川盆地中亚热带湿润性季风气候，温暖湿润，无霜期长，雨热同季，四季分明，夏天炎热，年均气温为 18.3℃，年均降雨量为 1141.7 毫米，日照时数为 987.6 小时。县城长宁镇，距宜宾市政府所在地 57 千米。

珙县位于宜宾市境南部，长宁县西南面，北与高县连界，距宜宾市翠屏区 46 千米；南与大雪山相连，距云南省威信县的县城 69 千米；西靠筠连县，东南、东北与兴文县、长宁县连界。从地形地貌来看，珙县在大地构造上位于杨子淮地台区，北为四川中凹陷区的川东南褶皱束及川中隆起，南为滇黔褶皱区之娄山关凹陷褶皱束及雷波隆起。珙县属山区县，地势南高北低，地形为狭长形，海拔最高处 1642 米，是靠云南省界的王家镇

① 《珙县 2018 年国民经济和社会发展统计公报》，珙县人民政府网站，http://www.gongxian. gov.cn/zwgk/tjsj/index_4.html，最后访问日期：2021 年 10 月 27 日。

四里坡；最低处 310 米，是珙泉镇郊外的狮子滩。境内层峦叠嶂，山脊多呈锯齿形，长岗状；地体多由石灰岩和紫色页岩组成，喀斯特岩溶地形特征明显，多溶洞、漏斗、石笋、石灰岩等。丘陵和平坝面积小，以中低山地为主，有少数岩溶冲积坝，西北面有部分丘陵。气候特征与长宁县相同，属亚热带湿润性季风气候区，春早冬暖，湿度偏大。珙县矿产资源丰富，矿藏多属外生矿，其中煤炭藏量最丰富，川煤集团芙蓉公司总部设在珙县巡场镇。

三　交通道路脆弱

从交通情况来看，长宁县位于宜宾市腹心地带，县城长宁镇距宜宾机场 50 公里，北临长江黄金水道。宜宾港长宁香炉滩码头已建成并投入规模化运营。由于位于长宁境内的蜀南竹海旅游资源得到相应开发，所以长宁县境内的交通条件比较好，公路四通八达，国道 G246 斜贯县境中部、北部 6 个乡镇，是到泸州、重庆的主要通道，国道 G354 横贯县境南部山区，是通往云南、贵州及福建、广东等沿海省市的重要通道；两条省道均已建成二级公路。新宜长路是长宁通往宜宾、成都的重要干线，已建成宽 16.5 米双向四车道快速通道。宜叙高速公路已建成通车，这次地震的震中双河镇就紧邻宜叙高速，设有高速路的进出口。此次地震造成宜叙高速公路和省县乡村道路严重受损，一些地方的公路岩石垮塌，造成交通中断。

珙县距离宜宾市要稍微远一些，山多坡陡，没有直通的高速公路，宜珙快速公路过境，珙县—高县、珙县—长宁 30 分钟均可到。珙县几个乡镇可以从宜叙高速龙头—双河—梅硐等几个长宁县境内的高速公路站点进出高速公路。珙县有川南最大的煤矿，通过宜珙铁路连接宜宾，珙县至宜宾运行时间在一小时内。国道 G246、354 和省道公路 S443、S436 穿过境内，由于珙县山区多，经济条件相对落后，交通道路基础设施条件比长宁县还差一些，底洞镇至县城巡场镇公路等一些道路也在地震中受损严重。

四　建筑物抗震设防烈度等级低

按照我国抗震设防区要求划定的各县级及县级以上城镇的中心地区，其建筑工程抗震设计时所采用的三个条件，即针对抗震设防烈度、设计基本地震加速度值和所属的设计地震分组（2016 修订版），划定长宁县和珙县的建筑抗震设防烈度为 6 度，设计基本地震动峰值加速度值为 0.05g。也就是说，在长宁县和珙县的建筑物抗震设防标准是 6 度设防，这是国家根据地震断裂带和地震历史发生地综合评判，进行分区分级制定的建筑设防标准。在"5·12"地震后，各地也非常重视建筑物设计施工的地震设防要求，严格按照该标准实施。长宁县县城的建筑，绝大部分是楼房，并且是近十几年修建的，建筑质量严格按照国家设防标准修建。

这次长宁"6·17"地震的震中双河镇受灾最严重。双河镇距今有着 1300 多年的历史，镶嵌在长宁、珙县、兴文三县结合部，属典型的小盆地地貌，境内深丘、浅丘地貌结合分布，全镇四面环山，双河镇东西两侧各有一条溪河，从盐井坝合成淯水经后河汇入淯江，故称"双河"。双河镇曾经是长宁县的县城，老旧街道较多，规模相对较大，老街纵横交错，2017 年双河镇被列入《四川省"十三五"特色小城镇发展规划》。双河镇老街的建筑物年代久远，大部分是传统瓦木结构的老房子，比较陈旧，老街上有一些自建的 2~3 层的混凝土楼房，设计和施工都不规范，楼板用预制板铺设，地震设防标准低。除双河镇老街外，后来在双河镇新建成的有城南新区、鱼王新街、大水街、金鱼街、政府街，沿街建筑物都是最近十几年修建的 3~4 层的砖混楼房。全镇建成区面积达到 2 平方公里，城镇常住人口达到近 5000 人；全镇拥有幼儿教育、小学教育、初中教育、高中教育和成人教育办学体系。拥有双河小学、双河中学、上西小学。双河卫生院是国家级"一级甲等"综合性医院。

五 经济总量少，矿区遗留问题多

2018 年，长宁县全县实现地区生产总值（GDP）142.74 亿元，同比增长 8.8%，其中民营经济增加值占地区生产总值比重为 65.9%，三次产业增加值占地区生产总值比重为 18.4∶41.8∶39.8。在第三产业中，旅游业是长宁县的支柱产业，2018 年，长宁县共接待游客 983.8 万人次，同比增长 23.7%；实现旅游总收入 123.71 亿元，增长 11.25%，旅游人均消费 1257 元。[①]

2018 年，珙县全年实现地区生产总值（GDP）160.78 亿元，同比增长

---

① 《长宁县 2018 年国民经济和社会发展统计公报》。

9.1%。三次产业增加值占地区生产总值比重为 12.0∶58.3∶29.7。其中民营经济增加值达到 90.52 亿元，比上年增长 9.5%，占地区生产总值的比重为 56.3%。珙县矿产资源丰富，2018 年的水泥产量为 376.7 万吨，增长 7.3%；原煤产量为 109.8 万吨，增长 31.7%。

宜宾长宁地震灾区矿产资源丰富，特别是煤矿资源，主要有川煤芙蓉公司，其前身是芙蓉矿务局。矿区建于 1965 年，原为煤炭部所属的国有重点大二型煤炭生产企业，1998 年 8 月下划四川省管理，是四川省无烟煤主要生产基地。矿区地跨宜宾市珙县、高县、长宁县境，面积约 360 平方公里，职工 24371 人。地跨地域范围约 330 平方公里。总部设在珙县县城所在地巡场镇。芙蓉公司管辖 4 对生产矿井，即白皎矿井、杉木树矿井、红卫矿井（原巡场矿井）和珙泉矿井，年设计生产能力 345 万吨。由于 2012 年下半年以后，煤炭经济形势急转直下，芙蓉公司一度陷入困境，举步维艰。企业长期形成的亏损和债务问题至今没有得到根本解决，历史遗留问题复杂。加上矿区职工人数较多，退休人员也不少，职工住房多数为老旧楼房，建筑质量不高，居住人员拥挤。在这次地震中，职工住房受损较严重，芙蓉矿区鉴定为 D 级危房的受灾群众占珙县灾后重建 D 级房的 50.48%，且自我重建恢复的经济能力弱。

第二节　地震发生后灾区群众的转移安置主要过程

"6·17"长宁地震发生后，当地政府立即启动应急预案，进行抢险救灾，抢救生命、搜救人员、疏散转移受灾群众，当地群众立即开展自救互救，紧急转移避险。

一　组织人员紧急转移避险

6 月 17 日 22 时 55 分，长宁县发生 6.0 级地震后，对灾区受灾人员的搜救和紧急转移就成为抗震救灾的一项首要任务。当地政府立即组织力量开展拉网式人员搜救排查，全力救治受伤人员，确保医治到位。地震发生后，包括消防救援、武警部队等多支救援力量共计 3065 人陆续到达灾区，开展人员搜救和生命救援，共搜救被困群众 57 人。6 月 18 日，长宁县、珙县已完成第一轮全面搜救，未发现新的伤亡情况。地震发生后，灾区共紧急转移安置群众 9 万余人次，其中集中安置 3.2 万人。

1. 紧急转移指挥部署

地震发生后，宜宾市委市政府立即启动地震应急预案，认真落实中央和省委领导指示批示精神，团结一心、全力以赴、抓好抗震救灾工作。正在外地出差的市委书记连夜赶回宜宾，赶赴灾区和先期到达灾区的市委副书记、市长一起带队深入灾区了解灾情，指导搜救伤员，转移安置群众，并在抗震救灾现场召开"6·17"抗震救灾指挥部会议，对抗震救灾工作特别是紧急搜救和转移安置群众做出了明确的安排部署，提出救灾要求，紧急调集救灾资源和专业救援力量，强有力地推动了救灾工作的顺利开展。

2. 群众自救互救紧急转移避险

地震突如其来，群众立即开展自救互救转移避险。6月17日22时55分地震发生时，奔波劳累一天的人们大多准备就寝，有的已经上床睡觉，街上的商店铺面基本上都已经关门，街道路面行人很少。由于本次地震是浅源地震，震感非常强烈，感受到地震的人们马上惊慌失措地从家里跑出来，衣衫不齐，逃生自救。在地震摇晃过程中，不时能听到有东西从建筑物上往下掉，砸到地上发出各种刺耳的声响，令人惊慌。人们纷纷寻找当地相对比较安全的空旷地点避险。同时，呼朋唤友，惊呼叹息，寻找亲人的喊声不绝于耳。

当地干部群众在自救的同时也积极开展互救。震后，人们第一反应是赶快逃生自救，跑出正在摇晃的建筑物，到相对安全的空旷地方避险，然后寻找亲朋好友，看看有哪些被困人员和被埋压人员，随后立即组织力量开展施救，尽快救出送医。干部立即组织群众开展逐户排查，清点查看受灾垮塌房屋内是否有人被埋被困，采取各种救援措施。在震中双河镇西街，地震时有几栋旧楼房倒塌，4人被埋，左邻右舍非常着急，当地政府组织力量开展施救，在武警长宁中队指战员的帮助下，成功将被困人员救出。距四川长宁县地震震中双河镇约14公里的梅硐镇，一宾馆顶部坍塌，两人被埋，被周围群众发现后，立即组织救援力量开展营救。当地派出所民警赶来后，很快将被困者救出送到医院，使其脱离了生命危险。在这个过程中，左邻右舍守望相助的精神得到了很好的体现，当地政府和基层干部在组织领导群众自救互救中发挥了很好的作用。①

---

① 《四川长宁 6.0 级地震救灾安置有序进行 已转移安置 5.2 万人》，百家号·环球网，https://baijiahao.baidu.com/s? id = 1636773334452613539&wfr = spider&for = pc，最后访问日期：2021 年 10 月 27 日。

震后，灾区下起了小雨，给户外避险的人们增加了过夜的困难。由于余震不断，电力中断，群众不敢进屋休息，也不敢在屋檐下避雨。灾区的很多群众当天晚上只能在户外度过，有人将汽车变成临时避难所，有人就在外面打着雨伞迷迷糊糊坐了一夜。当夜，小雨连绵，余震频繁。很多人都不敢入睡，怕有更大的余震，不时用手机打电话了解周围情况，问候亲朋好友，相互安慰。由于不知道公路受损情况，加上夜晚停电下雨，很多人都没有贸然开车离开长宁和珙县，只有在避险地等待天亮。几个小时后，外面的救援人员和救援物资陆续送到了受灾的县城和乡镇，当地政府立即组织人员开始安排在空旷地方搭建帐篷，安置受灾群众。

3. 政府组织动员紧急转移

这次地震导致震中周边的长宁县双河镇、富兴乡、梅硐镇，珙县巡场镇、底洞镇、珙泉镇等10个乡镇受灾较重。在地震后的第一时间，灾区迅速开放应急避险场所，转移安置受灾群众，组织先期抵达现场的各类救援队伍和镇村组党员干部，全面开展人员搜救和震区群众转移，组织危险建筑、危险区域的群众全部转移到安全地带。地震发生后，双河镇政府立即组织人员去搜救群众，同时组织动员群众紧急转移，派人分头去动员场镇居民转移到安置点去。当时有些居民顾及家中财物，认为地震已过去了，房屋也没有垮塌，说什么也不愿意走。但是这次地震已经导致大多数房屋建筑布满裂缝，而且余震不断。为了保证群众的安全，当地干部、警察挨家挨户耐心劝说转移群众，苦口婆心地做思想工作，将受灾人员转移到安置点。当时双河镇的抗震救灾指挥中心设在双河镇便民服务中心，这里的建筑质量好，相对比较安全，由于外面下着小雨，当地组织了部分附近居民到便民服务中心临时躲雨避难。

转移安置受地质灾害点威胁的群众。考虑当地的地灾点多，地震发生后这些地质灾害点对周边群众产生的安全威胁较大，政府立即对以前查明的地质灾害隐患点进行排查和风险分析评估，发现一些地灾点有变形加剧的现象，威胁到居住在周边的群众安全，政府及时安排人员，将受地灾威胁的群众转移到安全地点进行安置。

迅速转移受损建筑中的住户。6月19日21时左右接到群众报告，宜宾珙县巡场镇芙蓉苑B区一栋楼房突然出现倾斜，与另一栋楼房靠近。险情发生后，珙县消防员迅速赶到现场，转移楼房内住户和物资。将所涉楼房内的人员全部疏散转移，进行了妥善安置，险情没有造成人员伤亡。

及时转移安置学校的学生。地震发生后，灾区大量学校校舍不同程度受损，为保证师生安全，避免造成二次伤害，及时疏散转移住宿在校学生成了不少学校的首要任务。受灾较重的长宁县、珙县的多所学校，在地震后大部分住校学生已经回到家中，但还有一些学生因父母在外地务工，加上家里离学校路途较远，出于安全考虑，所以没有回家，一直滞留在学校，学校专门安排老师对这些学生进行妥善安置和照顾，集中在操场上搭建帐篷进行临时避险安置。

二　及时转移受伤群众到医院救治

地震导致了部分群众受伤，有的是被垮塌的房屋埋压受伤，有的是被高空坠物砸伤，有的是在跑出房屋过程中摔伤或扭伤，都需要及时转移到医院救治。

1. 受伤群众在当地的转移救治

地震发生后，宜宾市、县两级医疗卫生部门立即组织 15 支医疗救援队赶赴长宁县双河镇、珙县巡场镇等震中地区，开展医疗救治工作。在此次地震中受伤的 220 人中，有 153 人住院治疗，其中包括危重病人 8 人，重伤 12 人，轻伤和轻微伤 133 人。长宁县的受伤者主要来自受灾严重的双河、梅硐、龙头等 6 个乡镇，大部分伤者被送到长宁县城的医院治疗。经初步检查和简单治疗后，先后转送 20 名危重伤员到市级以上医疗机构进行治疗，对危重伤员制订一对一专家会诊治疗方案，确保每个伤员都能得到很好的治疗。对家庭无护理人员的伤员，县乡还派出专人帮助护理。住院人员的伤情稳定，多数伤员在两天后伤情有所好转。

从 6 月 18 日零时许，长宁县人民医院和长宁县中医院就开始陆续收治来自四面八方的地震伤员。长宁县人民医院接收了 14 个受伤人员，有 3 名重伤病员经过简单处理后立即转移到宜宾市二医院救治，其余 11 名伤员在长宁县人民医院救治。长宁县人民医院门诊部还接收了 8 名有皮外伤等轻伤的人员，这些伤员没有住院，只在医院进行伤口处理后就回去了。医院还专门请来了心理辅导医师，给这些地震中的伤员进行心理疏导，受伤人员的情绪都比较稳定。

长宁县中医院在地震后第一时间派出三辆救护车赶赴灾区，医院特意将 11 楼泌尿外科腾出来集中收治地震伤员，该医院是这次地震后收治伤员最多的一家医疗机构。为了更好地救治伤员，该医院要求职工从 18 日晚开始全员到岗，确保对地震伤员的救治。从震后 30 分钟收治第一名伤员开始，陆陆续续有伤员送来，最后有 55 人在这里接受治疗。该医院收治的地震伤员伤情以骨折和软组织受伤为主，没有生命危险，基本情况都很稳定。同时，长宁县中医院与四川省人民医院实行远程会诊，通过视频与四川省人民医院专家连线对危重病人联合会诊。6 月 18 日，长宁县中医医院一共收治了 60 名病人，5 名重症病人转移至宜宾市二医院医治。送来的一名危重病人出现失血性休克，伤情危重，经指挥部协调，决定立即转院至四川省人民医院医治。

四川省人民医院应急快反小分队也在 6 月 17 日晚 11 时 40 分从成都出发，在 18 日凌晨 3 时左右抵达长宁县中医医院，小分队一行 10 人，包括重症专家、外科专家和护理人员，小分队抵达后，协助当地医疗工作人员筛查危重病人，指导并开展及时救治。

2. 受伤群众空中异地转移救治

6 月 17 日晚地震发生后，金汇通航四川分公司就连夜制定灾后航空救援计划，四川省内绵阳、巴中基地的 AW119、AW139 救援直升机迅速做好备勤工作，随时等待救灾前线下达救援任务。此次地震中一名 56 岁的中年男性被倒下的墙体砸伤并埋压，被搜救出来后全身多处受伤，并伴有器官衰竭、体内出血、骨折、昏迷等症状，情况危急。6 月 18 日中午，金汇通航四川分公司接到上级指示，需要将该名危重伤员通过救援直升机转至成都就医。当接到转运伤员指令后，公司立即派出备勤的 AW119 救援直升机从绵阳基地起飞。执行此次任务的是一架 8 座单发轻型直升机 AW119，又名"考拉"。救援直升机舱内配备国际一流医疗设备，包括呼吸机、除颤监护仪、注射泵、吸引器等。在转运前，四川省人民医院组织骨科、急诊外科、超声科等多科室专家，为患者进行了远程会诊。6 月 18 日 16 时20 分，医护人员已做好转运准备，救援直升机平稳降落在长宁县中医医院。直升机接到伤员后，于 17 时 12 分起飞前往四川省人民医院。从长宁县中医医院起飞的 AW119 专业医疗救援型直升机于 18 时 33 分顺利抵达离省人民医院 400 米的港泰通航大厦顶楼停机坪，飞机一落地，等候在一旁的四川省人民医院急救中心医护人员立即上前，将伤者转移到推车上送上救护车，随后迅速送达省人民医院。为什么要选择通过航空运输方式转院？18 日 14 时，四川省人民医院一名副院长在急救中心抢救室开展院内远程会诊，组织骨科、EICU、急诊外科、超声科、放射科介入中心的多学科专家一起会诊，对伤员是否能通过航空转院进行了评估。伤者主要是一个多发伤，多处骨折，而且处于感染性休克状态。经过当地医院抢救，患者伤情暂时稳定，但需要进一步确定性治疗，需要选择有治疗条件的医院。初期曾考虑在当地宜宾市级医院治疗，但因为伤者从长宁医院转移到宜宾市，还有一个多小时路程，如此严重的伤情，如果用救护车转运，路途颠簸，极有可能造成再次大出血，加重伤情，情况更加危险。经过远程综合会诊和评估，最终决定通过航空方式转运到省人民医院，大大减少路途上颠簸的风险，省人民医院的治疗条件更好。飞机上配备了先进的医疗设备，配有丰富抗震救灾救援经验的医护人员，尽最大可能降低路途风险。在成都的医院也组织了最强的医护团队，做好准备全力以赴救治患者。为了安抚家属焦灼不安的心情，四川省人民医院的专家还与家属解释了患者伤情和目前医院的准备情况，得到了家属的理解和支持。

这是成都市城市航空医学救援平台投入使用后首次开展的灾难救援，该伤员也是此次地震后首个航空转运的伤员。转移到四川省人民医院时，患者伤情非常危重，严重多发伤、胸腹闭合损伤、严重肝损伤（肝破裂）、腹腔大量出血。通过集体会诊评估后，省人民医院组织急诊创伤医学、重症医学、放射介入、骨科、胸外科、肾内科、麻醉科等相关科室专家组成治疗团队，立刻进行介入手术，全力挽救了患者生命。

三　临时安置稳定人心

省、市、县各级抗震救灾指挥部成立伊始，就明确了救灾的两大紧急工作重点：一是全力以赴抢险救人；二是全力以赴做好受灾群众的安置工作。从地震发生后的第二天开始，抗震救灾指挥部紧急调运帐篷和救灾物资，确定临时安置点，满足受灾群众紧急避险的临时安置需要。同时，鼓励大家投亲靠友，自主联系亲朋好友解决居住和生活问题，减轻政府组织的临时安置压力。对于投亲靠友的受灾群众，政府同样保证按照受灾补助标准发放救济物资，确保受灾群众在亲友家里也能得到党和政府的各种救济和关爱。

地震发生后，长宁、珙县灾区受灾人口逾 14 万人。安置受灾群众，做好救灾物资调配和发放，确保转移安置群众有饭吃、有衣穿、有饮用水、有安全住所、有基本医疗，是政府义不容辞的责任。在安置受灾群众方面，当地采取投亲靠友、利用安全避难场所、搭建帐篷设立临时集中安置点等多种方式开展。长宁和珙县共设置了大型临时安置点 27 个，安置群众 3 万余人，采取投亲靠友，分散安置群众近 5 万人。为确保受灾群众吃得饱、住得暖，当地政府紧急协调调运 5450 顶帐篷和 26000 床棉被以及大量的方便面、矿泉水等救灾物资送到长宁县和珙县受灾区，有力保障了灾区群众居住和生活需要。①

在受灾群众转移安置的过程中，广大党员干部、救灾官兵、预备役民兵、志愿者不顾个人安危，帮助受灾群众扶老携幼，迅速向指定安置地点集中，同时克服余震频繁、物资短缺的影响，优先为受灾群众搭建帐篷，提供救灾物资，抚慰受伤和遇难者家属等。

1. 长宁县双河镇的临时安置情况和做法

（1）在临时安置点搭建帐篷。"6·17"长宁地震的震中在双河镇，受灾最严重。地震发生后，当地政府根据当时的情况和双河镇上空旷地点的选择，在长宁县双河镇共设有三处临时安置点，一处是双河镇的应急避险广场，一处是双河中学的操场，还有一处是双河中学的运动场。这三处安置点总共安置了大约 4700 人。地震发生后，双河镇政府迅速启动应急预案，立即转移和安置受灾群众，17 日晚地震后，天空开始下雨，为了防雨，他们组织人员立即打开镇上的应急物资储备库大门，将储存的帐篷拉出来，运到双河中学操场，开始搭建临时帐篷。学校门口一个卖水果的老板主动将家里的 5 把大遮阳伞拿出来供安置点使用，双河中学操场迅速建立了第一个临时安置点。18 日凌晨 4 时，救援队伍将第一批救灾物资（包括民政救灾帐篷）送到了双河镇，镇上立即组织警察和民兵抓紧时间为灾区人民搭建帐篷供群众使用，先搭建了 150 多顶帐篷，每顶帐篷能容纳 6～8 人入住，首先安排老人和妇女儿童入住，总共安置约 1200 名受灾群众。为保证受灾群众都能够住进救灾帐篷，后来又补搭建 50 顶救灾帐篷，达到近 1500 人的安置规模。双河镇中学运动场作为居民安置点，是镇里最大的临时安置点。

（2）发放生活物资和满足生活需要。18 日早晨，相关的灾民安置转移、救灾物资发放、人员转移工作已经有序开展。各种救援物资不断运送到安置点现场，有大量的日常生活用品，也有水、牛奶、方便面等食物。

---

① 叶含勇、张海磊等：《失去与重生：长宁地震 48 小时救援安置目击记》，百家号·新华社，https://baijiahao.baidu.com/s? id = 1636787115553101873&wfr = spider&for = pc，最后访问日期：2021 年 10 月 27 日。

安置点设置了卫生医疗服务站、志愿者服务站、救灾物资发放点、后勤保障点（由武警负责），保证了入住安置点灾民的受灾安置需要。在安置点，大多数是以家庭为单位住在帐篷里。每个帐篷里都配备了折叠床，除了毛毯、食物和饮用水外，志愿者们还送来了水桶、香皂、牙膏、拖鞋、花露水、消毒药品和灭蚊药等生活用品，每户人家还领到了家庭应急包，可满足短期内基本生活需求。其中有户家中有一位瘫痪老人，医护人员还专门抬来了一张医用护理床，让该老人在帐篷里住得更方便和舒适。

（3）设置便民设施和安全装置。地震发生后，为了让救灾安置点的群众更安心、放心和舒心，政府调动力量采取了一系列措施，将一些新技术、新装置用到安置点。国网四川电力公司立即组织抢险人员294人、调集6台发电车、81台发电机、46台照明设备、1台充电方舱为居民安置点、救灾指挥部、医院等进行临时供电。在双河镇中学运动场安置点，电信和移动公司设立临时基站方便群众使用手机，使安置点的通信没有受到丝毫影响，4G信号满格，不少受灾群众通过手机与亲朋好友联系，在手机上消遣娱乐。虽然受灾住在帐篷里，但群众的心情显得比较轻松。为了提供充电插座给手机充电，国家电网公司立即组织人员专门安置了一个特殊的充电装置，能24小时不间断工作，同时能够为120台手机充电，解决了群众手机安全充电的问题，除此之外，安置点还向群众提供移动充电宝等。当地政府在帐篷外安装了三块液晶大屏幕，分别播放动画片、救灾宣传片和电影，以安抚受灾群众，丰富安置点的群众精神生活，鼓励他们早日振作起来。

为了避免安置点遭受夏天雷电灾害影响，保证安置点的安全，从19日下午开始，由宜宾市气象局、市防雷中心、市大气探测技术装备中心等部门组成的10个防雷技术工程组全面进驻珙县、长宁受灾群众临时集中安置点进行防雷工程施工。在时间紧、任务重、工程量大的情况下，在当地救援武警官兵的大力支持下，克服施工困难，昼夜施工，到25日晚，长宁、珙县25个受灾群众集中安置点和救援部队临时驻地的防雷工程全部完工，共计安装了78套避雷针及其他防雷设施。市气象局还组织防雷专业技术人员，开展防雷知识宣传讲解，对各个集中安置点防雷装置进行后期维护。

（4）解决安置点群众的一日三餐问题。这么多群众住进临时安置点，当务之急是如何解决一日三餐的问题。6月18日早上，陆续有救灾物资送到双河镇，进驻双河镇的救灾部队开始为安置点的受灾群众做早餐，使安置点群众的生活有了保证，早上有稀饭，晚上有矿泉水、酸奶、面包和方便面。按照当时的救灾物资条件，提供给每个人一桶方便面或者一袋面包、一瓶矿泉水或者一瓶牛奶，有专人负责烧开水保证群众泡方便面。在18日早上、中午、晚上定期发放食物，群众排队依次序领取救灾物资，每人领一瓶矿泉水和一个面包或一桶方便面。在18日晚餐，双河镇中学运动场安置点的受灾群众就吃上了第一顿热饭，武警部队为安置点受灾群众提供了鸡蛋面。①

在蔬菜等救援物资送达后，为了让安置点的群众吃得更好，武警四川省总队宜宾支队临时调整供餐计划，在这个安置点马上搭建起临时食堂，增加了两台燃气灶，6月19日中午开始为安置群众提供热菜热饭，让群众排队领取，菜品也较丰富，两菜一汤，有番茄炒鸡蛋、莲白和白萝卜汤，还有佐餐水果，同时不间断提供热水和热饮，大家吃得很满意。

（5）切实关心关爱安置点受灾儿童。儿童作为灾害中最容易受伤的群体，不仅需要保障儿童灾后的安全，更需要转移和疏解他们遭受的心理创伤。针对震后孩子们在安置区无人看管，也没有任何安全场所能够玩耍和学习的情况，为了让亲历地震的儿童尽快走出地震恐惧阴影，社会各界的志愿者来到灾区，热情地为震区的儿童服务。宜宾市妇联组织志愿者对安置点内的儿童进行调查统计，征集家长对开展儿童活动的需求建议，于19日晚在双河中学安置点连夜搭建了震区"帐篷儿童之家"，调集有幼教经验的志愿者，每天分三个时段开展活动，分别开展音乐活动、语言活动、绘画活动和心理辅导等。孩子们很高兴参加，家长也很放心，孩子又有了学习和玩耍的地方，很喜欢"帐篷儿童之家"的小伙伴及幼儿教师。四川省妇联、宜宾市妇联又协调整合各方力量在长宁县、珙县地震灾区集中安置点、受灾重点乡镇和村（社区）建立"帐篷儿童之家""流动儿童之家"以及永久性"儿童之家"，开展儿童乐于参与的各种活动。

除了妇联组织为儿童开展活动外，各级团委也积极行动起来，由省、市、县三级团委联合组建，委托专业社会力量成都授渔公益发展中心，在双河镇广场临时安置点建起了供孩子们快乐玩耍、安全学习的帐篷儿童中心——青青儿童乐园。这个安置点中大约有200个孩子。为了让孩子们有一个安全快乐的生活环境，四川团省委和宜宾团市委安排专业的志愿者带

---

① 林佳：《关注四川长宁6.0级地震》，《中国减灾》2019年第13期。

领孩子们一同做游戏、画画、学习知识，让孩子们在一起安全、快乐地玩耍。通过开展体验式游戏和防灾减灾知识学习，帮助灾区的孩子们尽快走出震后恐惧，学会在余震中保护自己。通过有责任心的志愿者们的带领，给灾区儿童低沉枯燥的灾后时光，增添了数不清的欢歌笑语。青青儿童乐园的开设，也促使家长腾出更多时间去处理过渡安置的事情。在双河镇广场安置点的青青儿童乐园，志愿者还带领孩子们一起绘制安置区的风险资源图，识别周围环境的风险点和资源点，从而提高孩子们的灾害应对意识和能力。据统计，截止到 6 月 20 日，位于长宁县双河中学安置点和双河镇广场安置点的青青儿童乐园累计服务儿童 240 人次，有 23 位志愿者参与其中。①

（6）多措并举保障安置点的安全。在受灾群众临时安置基本就绪后，县抗震救灾指挥部组织力量对各个安置点的安全隐患进行了拉网式排查。由于是夏季，住在室外的临时安置帐篷内容易生病，为了让在双河镇中学安置点的群众及时得到医疗救助，武警四川总医院的八名医护人员一直驻守在这里，为有需要的群众提供义诊和医疗服务，帮助了200 多名群众处理轻微伤口，对有头疼发热等症状的群众进行医治。每天入夜后，医护人员还对每个帐篷进行巡查，询问安置点的群众身体上有哪些地方不舒服，密切关注群众是否感染了肠道方面的疾病，省、市疾控中心派人到安置点指导工作，防止群众在安置点出现感染性腹泻等传染性疾病。为确保震灾之后不发生疫病流行，国家、省、市卫生防疫专家深入长宁县，指导对双河镇水厂的出厂水、末梢水进行采样检测，保证自来水的质量安全。据初步统计，对灾区安置点、医疗救治点等重点区域的清洗消毒面积约 12.75 万平方米；开展健康指导工作，发放灾后卫生防病知识宣传单 11000 余份。

虽然临时安置点外面细雨蒙蒙，但临时的供电系统和成片的帐篷，使这里的消防安全隐患不容忽视。消防人员结束了白天的救援工作后，又来到安置点检查消防安全，组织开展防火巡查和消防宣传工作，为安置点合理划分功能区，设置集中厨房，严格管控火源。充分做好灭火准备，依托安置点临时警务室同步建立微型消防站；落实专人值守，配足配齐灭火器材；强化重点整治，将疏散通道、功能分区、消防用水三方

---

① 田琳：《给灾区孩子一个快乐安全的"青青乐园"》，《中国减灾》2019 年第 8 期。

面的问题作为火灾防控的重点内容，把工作重心转到了防止次生灾害发生，科学合理搬迁挪移帐篷，保障疏散通道畅通。在安置点的中央，有一个大电视屏幕循环播放着防火安全宣传片，每个帐篷外面都配备两个灭火器，消防员还走进每个帐篷，对大家进行消防安全培训。四川省消防总队也启动地震次生灾害防控预案，开展"拉网式"摸排，全面掌握各安置点的安置人数、帐篷顶数、占地面积、消防组织、灭火器材等情况，逐一制定防控措施，确保做好灾后防火巡查、宣传教育、现场值守等工作。长宁县给每个大型安置点都配备了消防员和消防车辆，对安置点的安全隐患进行排查和处置，特别是针对明火烧水煮饭、帐篷内吸烟和帐篷内点蚊香等主要火灾隐患，专门提醒注意防范，确保安置点在过渡安置期间的用火用电绝对安全。①

2. 珙县救灾的群众临时安置情况

珙县的灾民临时安置也包括分散安置和集中安置，对一些受灾单位也进行了临时安置。珙县设置临时集中安置点 39 个，其中巡场镇 7 个、珙泉镇 29 个、孝儿镇 1 个，曹营镇 1 个、石碑乡 1 个，安置人数 15663 人，全县共发放帐篷 961 顶，折叠床 3156 个，采购方便面、矿泉水各 10000 件，面包 10000 袋，向受灾群众发放。

（1）受灾群众的集中安置。珙县在县城巡场镇设置了 6 个应急避难场所，包括金河新区安置点、迎宾广场、文化公园、双三公园、僰文化广场、县体育中心。珙泉镇设置了 4 个应急避难场所，包括珙县中学初中部（校本部）、珙泉镇二小等。珙县文化公园、双三公园是珙县较大的救灾临时安置点，也是县城作为防灾减灾的临时避难场所，文化公园是市民平时的公共活动场所，地势开阔、建筑物少、空地多，搭建帐篷临时安置了受灾群众 2000 余人，双三公园安置受灾群众约 1200 人。截止到 6 月 18 日 9 时，珙县城区的秩序良好，很多救灾帐篷已经搭建好，受灾民众得到了妥善安置。

在珙县的县政府前面的广场上也设有一个安置点，安置了一些救灾帐篷。在金河新区安置点沿河两岸的公路边，铺满了 200 顶蓝色的救灾帐篷。街道的几乎每一棵树下都有一个大家庭，有老有小，或铺有凉席或搭有帐篷。武警组队随时在街头巡逻，维持社会秩序。由于不断有居民沿着公路

---

① 川晓：《有一种力量叫消防——四川长宁 6.0 级地震救援纪实》，《中国消防》2019 年第 7 期。

涌来，帐篷和垫子供应显得有些紧张。在免费发放救灾物资的帐篷前，每天中午 12 时和下午 5 时，都会排起数十米长的队伍等待领取饼干和方便面。为了方便居民泡面，当地天池村的村支书专门组织了上千斤煤炭运到现场，在志愿者的帮助下，支起三口大锅烧开水，提供给群众饮用和泡方便面。在现场，除了有纷纷涌来的受灾群众，也有近百位志愿者活跃的身影，其中巡场镇第一小学的教师也抽空来到现场当起了志愿者，负责发放救灾物资。

（2）受灾群众的分散安置。除了集中临时安置外，有很多受灾群众距离城镇较远，更多地采用了分散安置的方式。6 月 17 日深夜发生地震之后，虽然珙县在县政府广场安置点搭建了帐篷，组织动员受灾群众前往安置点。但是在珙县巡场镇茨梨村，因为在地震中有村民的房门被震坏，又担心去安置点后家里的财产丢失，需要留下来照看房子，加上从茨梨村出发到县政府广场需要下坡，前往安置点的路上有危险，一些人就留在了村子里，未前往安置点。由于余震一波接着一波，一些群众就在车上坐着"熬"了一夜。有热心人士自发建起"茨梨三社自救站"，提供食材和物资互相救助，村民利用大家收集起来的食材集体做饭。地震导致燃气中断，有村民提供了一桶酒精作为燃料，村民们一起蒸米饭、煮白水豇豆汤、凉拌黄瓜，共同解决基本的生活问题。

（3）受灾单位的临时安置。地震除了造成民房损毁外，珙县的一些单位用房也受灾受损严重，其中，医疗卫生用房损坏严重，巡场和珙泉两镇有 31 栋医用业务用房受损，其中 C 级 18 栋，占 58.06%，D 级 4 栋，占 12.9%。机关事业单位办公业务用房损坏严重，鉴定了 224 栋，其中 C 级 95 栋，占 42.41%，D 级 46 栋，占 20.5%。包括珙县市场监管局、税务局、人民检察院、人民法院、商业银行、房产管理局、原畜牧水产局、人力资源和社会保障服务所、南井社区办公点、白岩村党群服务中心、三江村党群服务中心等建筑都受损严重，成了危房。珙县气象局办公楼发生墙体开裂、围墙倒塌，大楼严重受损。地震后，这些单位无法进入办公楼上班，但是有些业务又必须开展，因此，县政府运来了大量救灾帐篷进行临时安置，在附近寻找分散的安全地点，让这些单位在室外搭起帐篷作为临时办公地点开展对外业务。

6 月 19 日下午，长宁地震灾区的供水供电供气和通信已基本恢复正常，受灾群众生产生活得到了有效保障。在地震中受伤的群众，也都得到了很好的医治，伤病情况稳定。

3. 救灾物资保障及电力供应

宜宾市县两级在地震发生后第一时间，就近紧急调运了 3 批次救灾物资帐篷 450 顶、棉被 3710 床、折叠床 904 张运达地震震中，后续又陆续向长宁地震灾区调拨了帐篷 2600 顶、床 5900 张、棉被 13000 床、水和方便面各 4000 件、面包 3000 件，向珙县地震灾区调拨了帐篷 2850 顶、床 5000 张、棉被 13000 床、水和方便面各 10000 件；同时，市商务局安排宜宾绿源超市连夜向长宁县运送矿泉水、方便面 4000 件，面包 3500 件，向珙县运送矿泉水、方便面、面包各 15000 件，保障受灾居民的食品供给。

地震造成多座变电站及线路受损，共计约 4 万用户停电。国家电网启动二级应急响应，组织电力抢修人员连夜赶往电网受损地区开展抢修，并为救援现场和居民安置点提供应急电源。长宁县双河、龙头、硐底、梅硐四个受灾严重的乡镇，18 日晚上，全部应急避难广场和灾民安置点都有了汽油发电机提供的应急照明。

四　受灾群众从临时安置转入过渡安置

灾区群众居住在临时安置帐篷里，由于缺乏"家"的感觉，缺乏居住配套条件，加上夏季天气炎热，降雨频繁，帐篷里空间狭小比较闷热，住在里面极其不舒服，很多人纷纷要求离开临时安置点。为了缓解集中安置的压力，在灾后重建完成之前，政府决定对受灾群众的安置由临时安置转入过渡安置，及时制订生活救助资金补助办法，通过投亲靠友、搭建简易安置棚、利用闲置的公共建筑设置固定安置点等方式，灾区开始从应急临时安置阶段进入过渡安置阶段。

1. 过渡安置的决策

"6·17"地震导致 32 万多人受灾，由于大量房屋受损，对于即将到来的暴雨季节和更为炎热的高温天气，党和政府对近 3 万群众还居住在简易帐篷中的情况十分关切。由于居住在帐篷里夏天湿热难耐，地方狭小，人员密集，生活非常不方便，有很多群众虽然临时安置在帐篷里，但实际上只住了几天，有的群众认为地震过了就安全了，纷纷返回外观看着受损不严重的房屋中居住。其实，地震灾区多数房屋受到了"内伤"，虽然暂时没有垮塌，但是已经成了站立的废墟，由于余震多达 300 多次，很容易发生再次倒塌的危险，当地政府对此情况非常担忧，决定将受灾群众从临时安置转入过渡安置。

为加快推进"6·17"长宁地震灾后群众过渡安置工作，迅速恢复正常生产生活秩序，维护社会稳定，尽量让灾区住帐篷的群众越少越好、住得时间越短越好。震后第三天，抗震救灾指挥部开始考虑灾后重建。面对这么多危房，必须先进行专业鉴定，根据房屋受损情况进行分级鉴定，对鉴定结果进行尽快处理，该拆除的就拆除，该加固的就加固，以确保人民群众的生命安全。6月22日晚，宜宾市珙县再次发生5.4级余震。6月23日上午，四川省"6·17"长宁地震抗震救灾应急联合指挥部举行新闻发布会，通报灾区的搜救工作已全面完成，地震灾区的受灾群众已进行分散或集中安置，灾区供水、供电、供气、通信和交通已基本恢复正常。接下来将组成工作组，全面开展受灾房屋和其他财产的评估鉴定工作，准确掌握灾情，为灾后重建提供科学准确依据。对受灾群众采取分散安置为主、集中安置为辅的过渡安置措施，要求统筹协调相关部门（单位）开展通力配合，千方百计地解决好城乡受灾群众的过渡安置问题。

省市县三级赓即组织地质勘测、设计、燃气、给排水等方面专家450人，到灾区迅速开展房屋和市政基础设施震后应急安全评估鉴定工作，及时向社会公示房屋鉴定结果。截至7月1日，经初步鉴定，灾区共有D级危房14139户，C级危房21969户；因灾倒塌非住宅房屋2.05万平方米，严重损坏146.28万平方米，一般损坏101.92万平方米。对于能够继续使用的房屋，让受灾群众及时返回居住；需要修复才能使用的房屋，组织力量进行迅速修复；对于严禁使用的D级房屋，政府提供补助资金，让受灾群众采取租用临时住房、投亲靠友、搭建临时过渡安置用房等方式，进入过渡安置阶段。

2. 出台过渡安置政策

过渡性安置与临时安置最大的区别在于，是否以家庭为安置单位并有较长的相对稳定生活时期。6月22日，指挥部印发《长宁"6·17"地震受灾群众安置补助及遇难人员家属抚慰金发放标准》（可简称《标准》）。① 在发放范围方面，《标准》规定的发放对象是三类群体：第一类是房屋在地震中倒塌，或严重受损有直接安全隐患的受灾群众；第二类是因地震后受地质灾害威胁，必须避险转移安置的受灾群众；第三类是因地震造成房

---

① 黄大海：《宜宾出台受灾群众安置补助标准》，《四川日报》2019年6月23日，第2版。

屋严重受损，经鉴定需维修加固后才能入住的受灾群众。《标准》明确规定，该政策是针对地震房屋受损、无安全房屋居住、需要投亲靠友、租房或搭帐篷居住的当地常住人口实施的。

在补助标准上，《标准》中明确了过渡安置期生活救助补助、过渡安置期一次性综合补助、过渡安置期租房补助等补助标准。对于过渡安置期生活救助补助的规定是：因灾害造成房屋倒塌或严重损坏，无房可住（应急评估为禁止居住或灾后鉴定为 C 级、D 级危房的）的受灾群众，需进行过渡期安置。过渡安置期间，对过渡期安置人员每人每天补助 20 元。其中，房屋需要维修加固的，救助期不超过 3 个月；房屋需要重建的救助期不超过 6 个月。

对于过渡安置期一次性综合补助的规定是：在过渡安置期间，对过渡期安置人员予以一次性综合补助。受损房屋经鉴定需维修加固的，按 500 元/人予以一次性综合补助；需重建的，按 1000 元/人予以一次性综合补助。

对于过渡安置期租房补助的规定是：鼓励需过渡期安置的受灾群众选择投亲靠友、自主租房等分散安置。对选择分散安置的受灾群众，按照每人每月 100 元发放租房补助。其中房屋需要维修加固的，救助期不超过 3 个月；房屋需要重建的救助期不超过 6 个月。

对于房屋在地震中倒塌，或者严重受损，需要重建住房的群众，政府提供住房重建的补助标准是：对于鉴定为农村 D 级危房，家庭人口数 1~2 人，补助 33000 元/户；家庭人口数 3~5 人，补助 40000 元/户；家庭人口数为 6 人及以上的，补助 45000 元/户。对家庭人数和分户情况的认定，原则以公安机关提供的 2019 年 6 月 17 日户籍人口登记数据和分户情况为基础，参考"一标三实"数据进行认定，死亡未销户人口不列入计算范围。有争议的，由公安机关组织核查认定。[①]

3. 推动过渡安置政策实施

过渡安置政策《标准》出台以后，各村（社区）召集村支两委、各组组长、党员代表、村民代表等人员对政策进行宣传，现场向参会人员讲解安置补贴发放对象范围、发放标准、实施程序、评议办法等。同时通过张贴文件、召开社员大会等方式宣传过渡安置补贴政策，确保政策宣传全面覆盖、评议过程不出差错、评议结果公平公正。但是，有的受灾群众没有

---

① 曹洋：《宜宾珙县出台"6·17"地震农村 C 级住房补助标准》，四川在线，https://yibin.scol.com.cn/sdxw/201908/57036065.html，最后访问日期：2021 年 10 月 28 日。

认真阅读和理解政策，认为户籍在灾区，长期在外打工的也应该领取，大家议论纷纷，去找政府索要补贴，甚至巡场镇金龙村一个村民还在人民网的领导留言板上，给省委书记彭清华留言，对这次地震灾后政府补助问题提出疑问，问为什么外出打工人员就没有补助？希望政府官员能实实在在为老百姓做点实事。这样的问题反映上去后，给当地政府带来了很大压力。为了消除疑虑，将政策解释清楚，取得灾区群众理解，珙县县委专门针对此事进行了公开回复，将《珙县"6·17"地震受灾群众安置补助及遇难人员家属抚慰金发放标准实施办法》（珙重建委〔2019〕1号）和《"6·17"地震珙县城乡居民受损住房灾后重建实施方案》（珙重建委〔2019〕5号）进行了认真解读，进一步明确了补助发放的具体范围和标准，对该村民的补助救助政策落实情况进行解释，把所涉及的问题进行了说明，并挂到政府网站公开，最后得到群众的理解与支持，稳定了当地受灾群众的情绪。

在《标准》执行过程中，也存在不少矛盾和怨言，特别是对于D级危房，按照要求必须拆除，但群众认为补偿标准太低，自己没有足够资金进行房屋重新修建，因此不愿意拆除。很多人希望参照汶川地震灾后重建模式，实行交钥匙工程，甚至有人说宁愿政府将D级危房重新鉴定为C级危房，只进行加固即可搬入使用。指挥部针对群众的各种诉求，要求各级干部加大政策宣传力度，给受灾群众解释政策制定的依据，尽量寻找其他惠民政策进行补充，联系金融机构解决农户贷款修房问题，通过多种途径想办法为村民解决建房资金困难。四川省委组织部提出，要把过渡安置和灾后恢复重建与"不忘初心、牢记使命"主题教育活动结合起来，压紧压实各级干部责任，让各级干部深入灾区一线解决问题、攻坚克难，在灾后重建中考验干部。① 具体在《标准》的执行上，要求严格执行发放"四程序、两公示"，即"个人申报—评议—乡（镇）审核—县审批—评议公示—发放资金公示"等必备程序，健全完善相关档案资料备查，使过渡安置政策在执行中公开、透明、公正。② 在物资发放时实行全程监督，确保各项政策公开、公正、公平，对徇私舞弊、违法乱纪的党员、干部及扰乱发放工

① 黄大海：《长宁地震受灾群众安置是目前抗震救灾工作的重中之重》，四川新闻网，http://scnews.newssc.org/system/20190625/000975128.html，最后访问日期：2021年10月27日。
② 黄大海：《宜宾市出台长宁"6·17"地震受灾群众安置补助标准》，四川新闻网，http://scnews.newssc.org/system/20190623/000974688.html，最后访问日期：2021年10月27日。

作、虚假冒领补助资金的人员依纪依法从严处理。

4. 特殊县情下过渡安置方式政策考量

针对灾区群众的安置方式，是采取集中安置为主还是分散安置为主，主要是根据当地的特殊县情考虑。

长宁县与珙县的县情有较大差异。长宁县受灾较重的乡镇主要是双河、龙头、硐底、梅硐四个镇，县城和其他乡镇受灾较轻。长宁县的常住人口城镇化率较低，大量人员都居住在农村，长宁县的经济结构中旅游服务业占了很大部分，工业所占比重小，受灾较重的四个乡镇都是以农业为主的乡镇。全县农村人口大量外出打工，农村闲置住房较多，投亲靠友比较方便。因此，长宁县决定采取多元化安置方式，居住集中的采取群众互助安置模式，家庭相对独立的采取家庭安置模式，亲友经济条件好，环境宽松的采取投亲靠友模式。针对不同安置模式，政府也同步考虑救灾物资的发放，鼓励群众积极开展自救和自力更生。考虑到受灾群众较多，集中安置时间较长，长宁县也投资建设了 500 人规模的板房，对其他方式确实无法安置的受灾群众进行过渡安置。通过努力，在地震后的第 13 天，即 6 月 30 日，最后一批受灾群众离开了长宁县双河镇中学运动场的临时安置点。通过房屋维修加固、自建临时安置棚、投亲靠友、集中板房安置等方式，长宁县内所有的受灾群众很快从临时安置转向了过渡安置。

在此次地震受灾最严重区县之一的珙县，其县情与长宁县又有所不同。珙县的受灾较重的区域主要在老县城珙泉镇、新县城巡场镇和底洞镇，这三个镇是珙县的大镇，居住人口较多，特别是芙蓉矿务局的大量职工居住在巡场镇。由于珙县的矿产资源丰富，全县经济结构中，工业所占比例较大，常住人口城镇化率高，加上芙蓉矿务局有不少闲置的房屋资源可以利用起来进行置中安置。因此，珙县受灾群众的过渡安置方式，遵循"分散安置为主，集中安置为辅"的原则，也顺利进入灾后过渡安置阶段。珙县对不能返家居住的受灾群众，鼓励通过投亲靠友、租房、建设过渡安置房等方式进行过渡安置，如果以上三种途径都无法解决安置的群众，政府设置过渡安置点，组织他们进入全县设置的三个集中过渡安置点。

5. 珙县的集中过渡安置点

珙县对受灾群众以分散安置为主，鼓励群众投亲靠友的同时，通过盘活闲置房屋的方式，集中安置一批无法解决居住问题的受灾群众。主要是利用珙县巡场镇宏能煤矿下坪洞公房、芙蓉集团白皎煤矿职工宿舍等闲置房屋资源，进行清扫整理，经过改造升级后打造成过渡集中安置点，形成功能齐全的临时社区，有效解决受灾群众的过渡安置问题。通过全面优化过渡安置服务，不断提升受灾安置群众的获得感和满意度。

珙县巡场镇下坪洞安置点以前是原川南监狱第三监区，监狱搬迁后，监区建筑物长期闲置，县里决定将此地作为地震受灾群众的过渡安置点，通过组织人员重新打扫、翻修后，将屋内和周边环境整治干净，而且还通上了水电气，灾民安置在这里十分安全，生活也非常方便，群众心里也踏实。在一期安置区域共有三层楼的房屋 7 栋，房间 209 间，可以安置人员1232 人。其中，1 号楼有房间 27 间，可安置 174 人，2 号楼有房间 27 间，可安置 174 人，由于这两栋楼在整个安置点的靠外位置，安置点的大门就在两栋房屋之间，与外面公路较近，所以，在 1 号楼的一楼安排了居民活动室、社区医疗救助站、心理援助站、临时社区党群服务中心等功能用房，为入住群众开展服务。在 2 号楼的一楼设置了下坪洞安置点办公室，1号楼和 2 号楼前面有一块空地，周边有围墙，为了方便群众活动，还专门设了一个篮球场，安放有篮球架，可以打篮球，平时也可以搞一些活动。3 号楼有房间 46 间，可安置 258 人，4 号楼有房间 45 间，可安置 260 人；5 号楼有房间 25 间，可安置 158 人；6 号楼有房间 24 间，可安置 150 人；7 号楼有房间 15 间，可安置 58 人。每栋房屋的每一层都有一个公用厨房，安装有十几个天然气炉灶，还有一个房间是公共餐厅，摆放有桌子和凳子，用于就餐。这里的居住环境，虽然远不及家里，但这里的安全、舒适和方便让受灾群众仍感欣慰。

芙蓉集团白皎矿区过渡安置点位于珙县巡场镇，是珙县 3 个集中过渡安置点之一，也是利用矿区的闲置住房安置受灾群众。该安置点入住了受灾群众 100 余户 400 余人。该安置点的管理规范，要进行安置登记、夜间值守、信息反馈、统筹协调、环卫保洁、调解纠纷、维护稳定等日常管理工作。管理员每天要从楼上转到楼下，挨家挨户嘘寒问暖，了解情况、询问需求、解决问题，主动帮助行动不便的老人整理被褥，特别是遇到受灾群众之间发生纠纷，还要苦口婆心从中劝导调解，化解矛盾纠纷。像这样的城镇集中安置点在珙泉镇还有一个。

在政府的努力宣传和动员下，受灾群众通过投亲靠友、搭建简易安置棚、利用闲置的公共建筑设置固定安置点等方式，珙县有 4.5 万余名受灾群众实现从临时安置转入过渡安置，临时集中安置点的受灾群众在灾后 10

天左右基本疏散撤离，长宁地震灾区的 27 个大型集中临时安置点全部撤除。灾区生活逐渐恢复正常。

第三节 受灾人员转移安置比较研究

对长宁地震灾区受灾人员转移安置情况进行分析，有必要借鉴 2017 年 8 月 8 日九寨沟 7.0 级地震应急疏散转移的经验，为长宁地震受灾群众转移安置提供参考和借鉴。

一 九寨沟地震应急疏散转移的经验

在"8·8"九寨沟地震抢险救灾中，对于人员转移疏散，有一些成功的经验值得借鉴。

1. 九寨沟地震的疏散转移特点

九寨沟地震发生在全国著名的 5A 级旅游景区这个特殊的区域和旅游旺季这个特殊的时期，地震发生后对游客的疏散转移具有如下特点。

（1）九寨沟地震的人员转移及时高效。九寨沟 7.0 级地震发生在 8 月 8 日晚上 9 时 21 分，震中距九寨沟沟口仅 39 公里，也是浅源地震。当时正值暑期旅游旺季，游客很多，当天景区接待游客 38799 人，如何千方百计抢救伤员，妥善安置转移群众和游客成了当时抗震救灾工作的关键任务。由于多条道路中断，政府通过交通管制，全省调集客车、大巴车从东线平武有序进入灾区，克服抢通保通难度大、车流量密集、山高路远、游客急切离开等困难，搭建起涵盖陆路和空中，多个转移方向相衔接，政府、群众和企业共同发挥作用的疏散撤离网络，不到 24 小时时间，累计转移出近 6 万名游客和务工人员到安全地点。

（2）政府成为确保应急疏散转移成功的主要力量。在游客疏散转移过程中，政府的主体地位和作用是关键。在各个层次，各方面的救援力量涌进灾区，建立以政府为主体的统一高效的指挥体系十分关键。政府的组织动员能力强，调动资源力度大，群众的信任度高，是组织和帮助被困游客安全转移的主要力量。政府进行统一指挥、调度、协调，明确各种救援力量的职责和分工，用其所能，发挥所长，顺利完成疏散撤离任务。

（3）强化科学组织、集中统一行动是成功转移的关键。在危难关头，一盘散沙只会增加危险，组织起来才能共渡难关。地震发生后，当地立刻把群众组织起来，把应急物资集中起来，各个旅行社的导游、宾馆服务员全力安抚安置游客，有组织地开展应急避险和抗震救灾，有组织地撤离转移，最大限度地保证了游客的安全。在极度困难和危险的情况下，短时间大规模的人员长途转移，没有强有力的组织是无法实现的。这也再次表明，历经多次重大自然灾害考验、不断完善的四川综合减灾救灾应急指挥体系卓有成效。

（4）建立跨区域应急协调联动机制是前提。跨区域的救灾，必须有救援力量跨区域应急协调联动机制。在2015年，九寨沟县周围7个县（市）召开联席会议，按照"信息互通、资源共享、队伍互助、协同应对"的原则，共同签订了《跨区域突发事件应急联动协议书》，在协议中明确提出了建立联席会议制度、突发事件信息共享制度、应急处置联动制度、共享应急资源等。在九寨沟地震发生后的抢险救灾中，充分显示出了跨区域应急协作联动机制的高效作用。

（5）应对地震的经验及基础设施改善发挥了作用。九寨沟县经历过"5·12"汶川地震时的游客疏散转移，当时有6000余名游客滞留九寨沟县。当地政府和景区有效应对，正面宣传引导，稳定滞留游客情绪，做好震后滞留游客的应急疏散和服务工作，两天内顺利有序全部疏散游客返程，在此过程中积累了丰富的经验。同时，在汶川地震后的新建筑都达到了抗震设防要求，对公路沿线地质灾害点进行了治理，对从经绵阳、平武进出九寨沟的道路进行了全方位的提升改造，建筑物和道路都经受住了九寨沟地震的考验，为快速安全转移撤离几万游客奠定了基础。

（6）基层应急队伍是应急疏散转移成功的根本保证。四川省在遭受"5·12"和"4·20"两次大地震后，通过实战及应急演练培训后，基层干部和人员的应急处置经验和能力有了很大的丰富与提高，全社会的应急避险意识和应急处置水平有了质的提升，地方政府和全社会应对突发自然灾害的机制不断完善，领导干部在应急管理中的重要作用越来越显现。在九寨沟地震后应急疏散转移游客的过程中，专业化、训练有素的基层应急队伍发挥了举足轻重的作用，保证了几万人员的长距离应急疏散转移。

二　长宁地震受灾人员转移安置的经验总结

根据应对重大突发自然灾害事件的经验，灾害现场的人们往往会产生迅速逃离危机现场、寻求安全稳定场所避险求生的强烈愿望。因此，突发自然灾害应急管理的应对也是经历现场救援—人员转移—临时性安置—过渡性安置—永久性安置的逐步演进过程，并且必须遵循一定的原则和方法。与九寨沟地震的人员疏散转移特点比较，在"6·17"长宁地震对受灾人员的转移安置过程中，我们认为有以下几个方面的经验值得总结。

1. 坚持"以人民为中心"的救灾转移安置理念是根本

把人民群众生命安全放在首位，以人民为中心，人民利益是最大利益的救灾理念，在这次灾后转移安置过程中体现得非常充分。无论是在临时安置、过渡安置还是危房鉴定过程中，都做到了聚民心、稳民心和暖民心。

一是坚持党建引领聚民心。在长宁地震灾区群众转移安置过程中，充分发挥领导干部示范率领和带头作用、基层党组织战斗堡垒作用和党员先锋模范作用，在集中安置点成立临时社区，组建社区党支部、"帐篷"党支部。在安置点对群众嘘寒问暖、进行关心，及时提供生活所需物资和暖心的服务。由党建引领聚民心，为受灾群众安危所想，为群众建房所想，组织县级机关、镇、村（社区）干部与 C 级、D 级受灾危房户全覆盖结对，制作发放"抗震救灾党群连心卡"，明确政策宣传、联系协调、劝导教育等 6 项工作任务，广泛收集社情民意，协调解决问题，引导受灾群众自立自强、互帮互助、服从大局。选派乡镇党委班子成员和县级相关部门负责同志组成支部班子，制定干部考勤、便民服务等 6 项工作制度，设置安全保卫员、物资发放员、群众联络员等 8 个服务岗位，回应群众诉求，做好安置点管理，用党建引领聚民心。

二是贴心关怀、合理安置稳民心。面对大量的受灾群众，当地政府及时组织进行转移安置，精准落实救灾措施，迅速确定安置地点，搭建安置帐篷，调集物资做好生活保障，发放救灾物资，解决生活困难，安排好受灾群众的基本生活，处处为受灾群众考虑，尽量改善群众生活。对救出的受伤人员及时转移送医，精心治疗；当地医院无法医治的，通过直升机空中转运到成都治疗，派医生专门全程护理照料，体现出"以人民为中心"的转移安置理念。在临时安置点和过渡安置点，把人民生命至上理念融入到群众安置工作中，在各个安置点都采取消防和防疫安全措施，针对地震受损房屋，专业人员挨家挨户全面开展受灾房屋和其他财产的评估鉴定工作，基层党员干部走村串巷劝说仍然居住在 C 级危房中的群众搬迁到安置点。在制定过渡安置政策时，注重维护人民的权益，对群众耐心详细地宣传安置政策，用足国家政策，想尽办法去解决群众所面临的困难。在实施安置政策时，进行广泛宣传、解释、公开、公示，接受人民的监督。通过贴心关怀、合理安置，稳定了民心，也稳定了灾区。这些都是坚持"以人民为中心"的救灾转移安置理念的体现。

三是倾情关爱、精细服务暖民心。当地政府引入城市社区管理模式和治理机制，在受灾群众安置点组建自治委员会，制定干部考勤、民主管理等6项工作制度，由社区干部、普通党员、受灾群众共同参与安置点公共事务和重大事项决策。坚持"生活服务＋社会服务"同步保障原则，各安置点免费提供水、电、气等基本服务，同时配置洗衣机、电视、宽带网络等生活设施，对受灾群众倾情关爱，提供精细服务。推行家门口"一站式牵手"服务，为群众生活提供便利。在临时社区内设党群服务中心、老年活动中心、妇女儿童中心、心理咨询室、警务室、医疗服务站、志愿者服务站、惠民便民店"三中心两室两站一店"，制定困难需求清单，通过窗口接待、走访慰问、社交媒体等多渠道收集群众需求，精准开展政策解读、生活保障等服务，满足群众多样化服务需求，帮助受灾群众解决生活问题，通过精细服务温暖民心。

2. 地方政府迅速调集和运送各种救灾物资到灾区是基础

地震发生后，短短数小时内，帐篷、矿泉水、方便面等救灾物资相继送到灾区，为转移安置的有效开展奠定了基础、提供了保障，这次地震不但检验着新组建的应急管理部门的应急能力，同时也检验着地方党委和政府的应急能力。长宁地震发生后，应急管理部连夜组织工作组赶赴震区指导地方救援救灾工作，通过国家粮食和物资储备局紧急调拨5000顶帐篷、1万张折叠床、2万床棉被的救灾物资支援长宁。四川省消防救援总队全勤指挥部及周边6个消防救援支队出动63台消防车、302名消防指战员立即赶赴救灾现场，"6·17"开展全面搜救和救助工作。截止到6月18日8时，所有的受灾群众已经得到妥善安置，各种救灾物资已经到达灾区现场，地方党委、政府和各级应急部门显示了比较强大的"应急能力"，保障了长宁地震受灾人员转移安置工作的顺利开展。

3. 做好安置点物资发放和安全、服务配套是保障

地方政府通过扎实有效的工作，做好受灾群众避险安置，科学有序组织调运救灾物资，扎实抓好食品、饮用水、棉被、帐篷、折叠床等物资的运送和发放，给临时安置点通电、挖排水沟防雨水浸入、提供充电装置、防雷、打扫环境卫生、解决帐篷照明、安放电视大屏幕播放节目和收看新

闻、完善安置点区域功能、建立儿童之家、提供一日三餐可口饭菜等工作，并同步做好安置点的消防、防疫工作，充分保障受灾群众生活需求，尽量使群众在安置点居住舒适方便，确保群众在安置点有饭吃、有衣穿、有饮用水、有安全住所、有基本医疗，缓解了灾难带来的心理压力和生活困难。在集中过渡安置点，设置社区医疗救助站、保安室、心理援助站、老年人活动中心，成立临时社区党群服务中心，使集中过渡安置点临时社区的服务设施逐渐完善，极大地方便了群众生活。这些做好安置点服务设施配套和提供救灾物资保障的工作和措施，是做好长宁地震受灾人员转移安置的基础，赢得了群众的一致好评。

4. 科学实施受灾群众临时安置和过渡安置方案是目标

灾害发生后的第一时间是抢救生命，紧急转移受灾群众，及时安置受灾群众。长宁县地震发生后，当地政府迅速组织力量开展救灾，科学开展受灾群众的临时安置，把受灾群众转移到各个集中安置点，稳定人心，尽快恢复社会秩序，这一点做得很好。灾区群众安置点没有出现过火灾、盗窃、疫情、治安、人员伤亡等情况。同时，政府考虑到夏天炎热，决定尽快结束临时安置而转入过渡安置，科学实施过渡安置方案，解决群众的后顾之忧。在实施过渡安置方案时，没有搞强制性的"一刀切"，而是根据特殊县情因地制宜，利用部分现有企业闲置房屋作为集中过渡安置点。不少农村的受灾群众在居住房屋周围自建简易过渡安置棚，进行分散过渡安置，政府也提倡这种就地取材、因地制宜、新旧结合、节俭建房的安置理念，帮助大家在道路边、树林中、自家房屋旁修建简易过渡安置棚，从而避免了修建大规模过渡安置板房进行集中安置而带来的管理问题，避免了之后可能出现的征地补偿、板房拆除处置的资源浪费以及土地复耕复垦等多方面的棘手问题，体现了科学安置的理念和举措，达到了科学实施受灾群众临时安置和过渡安置方案的目标。

5. 地方政府具有出色的组织指挥和应对能力是前提

对地方党委和政府而言，如何妥善有序地转移安置好受灾群众，如何让受伤群众得到及时救治，同样考验着地方党委和政府的应急能力。最近十几年来四川省发生了几次较大地震，各级政府的防灾减灾救灾能力明显提高，群众的灾害应对意识明显增强。基层政府每年进行宣传教育培训，定期开展应急演练，这些做法，对于突发自然灾害的应对是非常有帮助的。受灾群众没有出现过度慌乱，安置点秩序井然。地方党委和政府出色的组织指挥和应对能力,使长宁地震受灾人员转移安置工作交出了一份合格的答卷。

6. 灾区群众具备一定的救灾经验和应对能力是优势

地震灾害对于四川群众来说并不陌生。对长宁地震灾区群众而言,具有应急避险逃生意识和处置应对能力,对于开展受灾人员转移安置同样重要。通常情况下发生一次大的地震后,还会有很多余震发生,长宁地震发生后短短数小时之内相继发生了大大小小的余震 60 多次,最大的一次余震为 5.0 级。面对地震,如何配合当地政府做好转移安置工作,避免次生灾害,对于当地群众来讲也是一次检验。长宁地震灾区很多群众从过去的地震经历中学习体会,已经具备了一定的救灾经验和应对能力,他们临危不乱,地震后积极开展自救互救,主动参与人员搜救和组织转移安置,在安置点相互支持和鼓励,相互提醒督促,时刻防范次生灾害,所有安置点都没有发生"二次伤害"。灾区群众具备一定的救灾经验和应对能力是做好转移安置工作的优势,灾区群众提交的这张"应急考卷"同样是合格的。可见,加强应急避险知识的宣传教育非常重要。各地通过多种形式在群众中普及应对突发自然灾害的相关知识,加强常用应急避险知识的宣传教育,全面覆盖到乡村、社区、学校、企业,特别是自然灾害高发易发区,定期开展救灾逃生演练,在地震来临的关键时刻就会发挥很好的作用。新闻媒体平时开展的突发事件风险预防与应急处置、自救与互救知识的公益宣传,也能够大大增强和提高全民防灾减灾救灾的意识和能力。

第四节 完善受灾群众转移安置工作的几点建议

长宁地震受灾群众的转移安置工作,应该是说做得比较好,人心稳定,秩序良好,群众满意。但是,从应急管理的角度,从中长期改进来看,我们认为还可以考虑完善以下几方面的工作。

一 增强和提升灾害风险防范的意识和能力

四川的自然灾害较多,区域性地震、塌方、泥石流、季节性洪涝灾害频发,因此必须增强和提高灾区群众灾害风险防范的意识和能力,牢固树立灾害风险管理和综合减灾理念,进一步提升全社会对灾害风险及其防范工作严峻性、紧迫性的认识，坚持以防为主，扎实做好日常防灾减灾工作。在灾害发生后，受灾群众才能通过自救互救有效开展紧急避险和转移安置工作。因此，今后要大力宣传普及防灾减灾知识和自救互救技能，进一步增强公众防灾减灾意识，弘扬防灾减灾文化，加强对社区居民自救互救意识和能力的培训。充分发挥社会救援力量的作用，搭建一个社会组织、志愿者等社会力量全方位参与防灾减灾救灾的工作平台。可借助该平台和应急志愿者队伍的装备和人才优势，通过政府购买服务的方式，委托应急志愿者队伍有计划地开展社区居民应急避险、自救互救等多方面的宣传和培训。

二 提高地方政府和基层干部的应急处置能力

在应急处置过程中，地方政府和基层干部的作用发挥也非常关键和重要，基层应急能力建设是做好防灾减灾救灾工作、推进应急管理体系和能力现代化的基础，要进一步切实强化地方政府和基层干部的应急能力建设。严格落实地方党委政府在自然灾害防救方面的主体作用，督促协调好有关部门和人员切实承担起灾害预防和风险防范的主体责任。提高地方政府部门专业人员的应急能力，需要加强应急人员的专业培训。对于涉及自然灾害应急处置的单位，都应设置专门负责应急救援的岗位，明确从业人员的能力要求和岗位职责。应急管理部门应当定期对应急人员开展应急避险演练。进行专业培训与考核，对各类应急指挥人员、应急调度人员、应急执行人员、应急救援人员进行不定期的应急演练，让他们对防灾减灾救灾思想有准备、能力有储备、意识有防备，能做到得心应手，提高救援和转移疏散的能力和效率。强化灾害风险会商研判机制，建立健全灾害预警信息发布制度，提高信息发布的准确性、时效性，扩大公共覆盖面。

三 完善应急避难场所的规划和建设①

随着城镇建设的大规模高速度发展，很多绿地空地被占用，导致应急避难场所的规划建设受到很大影响。特别是在长宁、珙县这样的山区县

---

① 肖玉虹：《灾情就是命令 灾区就是前线——长宁6·17地震宜宾市人防抗震救灾纪实》，四川省人民防空办公室网站，http://rfb.sc.gov.cn/scrf/llyj/2019/7/3/f589ef41e0f6401fa329b53beec98665.shtml，最后访问日期：2021年10月27日。

城，开阔平地本就有限，一旦发生大的自然灾害，人口密集的县城，连一个设施完备的应急避难场所都没有，非常令人担忧。因此，必须加快推进应急避难场所的规划建设和完善，在规划建设或扩建广场、公园、绿地、体育场、学校、医院等公共设施时，充分考虑应急避险需求。做到统筹规划、合理布局、平灾结合、物尽其用。一是发挥人防作用，实现平战结合。完善应急避难场所选址及应急避难公园的建设。针对长宁县和珙县县城及周边地形的特点，需要建设大面积的疏散基地，平时可供当地居民休闲，灾时可作应急避难场所。二是要充分发挥学校的应急避险作用。提升避灾承载力和灾民安置能力，完善应急设施和条件，在发生突发自然灾害事件时充分发挥应急避险场所的功能。参照地震应急避难场所建设标准，进行避难场所选址，完善应急避难场所功能，设置指示标识和标牌，便于识别、逃生和应急救援。配备应急供水、应急供电、应急厕所等基础设施，建设标准、安全、实用的应急避难场所。

四 提高该地区建筑物的抗震烈度标准

确保建筑物的抗震设防质量是抗震救灾的根本。建筑物的质量安全，是应对地震破坏的关键，也是稳定人心，减少灾后转移安置群众数量的基础。按照国家分区域的地震设防标准要求来看，长宁、珙县这些区域城镇仅按烈度 6 度设防，而灾前农村房屋基本不设防，导致此次地震后城乡住房倒塌和毁损非常严重，这给转移安置增添了很大压力，也给灾后重建增加了成本。例如，双河中学教学楼系 2013 年 "4·25" 宜宾地震后按 6 度设防重建的项目，在此次地震中严重受损，经鉴定为 D 级危房，需再次拆除重建。由于涉及学校多个年级和班次的上课教室，严重影响学校的正常教学安排，给灾后重建带来很大的压力。据统计，此次地震导致珙县共有 36 所学校受损，83 栋楼舍需维修加固或拆除重建，涉及 20000 余名学生的复课问题。因此，必须提高该地建筑物的抗震设防标准，进一步提高建筑物的结构安全度，加固和改造现有老旧住房，提高其抗震等级，减少地震对房屋的严重破坏。在新建房屋过程中，加强对工程质量管理，特别是针对农村住房建设，工程质监部门应该一直把抗震设防工作贯穿于工程建设始终，常抓不懈，确保建筑物的抗震设防质量。同时，针对老旧住房要进行加固和改造，提高其抗震等级，确保建筑物抗震质量。

五　建立完善的救灾物资储备体系

建立和完善救灾物资储备体系，可以加快应对自然灾害的反应速度、提升紧急救助能力和紧急转移安置能力，有助于推进救灾工作系统化、规范化和科学化发展。但是在四川山区，自然灾害特别是重大灾害往往会导致道路中断、交通不畅、通信受阻等问题，救援物资和资源很难在第一时间到达灾区。因此，各地应该建立完善的救灾物资储备体系。一是健全有效的应急物资储备网络。完善以政府储备为主、社会储备为辅的救灾物资储备机制，逐步推广协议储备、依托企业代储、生产能力储备和家庭储备等多种方式，将政府物资储备与企业、商业以及家庭储备有机结合，将实物储备与能力储备有机结合，逐步构建多元、完整的救灾物资储备网络。二是对储备的应急物资进行科学有效的管理。地方应急救援部门和应急救援基地应以物联网技术为基础，以卫星定位技术及移动通信系统技术为补充，建立应急救援装备和物资储备模式、管理模式，系统解决应急救援物资储备管理工作中物资装备动态管理与及时调用的问题。建立健全科学、经济、有效的应急物资储备网络运行管理机制，确保应急物资计划、储备、调用、补充等工作的科学、顺利开展。三是以家庭为单位进行必要的家庭应急物资储备。家庭应急物资储备可以为家庭成员的自救互救和逃生提供必要的物资保障，为转移安置提供基本的生活保障。

地震舆论引导工作研究

王彩平 *

摘　要："6·17"长宁地震的发生受到了全国人民的普遍关注，汹涌的互联网舆论迅速将抗震救灾和灾后重建工作置于显微镜之下，各类地震谣言通过网络迅速放大，以一个个始料未及的新闻点引爆舆论并传遍全国，地震发生后，宜宾市委、市政府，长宁县委、县政府，珙县县委、县政府迅速启动应急响应，及时发布地震信息，积极开展舆论引导，全方位反映灾情、救援、安置，保障受灾群众的生产生活，为抗震救灾和灾后重建工作营造了良好的舆论氛围。

关键词：长宁；"6·17"地震；舆情引导

第一节　引言

2019年6月17日22时55分，四川宜宾市长宁县发生6.0级地震，震中双河镇（北纬28.34度，东经104.9度），震源深度16千米。其他邻近地区，如重庆、云南、贵州等多地均有明显震感。此次地震的一大特点是余震特别频繁，截至6月26日8时，共记录到M2.0级及以上余震182次。地震造成13人死亡，236人受伤住院。

当今社会，舆论已成为影响政治走向、群众情绪、社会思潮乃至社会稳定的重要因素。2016年2月19日，习近平总书记在主持召开党的新闻舆论工作座谈会时强调，党的新闻舆论工作是党的一项重要工作，是治国理政、定国安邦的大事。他指出："历史和现实都告诉我们，舆论的力量绝不能小觑。舆论导向正确是党和人民之福，舆论导向错误是党和人民之

---

* 王彩平，中共中央党校（国家行政学院）应急管理培训中心（中欧应急管理学院）教授，研究方向为舆论引导和危机传播。

祸。好的舆论可以成为发展的'推进器'、民意的'晴雨表'、社会的'黏合剂'、道德的'风向标',不好的舆论可以成为民众的'迷魂汤'、社会的'分离器'、杀人的'软刀子'、动乱的'催化剂'。"①

在今天的新媒体条件下,互联网的迅速发展给突发事件应对处置工作带来了巨大的挑战。互联网具有跨媒体平台特性,微博微信更是以裂变式的传播使一条信息迅速传遍整个网络。长宁"6·17"地震发生在万里长江第一城、中国白酒之都、五粮液的产地宜宾,加之余震频繁、震中人员伤亡、财产损失较大,社会关注度非常高,汹涌的互联网舆论迅速将抗震救灾和灾后重建工作置于显微镜之下,各类地震谣言通过网络迅速放大,以一个个始料未及的新闻点引爆舆论并传遍全国,长宁"6·17"地震的信息宣传和舆论引导工作面临着巨大的压力。

地震发生后,党中央、国务院高度重视,习近平总书记作出重要指示,李克强总理作出批示,四川省委和省政府统一部署、有力指挥,宜宾市委和市政府、长宁县委和县政府、珙县县委和县政府迅速启动应急响应,及时发布地震信息,积极开展舆论引导,全方位反映灾情、救援、安置,保障受灾群众的生产生活,为地震救援工作营造了良好的舆论氛围。

第二节　长宁"6·17"地震舆论引导的主要做法

中共中央办公厅、国务院办公厅2016年2月17日印发实施的《关于全面推进政务公开工作的意见》强调:"对涉及本地区本部门的重要政务舆情、媒体关切、突发事件等热点问题,要按程序及时发布权威信息,讲清事实真相、政策措施以及处置结果等,认真回应关切。依法依规明确回应主体,落实责任,确保在应对重大突发事件及社会热点事件时不失声、不缺位。"②

"6·17"长宁地震发生后,党中央、国务院和四川省委、省政府,宜宾市委、市政府高度重视,抓紧核实地震灾情,及时发布灾情和救灾工作信息。四川省委书记彭清华第一时间作出批示,要求迅速启动应急预案,组织力量赶赴震区了解灾情,加强信息发布,确保灾区社会稳定。时任省长尹力第一时间打来电话,要求宜宾市迅速采取有力有效措施,核查灾

---

① 《习近平关于社会主义文化建设论述摘编》,中央文献出版社,2017,第38页。
② 《关于全面推进政务公开工作的意见》,中国政府网,http://www.gov.cn/zhengce/content/2016-11/15/content_5132852.htm,最后访问日期:2021年10月15日。

情，抢救人民群众生命财产，确保社会稳定。宜宾市委和市政府、长宁县委和县政府、珙县县委和县政府迅速启动应急响应，及时滚动发布灾情信息，迅速占领舆论制高点，掌握舆论话语权，为抗震救灾和灾后重建工作顺利进行创造了良好的舆论环境。

一　宜宾市的主要做法

1. 迅速启动响应，建立工作机制

我国《突发事件应对法》第 53 条规定："履行统一领导职责或者组织处置突发事件的人民政府，应当按照有关规定统一、准确、及时发布有关突发事件事态发展和应急处置工作的信息。""6·17"长宁地震发生后，为了更好地履行信息发布的政府工作职责，最大限度地保障公众知情权，宜宾市委市政府迅速启动应急响应，建立工作机制，通过良好的制度运转为地震舆论引导工作提供制度保障。

一是成立抗震救灾指挥部，下设 13 个应急工作组，宣传报道、舆论引导与社会稳定组均由市领导牵头抓总。二是按照应急预案要求，市委宣传部（市政府新闻办）立即与市应急管理局进行沟通对接，明确所有需要发布的灾情信息由市应急管理局提供，由市委宣传部（市政府新闻办）统一组织对外发布。三是组建由宣传、网信、公安、国安、应急、防震减灾、长宁县、珙县等组成的网络安全工作专班，开启 7×24 小时"双人双岗"值班值守，统筹开展全网监测、舆情研判、信息发布、评论引导和管网治网工作。地震当天，坚持每两小时向省委网信办报告，相关市级部门坚持每两小时互报信息，长宁县、珙县坚持网上网下信息"马上报"，务求准确掌握第一手信息。

2. 第一时间发声，抢占舆论先机

列宁曾经指出："一个国家的力量在于群众的觉悟。只有当群众知道一切，能判断一切，并自觉地从事一切的时候，国家才有力量。"[①] 毛泽东同志也强调："我们的政策，不光要使领导者知道，干部知道，还要使广大的群众知道。"[②] "群众知道了真理，有了共同的目的，就会齐心来做。"[③] "群众齐心了，一切事情就好办了。"[④]

---

① 《列宁全集》第 33 卷，人民出版社，2017，第 16 页。
② 《毛泽东选集》第 4 卷，人民出版社，1991，第 1318 页。
③ 《毛泽东选集》第 4 卷，人民出版社，1991，第 1318 页。
④ 《毛泽东选集》第 4 卷，人民出版社，1991，第 1318 页。

"6·17"长宁地震发生后,宜宾市政府官微"宜宾发布"第一时间动态报道。6月17日23时03分,转发中国地震台网第一条地震消息;6月17日23时12分发布第一条震情速递;18日0时13分,发布第一条辟谣消息……地震发生4小时内,"宜宾发布"通过官方微博、微信等方式发布新闻通稿10篇,灾情及救灾动态30余篇。同时,市级各媒体也同步转发新闻通稿,并发布相关动态消息。

地震发生后,"宜宾发布""长宁发布""珙县发布"市县官方微博、市级媒体新媒体滚动发布地震灾情信息和救援信息,迅速抢占舆论先机,封堵网络谣言空间。仅地震发生后的前3天,"宜宾发布"政务新媒体开设和参与的十多个微博话题,总阅读量超过10亿人次,互动讨论达22万余条。同时,省市县三级官微通过发布专家的专业解读,及时辟谣,压缩谣言传播空间,主导网络正向传播。

6月18日8时30分,震后不到10个小时,"6·17"长宁地震抗震救灾省市联合指挥部在震中双河镇召开了第一次新闻发布会,新华社、中央电视台、四川日报、四川广播电视台等中央和省级30余家主流媒体参加新闻发布会,10余家中央和省级媒体进行了网络直播。至6月25日下午,联合指挥部共召开新闻发布会7场,及时向社会公布地震受灾情况和抗震救灾最新信息,回应舆论关切的人员伤亡、救援和余震等关键信息,真实呈现灾区救援和群众生活现状。

每场新闻发布会前,负责新闻发布的牵头人、协调人与有关部门全面收集媒体报道情况和网络舆情状况,掌握媒体关心关注的重点、网络舆情的热点,认真准备媒体关注的问题,确保了每场新闻发布会的顺利召开。

3. 主流舆论占领主战场

地震发生后,市县(区)融媒体、政务新媒体是抗震救灾信息发布和舆情回应、引导的重要平台。"宜宾新闻网""宜宾发布"微信公众号每天9次发布,不断呈现一线动态;重点指导长宁县、珙县利用网络新媒体传播优势,前期对网民反映、质疑等信息,及时公布真相、表明态度、辟除谣言,并根据抗震救灾事态发展主动发布动态信息,全方位展示地震中各级党委、政府和各个部门的救援工作。后期综合运用图、文、音、直播、短视频等新技术、新形式、新平台,采取微视角、提炼微素材、深化微解读,优化议题设置、话题引领和舆论引导,充分挖掘抗震救灾中的共产党员、典型人物、感人事迹,积极打造"小而美、多而精"的网络作品(例如抗震歌曲《爱的维度》《坚韧如竹》），丰富多样的全媒体报道，激发起全市党员干部群众不忘初心、团结奋进、攻坚克难的强大力量，"众志成城，为灾区加油、祈福、感恩奋进"等声音成为主流。

截至 6 月 30 日，据不完全统计，"宜宾发布"，长宁县、珙县两县官微发布信息 3000 余条，总阅读量超亿次，网友互动（转发、评论、点赞）超 200 万次。网友对这种饱和式新闻供给给予了高度肯定：压缩了谣言传播和扩大的空间，争取了主动性，大大降低了舆论压力。

二 长宁县的主要做法①

1. 主动发布，掌握舆论话语权

地震发生后，长宁县融媒体中心第一时间启动重大灾害宣传舆论应急预案，迅速集结，有序调度，采集大量报道素材。发挥媒体集聚优势，及时主动发声，各平台根据媒体传播特点，密集发布信息，多渠道与网民互动，回应网民关切，把网民留在本地，赢得了舆论话语权。"长宁发布"政务双微、头条号、抖音平台在震后 24 小时内发布灾情通报、抢救生命第一等抢险救灾信息，全方位展示震中救灾工作；震后 48 小时聚焦灾区水电气三通、群众安置和基本生活保障；震后 72 小时聚焦学生复课、各类鉴定等救灾进度。进而挖掘救灾过程中涌现出的感人事迹、先进典型。救援进入尾声，及时发布送别救援队伍撤离，恢复灾后重建，让公众及时了解社会各界协同抗震救灾，受灾群众感恩的生动场景，截至 6 月 29 日，"长宁发布"官方微博发布图文、视频信息 192 条，其中原创 171 条，转发 21 条，阅读量 3100 余万，转评赞数 16 万。"长宁发布"微信发布信息 43 条，原创 39 条，转发 4 条，阅读量 42 万、点赞 2610；"最美长宁"抖音号发布短视频 29 条，播放 6250 万、点赞 221 万。

2. 主流声音，占领舆论制高点

地震发生后，长宁县委宣传部在震中设立抗震救灾指挥部新闻中心，为人民日报、中央电视台、新华社、中新社、央广网、中国新闻网、经济日报、四川日报、四川电视台、红星新闻、封面新闻等 42 家中央、省级、市级媒体 206 名记者抵达灾区开展宣传报道提供保障。县融媒体中心选派骨干记者协助外来媒体记者深入重灾区开展采访报道，共同完成宣传报

---

① "长宁县的主要做法"一节，相关素材与数据来自长宁县委宣传部提供的材料。

道，通过中央、省级、市级主流媒体对地震灾情、救援进展、群众安置等进行持续报道，回应公众对灾区情况的关切，稳定社会情绪。6月17日23时7分，@人民日报发布标题为"四川长宁6.0级地震"的微博，这是中国地震台网正式测定（23时6分）地震级别后发布的媒体信息，截至6月24日，转发量近191万次。人民网最早推出了滚动播报，实时更新长宁县地震相关新闻。地震发生10小时后，人民网发布稿件《速记：宜宾6级地震 星夜救援10小时！》，以"时间轴"的形式详尽地记录了地震后10小时的灾情与救援情况。中央、省、市主流权威媒体的发声，使党中央、国务院，全国人民及时了解"6·17"长宁地震的灾情和抗震救灾情况，为获得各级各界支持做出了贡献。

3. 讲述故事，提升舆论引导力

地震发生后，长宁县融媒体中心记者深入灾区，发现、挖掘灾区的温情故事，先后报道了包工头李中全冒着余震救工友，[①] 哭谢救援人员的15岁女孩李雨秦，[②] 震中"最邋遢的好领导"许中成，[③] 邻里互助老村长梁

---

① 2019年6月17日22时55分，宜宾市长宁县发生地震时，位于震中双河镇的李中全正和自己的母亲、八叔在客厅聊天做饭，工人周朝宣则在里屋睡觉。地震发生时，李中全第一时间就推拉着母亲和八叔往外跑，到了屋外，才想起里屋还有一个人在睡觉。而这时，李中全的这所老旧屋子已经随着地震摇晃不断，且线路已断，一片漆黑。但李中全没有犹豫，掏出打火机冒着余震的风险朝里屋跑去。凭着对房间结构的熟悉以及打火机跳动的微弱亮光，李中全摸索着朝周朝宣所在的房间凑了过去，并听到了周朝宣微弱的救命声。原来，地震使整个屋子剧烈晃动，导致一块水泥板倒下，刚好压在了正在睡觉的周朝宣身侧，几大块碎砖落下来，砸伤了周朝宣的头和左大腿，鲜血淋漓。见此情形，身形瘦小、身高仅1.5米左右的李中全咬着牙，费尽全力肩扛手抬，掀起了这块近百斤重的水泥板，半扶半背地把周朝宣挪出了屋子。让人后怕的是，就在李中全救出周朝宣后不久，这所脆弱的房屋因地震的不断晃动而轰然倒塌，所幸四人均已逃离房屋。周朝宣被送到医院后，李中全又通宵照顾她，一直到18日下午5时许，周朝宣伤情相对平稳后，他才离开医院，回家去向母亲报平安。参见《四川长宁地震：热心包工头冲进屋里救工友，刚出来房子在身后轰然倒塌》，封面新闻，http://www.thecover.cn/news/2111296，最后访问日期：2021年1月10日。

② 2019年6月18日，15岁女孩李雨秦在长宁地震中受伤。她的伯伯、伯娘、7岁弟弟遇难。在病床上，女孩哽咽着感谢救援人员："如果没有他们，我可能真的坚持不下去了"。参见《宜宾女孩地震中获救，病床上哭谢救援人员》，澎湃新闻，https://www.thepaper.cn/newsDetail_forward_3706273，最后访问日期：2021年1月10日。

③ "6·17"长宁地震后，作为震中的一名普通基层干部，宜宾市长宁县双河镇党委副书记、镇长许中成身穿背心、短裤和拖鞋，连续4天不眠不休，带领全镇党员和干部救出被困人员近百人，安置受灾群众2万余人，被当地百姓亲切地称为"最邋遢的好领导"。参见《许中成：震中"最邋遢的好领导"》，澎湃新闻，https://www.thepaper.cn/newsDetail_forward_3774743，最后访问日期：2021年1月10日。

本清，① 舍小家顾大家共产党员向昌云，② 互帮互助村民师元友③等灾区温情感人故事，得到中央、省、市媒体记者关注、转发、点赞；@长宁发布设置"向总书记报告，抗震救灾长宁在行动""直击现场""我在现场"等话题，实时发布灾区救灾抢险进展；聚焦武警官兵、应急救援、人民警察、志愿者、医护人员、村组干部等一线救援人员的身影，向社会各界展现灾区救援场景。策划"现场还有很多感人画面，感谢所有关心和帮助长宁的好心人""夜幕下的双河"等短视频，亲民又接地气，与群众同频共振；创作的首支抗震救灾歌曲《坚韧似竹》，累计播放量 3300 余万次、点赞 406 万，激励受灾群众竹一样坚韧、虚心、向上的长宁精神。

4. 部门协作，增强舆情管控力

地震发生后，长宁县委、县政府迅速成立长宁县"6·17"抗震救灾指挥部，下设 11 个应急工作组，其中宣传报道与舆论引导工作组由县委宣传部牵头抓总，组建由宣传、网信、公安、融媒体中心等组成的网络安全工作专班，统筹开展全网监测、舆情研判、信息发布、评论引导和管网治

---

① 长宁"6·17"地震后，在受灾较重的硐底镇治平村一组，76 岁的老支书梁本清，虽然自家房屋受损成为 D 级危房，但他不仅将自己每月收入 3000 元左右的洗车场无偿让出来作为群众安置点，给乡亲们搭帐篷，而且积极响应恢复重建号召，率先新建起两层小楼房，让给帐篷里的乡亲邻居先来住，自己和妻子挤在自己搭建的简易窝棚里。在老支书的耳濡目染下，他的三个儿子也积极参与邻里互助，为恢复重建作出表率。参见《一个老人和三个儿子的故事，感动长宁一座城！》，搜狐网，https://www.sohu.com/a/340861274_120051087，最后访问日期：2021 年 1 月 10 日。

② 双河镇桂花村共产党员、村支书向昌云，地震发生后，在自己房屋严重受损、母亲受伤、自己也受了伤的情况下，舍小家，顾大家，全身心扑在抗震救灾工作中，向昌云说："家中受灾，谁不揪心，但自己是一名党员，在抗震救灾的关键时刻，党员就是村里人的主心骨。"向昌云在地震发生的第一时间，迅速奔走于全村，通知群众避险，带领全村群众抗震救灾。由于处置及时，全村无人员死亡，无人员失踪，冒着震后的强烈余震，向昌云不眠不休坚守在抗震救灾一线，用两昼夜走访了全村 305 户群众，并带领村民搭建帐篷 92 顶，帮助转移安置受灾群众 500 余人。参见《地震灾难面前，验证着共产党人的初心和使命》，搜狐网，https://www.sohu.com/a/329188191_120083547，最后访问日期：2021 年 1 月 10 日。

③ 在"6·17"长宁地震中，长宁县硐底镇石垭村二组受损严重。全组 46 户人中，房屋倒塌有 3 户，严重损坏 20 户。天灾无情人有情，地震发生后，全组村民不等不靠，互帮互助，齐心协力开展抗灾自救。地震中，师元友一家两栋房屋已全部成了危房。因为自己在煤矿工作，有过几次参与矿山救援的经验，地震发生后两个小时，他就和村里的其他村民一起搭建起了第一顶简易帐篷。参见《互帮互助渡难关 不等不靠建家园》，宜宾新闻网，http://www.ybxww.com/news/html/201906/374416.shtml，最后访问日期：2021 年 1 月 10 日。

网工作。融媒体中心舆情信息部坚持 7×24 小时"双人双岗"值班值守，坚持网上网下信息及时报，务求准确掌握第一手信息，监测发现的涉地震易引起社会和群众恐慌的不当言论、干扰破坏抗震救灾环境和秩序的不实信息及时转交网信、公安快速联查联处，中心共举报不良与违法信息 36 条，查删 32 条。

三　珙县的主要做法①

6 月 17 日 22 时 55 分和 23 时 36 分，长宁县和珙县分别发生 6.0 级和 5.1 级地震；6 月 22 日 22 时 29 分，珙县发生 5.4 级地震；7 月 4 日 10 时 17 分，珙县发生 5.6 级地震。地震发生后，抗震救灾情况受到全社会的关注。珙县多举措做细做实突发地震舆情应对，全力营造了全县人民群众万众一心、众志成城的抗震救灾舆论氛围。

1. 快速反应，化"被动"为"主动"

地震发生后，珙县立即启动《重大事件宣传应急预案》《珙县突发公共事件信息发布和舆论引导方案》，做到快速反应、主动发声。"@珙县发布"官方微博在地震当晚持续实时滚动发声，通过图文并茂、通俗易懂的内容报道灾情和救援进展等，及时回应社会关切，避免了外界媒体、网民的揣测及谣言传播，珙县新闻网、珙县人民政府网、珙县发布（政务官方微博、微信）、珙县电视台等融媒体平台，及时跟进发布权威信息，坚持新闻报道走到灾情一线，走到灾民身边，根据事实进行权威发声，实时动态发布救灾救援情况，挖掘抗震救灾先进典型和先进事迹，积极回应网民关注焦点和诉求，密集发声大大压缩了涉震负面舆情和网络谣言的滋生空间，搭建起了与网民的"连心桥"。

截止到 6 月 25 日 15 时，"@珙县发布"共推送微博近 300 条，总阅读量达 854 万，网友互动（转发、评论、点赞）2 万余次。单条阅读量上万的共有 79 条，其中，6 月 23 日深夜 1 时 01 分发布的#地震快讯#单条阅读量 34.25 万；6 月 23 日深夜 12 点 02 分发布的#地震快讯#单条阅读量 55.77 万；6 月 22 日晚 7 时 45 分发布的#众志成城　抗震救灾#单条阅读量 33.02 万。在 6 月 18 日 5 时 33 分，以网络新闻发布会形式举行"珙县'6·17'地震第一次新闻发布会"，通报相关灾情，网友表示"四川的政

---

① "珙县的主要做法"一节，相关素材与数据来自珙县县委宣传部提供的材料。

务新媒体，真是没话说""县级的响应机制，如此迅速。县一级的响应机制，四川真是到位"。

2. 果断处置，化"压力"为"动力"

地震灾情就是舆情。地震发生后，社会各界关注地震灾情，关心群众受灾情况，纷纷通过微博、微信等社交平台，呼吁关注珙县灾情，加强珙县援助，号召志愿者参加救援，等等。同时，网上随同地震也出现了少数负面声音及网络谣言。营造积极健康的网络舆论氛围是维护全县社会稳定，确保抗震救灾顺利进行的保障之一。舆情是压力也是动力，地震期间，全县各部门节假日不休，坚守在抗震救灾一线，积极构建"线上监测＋线下处置"管控模式，加强网信、网安等部门配合，成立24小时网上巡查专班，切实做好网络舆情监看、发现、研判、报告和处置工作，加强对网媒、论坛、博客、微博、微信等全网监测，特别注意涉页岩气和谣言类舆情监看，密切关注网上动态，研判舆情走向，发现舆情及时与相关单位及市委网信办对接，着重部门联动调处，强化县内自媒体管理，形成工作合力，及时协调指导线下的处置引导与救助工作，构建网络正能量"安全网"，沟通受灾网民与救援队伍之间的"网上生命线"。

地震期间，珙县及时发现、报告、处置属地内涉地震网络舆情300余条，就地震网络舆情动态情况、涉页岩气舆情风险点等内容先后编辑上报《网络舆情专报》六期，多角度为领导决策提供信息参考，为服务全县抗震救灾提供及时、全面、快捷的网络信息保障。同时积极做好同上级的对接工作，做好线上监测、管控、引导工作，指导线下的处置工作，加强与各乡镇、各部门及属地内自媒体平台的密切配合，对涉震舆情进行快速反应和有效处置，成功引导处置了"网民呼吁加强对珙县地震关注救援""部分网友反映救灾救援物资供应不到位"等网络舆情。严厉打击在地震中散布谣言、发表不当言论的行为，对散布谣言、干扰破坏抗震救灾的人员，果断坚决依法处理，确保社会大局稳定，及时打击处置"因地震塘坝小区房子倒塌""网友将动物异常反应与地震关联""网友质疑地震频发与页岩气有关"等网络谣言。珙县公安机关共对地震发生以来发表不当言论进行行政处罚20人，其中行政拘留14人，行政罚款6人。在各级各部门的密切配合和严厉打击下，网上谣言、不实言论得到了有效的打击和控制，形成了较强的震慑力，确保了全县抗震救灾和灾后重建工作顺利进行。

3. 同频共振，化"单兵"为"强军"

积极争取上级部门和各级媒体支持，化一县"单兵作战"为各级各部门密切协作，各级媒体紧密配合，网络自媒体平台及热心网友积极参与的"网络强军"，做到抗震救灾正能量融合互动，同频共振。建立信息共享机制，增强全局"一盘棋"意识，加强对涉震舆情的引导处置，坚决打好舆论攻坚战。针对网上出现的负面声音，全县网评员、网络文明志愿者，热心网友立场坚定，旗帜鲜明地利用微博、QQ 群、微信群、朋友圈开展舆论引导，引导更多的网民在网上正面发声，较好地引导了舆情。将中央电视台、新华社等 40 余家媒体，10 余家县级部门相关同志 140 余人邀请入微信工作群，实现开放透明的新闻素材共享交流，避免新闻报道内容矛盾。重点通过图文并茂、通俗易懂的内容报道救援进展、典型事迹、温情点滴等，及时回应社会关切，减少公众猜疑空间，先后挖掘了"玉米哥"①、"傲娇部长"② 等抗震救灾中涌现的典型人物。及时让社会各界了解珙县抗震救灾工作进展，让受灾群众感受到党和政府就在身边。

不间断的信息发布，"@珙县发布"微博成为媒体、群众获取灾情的首选渠道，粉丝数从 1 万涨到 1.4 万，日均阅读数超 10 万，在人民日报主导的新浪微博政务微博外宣排行榜上，"@珙县发布"6 月 23 日一度升至第二位。

第三节　关于"6·17"长宁地震舆论引导工作的分析

舆论引导包括常态和非常态两种情形，非常态情形对舆论引导和新闻发布的要求更高，难度也更大。非常态的突发事件更容易吸引人们的围观甚至热议，这就要求各级政府及时发布权威信息、主动引导媒体报道。突发事件舆论引导工作做得好，有利于发动群众、组织群众、依靠群众，形成万众一心、同舟共济、众志成城的良好氛围。

---

① "玉米哥"名叫汤海洋，2019 年 6 月 17 日，四川长宁、珙县发生地震，家住珙县巡场镇的 25 岁小伙汤海洋自费购买 5 吨玉米，在家里煮熟并送到受灾群众手里，走红网络被称为"玉米哥"。参见《"6·17 地震"他为珙县人送玉米　今遇困难珙县人爱心回馈真情传递》，四川新闻网，http://yb.newssc.org/system/20200610/002942952.html，最后访问日期：2021 年 1 月 10 日。

② 邓烨：《"傲娇部长"韩存国：选择坚守救灾一线》，《宜宾日报》2019 年 6 月 26 日，第 A3 版。

2016 年 2 月 19 日，习近平总书记在党的新闻舆论工作座谈会上指出："随着形势发展，党的新闻舆论工作必须创新理念、内容、体裁、形式、方法、手段、业态、体制、机制，增强针对性和实效性。要适应分众化、差异化传播趋势，加快构建舆论引导新格局。要抓住时机、把握节奏、讲究策略，从时度效着力，体现时度效要求。"①

习近平总书记在党的新闻舆论工作座谈会上还强调："时度效是检验新闻舆论工作水平的标尺"②，是各级党委政府满足公众知情权、掌握舆论引导主动权的关键，是各级领导干部在突发事件应对过程中，把脉舆论动态、回应公众关切、运用媒体资源，做好信息发布和舆论引导应当遵循的根本要求。综观"6·17"长宁地震舆论引导的全过程，很好地贯穿了时度效的要求。

一 "时"：及时、主动、密集发布权威信息，充分满足公众的信息需求

对于突发事件舆论引导工作来讲，时度效要求中的"时"，就是要及时，要强化时效意识，第一时间发布权威信息，先入为主、先声夺人，抢占舆论制高点，赢得话语主动权。

1. 从"预警"到"直播"，前所未有的信息"即时"性

在"6·17"长宁地震中，由于技术条件的发展，地震初发时的信息不仅可以同步直播，而且做到了提前预警，抢在地震波到达前，向居民发出了地震避险信息。

一是提前 10 秒的地震预警。"6·17"长宁地震中，成都高新减灾研究所大陆地震预警中心于 17 日 22 时 55 分，提前 10 秒向宜宾市预警，提前 61 秒向成都预警，震中附近宜宾、泸州、自贡、成都等地民众通过电视、手机、专用预警终端收到预警提示。③

刺耳的预警声、社区"大喇叭"读秒、电视自动弹出倒计时……市民拍摄的地震预警视频在网上广为流传。人们感到十分新奇，地震预警系统受到民众普遍关注，而地震预警的准确性，更是迅速成为网络热点，据统

---

① 《习近平谈治国理政》第 2 卷，外文出版社，2017，第 333 页。
② 《习近平关于社会主义文化建设论述摘编》，中央文献出版社，2017，第 46 页。
③ 《成都高新减灾研究所成功预警长宁 6.0 级地震》，四川在线，https://sichuan. scol. com. cn/fffy/201906/57000633.html，最后访问日期：2021 年 1 月 9 日。

计，地震后关注地震预警系统的言论比例为相关总量的 19%。

二是机器人 38 秒写就稿件。6 月 17 日 22 时 55 分，宜宾市长宁县发生 6.0 级地震，3 分钟后的 22 时 58 分 38 秒，中国地震台网中心机器人自动编写稿件，仅用 38 秒出稿，[①] 这是继 2017 年 8 月 8 日九寨沟 7.0 级地震中国地震台网中心利用机器人写稿进行地震报道，以 "25 秒 540 字 5 张图片" 获得舆论高度热议之后，又一次展现了 "机器人记者" 的新闻生产效率，引发了人们对新闻发展趋势的再次关注和热烈讨论。

三是与事件同步的 "此刻" 直播。"6·17" 长宁地震发生于 6 月 17 日 22 时 55 分，地震发生后不到 1 小时，新京报记者抵达成都和长宁进行网络直播报道。同时，人民日报、新华社等媒体也都赶赴现场，以直播和短视频形式持续报道，为民众带来最直观的一手信息。有网友评论说："以前都是事情发生后才看新闻，现在是一直盯着事件发生过程看。"

直播，是近几年风头正劲的新闻报道形式之一，该报道形式忠实地呈现了新闻现场，使得新闻发生的 "此刻" 正是报道发出的时刻，大大满足了公众对新闻时效性与真实性的多元需求，在新闻时效和受众体验上产生了传统报道所不能企及的影响。

总之，在地震预警系统、机器人、直播等各种现代技术的加持之下，"6·17" 长宁地震的舆论场中，预警信息先于地震而来，地震新闻同步直播发布，信息的 "即时性" 前所未有。

2. 以政务新媒体为阵地，及时、滚动发布灾情信息

理论界通常把突发事件刚刚发生的这段时间称为 "信息空窗期"，在这个时期，公众的信息需求与政府信息发布能力之间的矛盾最为突出。2016 年 《〈关于全面推进政务公开工作的意见〉实施细则》（国办发〔2016〕80 号）要求："对涉及特别重大、重大突发事件的政务舆情，要快速反应，最迟要在 5 小时内发布权威信息，在 24 小时内举行新闻发布会。" 一些地方更明确要求："首次信息发布一般不迟于接报后 1 小时。"[②]

目前，"两微一端"[③] 已成政府新闻发布和突发事件处置的 "标配"。通过 "两微一端" 第一时间发布权威信息，不仅能够抢占舆论高地，合理

---

① 《宜宾地震丨新时代下媒体如何报道灾难新闻》，知乎，https://zhuanlan.zhihu.com/p/69800817？utm_source=wechat_session，最后访问日期：2021 年 1 月 9 日。

② 上海市人民政府新闻办公室编《政府新闻发布工作实务手册》，文汇出版社，2016，第 82 页。

③ "两微一端" 指的是微博微信客户端。

辟谣，引导舆论，而且能够塑造政府开明形象，提升政府的公信力。长宁"6·17"地震发生后，针对公众和媒体在事发初期的"信息饥渴"需求，宜宾市委和市政府、长宁县委和县政府、珙县县委和县政府迅速反应，以政务新媒体为信息发布主阵地，第一时间动态发布地震信息。

一是第一时间权威发声。从根本上来看，突发事件舆论引导是通过信息传递、信息反馈等进行的，突发事件往往是人们关注的热点、焦点，具有较大的震撼力和影响力。突发事件发生后，由于事件的突然性，人们都面临着信息缺失的问题，都强烈渴望从政府那里获得准确的第一手消息。事实证明，与事件相关的正确信息传播得越迅速、越及时，越有利于消除突发事件的未知因素和不确定性因素给人们造成的负面影响，越有利于社会和人心的稳定。①

"6·17"长宁地震发生在6月17日22时55分，8分钟后，23时03分，"宜宾发布"等政务微博账号反应迅速，转发中国地震台网第一条地震消息，23时12分，发布第一条震情速递，并持续更新后续地震动态。

二是及时辟谣，积极回应网友关切。每当有灾难发生后，不可避免地都会伴随着谣言、假新闻、失实报道，干扰舆论，美国学者奥尔波特总结出一个著名的谣言公式：R＝I×A。

其中，R是Rumour，谣言；I是Importance，重要性；A是Ambiguity，含糊性，即一件事情之所以引起谣言，是因为事件和人们切身利益相关度较高，而信息又处于不确定状态。

根据奥尔波特的观点，信息不确定性越大、模糊性越强，谣言的传播力就越强。在这种时刻，有关信息及时、全面地公开，群众的疑虑自然会消减。但是，如果信息公开不及时、不透明，群众基于其社会交往圈与自己的生活经验，往往容易听信并传播各种谣言。

"6·17"长宁地震发生后也是谣言不断，主要有两大类。一类是关于地震破坏程度的谣言，包括人的恐慌和物的破坏两方面。比如"网传地震裸奔视频""四川宜宾地震，大楼严重倾斜""巨龙出世"谣言等。另一类是关于地震余震的谣言。比如"6月18日凌晨3时12分将会有更大地震发生"等。

6月18日0时13分，"宜宾发布"就发布了第一条辟谣消息。之后，

① 朱力：《突发事件的概念、要素与类型》，《南京社会科学》2007年第11期。

宜宾市以及四川的政务微博都积极进行了辟谣，比如，指出谣言中的明显失误：裸体视频中路人穿着羽绒服，并非现在这个季节；网传大楼倒塌图片来自台湾花莲6.7级地震，此前九寨沟地震的时候该图就已经被误传过一次；等等。而对于网传有四川手机报发布消息，"今日20时55分，宜宾长文县发生5.8级地震，震源深度12千米，预计6月18日凌晨3时12分将会有更大地震发生，预计地震级别为7.6级"。辟谣信息指出，据中国地震台网正式测定，地震发生在22点55分，而非20点55分。发生地震的为宜宾市长宁县，而四川根本没有长文县。

再如，针对网上的"地震前有异象""地震云预测"等谣言，四川省地震局官方微博等各级政务新媒体迅速发布稿件，从辟谣和科普两个维度切入，迅速及时地向公众传达准确信息。

三是持续更新，彻夜发布最新救援信息。地震发生后，消防、武警、矿山等救援队伍紧急集合，快速奔赴受灾现场，相关政务微博及时发布第一批救援队伍赶赴受灾现场的消息，并彻夜更新，数十小时救援信息不断，让群众一手掌握最新消息。@长宁发布、@长宁交警、@竹都卫士、@珙县发布、@珙县公安等当地政务微博账号直击第一现场，及时发布震后权威信息，打造长宁县和珙县对外"第一窗口"。

面对灾难，宜宾各级各部门充分发挥了政务微博灵活便捷的优势，第一时间跟进报道，及时、持续发布灾情及救援信息，主动、有效引导网络舆论。地震发生4小时内，"宜宾发布"通过官方微博、微信等方式发布新闻通稿10篇，灾情及救灾动态30余篇。整个救灾期间，市县官微共发布信息3000余条，总阅读量超10亿次，网友互动超200万次，成为地震期间不可替代的政府信息公开的重要渠道，引导社会舆论的重要空间，建构政府公信力的重要场域，展现了政务新媒体的"发布"力量。

二 "度"：快讲事实，多讲措施，回应敏感

对于突发事件舆论引导工作来讲，时度效要求中的"度"，就是要根据突发事件的背景成因、性质特点、影响范围，采用不同引导方式，把握好引导的时机、节奏、频次、角度、力度，让该热的热起来、该冷的冷下去、该说的说到位。对突发事件中一些重大敏感问题，要掌握好介入点，把握节奏、顺势而为，防止恶意炒作。

1. 讲足救灾措施

"6·17"长宁地震受到媒体和社会的高度关注。地震发生后不到 1 小时，新京报记者抵达成都和长宁进行网络直播报道。同时，人民日报、新华社等媒体也都赶赴现场，以直播和短视频形式持续报道，地震期间，赴灾区采访的媒体共 52 家近 300 人，包括央视、新华社、人民网、中国日报等。为了更好地满足媒体记者对地震的信息需求，地震发生不到 10 个小时，6 月 18 日 8 时 30 分，"6·17"长宁抗震救灾应急救援省市联合指挥部就在震中双河镇召开了第一次新闻发布会，向前来采访的记者通报了灾情概况、抗震救灾工作开展情况及下一步的工作安排。

抢险救灾期间，省市联合指挥部以每天一场新闻发布会的节奏，及时根据地震救援的进度和工作重点发布地震灾情，通报事件发生的经过、潜在的危害以及政府采取的措施等权威信息，有助于人们了解突发事件的真相，减少对突发事件的各种猜测、传言和谣言，让人们看到政府积极应对的态度、行动及成效，体现了政府的突发事件处置能力。"6·17"长宁地震 7 场发布会情况汇总见表 1。

表 1 "6·17"长宁地震 7 场发布会情况汇总

序列	时间	地点	发言人	主要内容
第一场	6 月 18 日 8：30	长宁县双河镇镇政府院坝帐篷	主持人：宜宾市委宣传部副部长杨希望 主要发布人：宜宾市政府秘书长李廷根	发布救灾措施：1. 立即启动地震Ⅰ级应急响应 2. 立即派出前方工作组 3. 迅速派出各类救援力量 4. 快速调拨救灾物资 5. 全力开展伤员救治 6. 开展拉网式搜救排查 7. 全面开展群众转移安置 8. 做好信息发布，全力维护震区社会秩序 9. 动态发布震情灾情 10. 有序有度调度社会救援力量
第二场	6 月 18 日 17：00	长宁县政府会议室	主持人：宜宾市委宣传部副部长杨希望 主要发布人：宜宾市政府秘书长李廷根	发布救灾措施：1. 现场搜救全面展开 2. 受伤群众得到精心救治 3. 受灾群众妥善安置 4. 灾区防疫全面覆盖 5. 道路交通保通保畅 6. 隐患排查及次生灾害防治有序推进 7. 震区社会平稳有序

序列	时间	地点	发言人	主要内容
第三场	6月19日晚	长宁县政府会议室	主持人：宜宾市委宣传部副部长杨希望 主要发布人：宜宾市政府秘书长李廷根	发布救灾措施： 1. 继续全力开展人员搜救，努力做到万无一失 2. 千方百计医治伤员，伤员伤病情况总体好转 3. 全面强化卫生防疫，确保不发生疫病流行 4. 妥善转移安置受灾群众，受灾群众生产生活得到有效保障 5. 全力开展灾区基础设施排险加固，保障抗震救灾和群众生产生活需求 6. 开展隐患排查，全力防止次生灾害发生 7. 强化治安管理，灾区社会和谐稳定
第四场	6月20日	长宁县政府会议室	主持人：宜宾市委宣传部副部长杨希望 主要发布人：宜宾市政府秘书长李廷根	发布救灾措施： 1. 灾情核查情况 2. 伤病员医治情况 3. 救灾物资资金接收管理使用情况 4. 地质灾害和水利工程隐患排查情况 5. 群众转移安置工作情况
第五场	6月21日	宜宾市广播电视局新闻中心	主持人：宜宾市委宣传部副部长杨希望 主要发布人：宜宾市政府秘书长李廷根	发布救灾措施： 1. 灾情核查情况 2. 地震烈度情况 3. 基础设施恢复情况 4. 灾区房屋评估鉴定和灾后恢复重建情况 5. "6·17"地震捐赠活动情况
第六场	6月23日	宜宾市广播电视局新闻中心	主持人：宜宾市委宣传部副部长杨希望 主要发布人：宜宾市政府秘书长李廷根	6月22日，珙县发生5.4级地震，6月23日，指挥部召开新闻发布会，向媒体和社会公布了长宁"6·17"地震抗震救灾已开始有序转入灾后重建阶段及"6·22"珙县5.4级地震灾情、领导重视、抗震救灾等相关情况

序列	时间	地点	发言人	主要内容
第七场	6月25日	宜宾市广播电视局新闻中心	主持人：宜宾市委宣传部副部长杨希望 主要发布人：宜宾市政府秘书长李廷根	发布了"地震应急救援工作已基本结束，灾后恢复重建工作已全面筹备推进"的消息，并表达了对全社会各界关心关切的感谢之情

地震期间，抗震救灾指挥部先后举办了7场新闻发布会，快速、密集、大量释放权威信息，通过滚动发布消息不断更新事件的发展变化情况，及时、主动、准确和有序地进行信息发布，使媒体报道的节奏和口径与政府信息发布的节奏和口径相一致，对于塑造良好的政府形象具有积极的意义。

"6·17"长宁地震发生后，宜宾市政府举办的7场新闻发布会的内容，是根据地震灾情的发生发展而递进跟进的。

第一场发布会的内容，主要侧重于向全社会通报制度层面的响应情况，即迅速启动应急救援机制、全面部署抗震救灾工作。

之后的各场新闻发布会，随着救灾工作的全面展开，发布的内容更加深入，从横向的工作安排到纵向的救灾进展，逐步把地震救援的整体情况发布给全社会。

比如，第二场和第三场新闻发布会都是在黄金救援期间召开的，因此，新闻发布会根据救灾工作的全面展开，发布了现场搜救、群众安置、灾区防疫、道路交通、隐患排查、社会稳定等各方面的进展情况，让公众看到政府所采取的抗震救灾措施正在起作用，从而走出地震带来的恐慌，逐步恢复生活的信心。

第四场和第五场新闻发布会，在进一步通报救灾进展的同时，根据救灾工作逐步向恢复重建阶段转移的阶段性特点，发布了灾情核查、地质灾害和水利工程隐患排查、灾区房屋评估鉴定、灾后恢复重建情况的内容，既满足了公众知情权，也充分发挥了舆论引导的作用。

随着黄金救援期的结束，抗震救灾工作从应急救援转入灾后重建阶段，第六场和第七场新闻发布会进行了相应的信息发布，对前期救援工作进行了总结，也为下一阶段的工作在舆论上进行了动员。

2. 回应敏感问题

"公众对风险的过度反应和反应不足都是有害的，有时比危险本身更危险。"① "6·17"长宁地震发生后,在公众的恐慌焦虑中,网上出现了形形色色的言论,比如,人们对地震预警的热议,对余震不断发生的不理解,以及对页岩气开发和大型水利工程建设与地震的关系的各种各样的猜测,等等。

突发事件发生后,政府需要向社会发布的信息分为四大类,即技术信息、科学信息、社会信息和政治信息。技术信息,是指与事件相关的基本信息,包括事件发生时间、地点、应急预案的启动、应急指挥部的响应、政府采取的措施,包括应急救援行动和医疗保健以及一些地区信息,如周边安全和疏散区域等。科学信息,是指事件中与科学相关的信息,包括风险将怎么改变,有什么危险、威胁,保障措施等。比如,是否还会有余震、是否还会有爆炸、危化品的性质与影响、传染病疫苗研制等。社会信息,是指与公众密切相关的信息,比如,受伤和受影响人群的情况、应急心理疏导情况、声援和支持的消息等。政治信息,则是指与政治相关的信息,包括各类质疑信息、非理性情绪等。

在"6·17"长宁地震中,通过政务微博和新闻发布会等渠道,关于技术信息和社会信息的发布是饱和的,而地震是自然灾害,较少涉及政治类信息,但因为人们对地震预警的热议,对余震不断发生的不理解,以及对页岩气开发和大型水利工程建设与地震的关系的各种各样的猜测,所以关于这一次地震科学类信息的发布尤为重要。

宜宾市政府《改进和加强突发事件新闻报道工作的实施意见》第29条也规定,要发挥新闻媒体的预警和服务功能,向公众宣传面对突发事件时应当注意的事项,普及有关科学知识和实用技能,增强和提升人民群众应对危机的意识和能力,消除谣言等有害信息的影响。

科学类信息的专业性很强,普通公众没有专业知识背景是不能做出精准判断的。在"6·17"长宁地震的科学传播中,相关部门高度重视专家的声音,把专业部门、专家推到前台,直接面对媒体,给媒体做出解释,澄清网上的谣言,避免社会恐慌。

这次"6·17"长宁地震的预警工作可圈可点。但也有不少网民表示,最初听到预警信号时甚至没有搞清楚是怎么回事,民众对预警系统的陌生容易导致系统真正的预警作用难以发挥。公众更想知道何为地震预警,作

① 孙玉红等编著《直面危机:世界经典案例剖析》,中信出版社,2004。

用有多大；今后是否还会发生类似地震；对公众生活影响有多大；等等。为此，人民网就在 6 月 18 日凌晨 3 时左右，邀请同济大学地震结构理论研究所的罗奇峰教授等对此进行解答①，引导网民理性而正确地看待发生的地震灾害，从而抢占舆论引导先机，避免了民众恐慌心理的进一步扩散。

再如，针对余震不断、震前鸟类聚集引发地震等猜测，四川省地震预报研究中心主任、研究员杜方等专家通过接受记者采访的形式向全社会进行了解疑释惑。② 而针对页岩气开采、大型水利工程建设等人为因素导致地震的猜测，中国地震台网中心、中国地质大学等相关专家通过接受采访等形式向社会解疑释惑，以第三方的专业力量向公众解释澄清地震发生的原因，说明地震的发生与这些猜测没有关联，从而使人们获得了对事件的正确认知，取得了较好的答疑解惑效果。③

三 "效"：获得社会各界广泛认可

对于突发事件舆论引导工作来讲，时度效要求中的"效"，就是以效果为导向，把取得良好社会效果作为应急报道的出发点和落脚点，多遵循传播规律，讲究引导艺术，增强舆论引导的针对性，取得最佳效果。

当前，互联网正在媒体领域催发一场前所未有的变革。根据中国互联网络信息中心发布的《中国互联网络发展状况统计报告》，截至 2020 年 3 月，中国网民规模达 9.04 亿，网络视频（含短视频）用户规模达 8.50 亿，占网民整体的 94.1%。手机网民规模达 8.97 亿，网民使用手机上网的比例达 99.3%；中国网民的人均每周上网时长为 30.8 个小时。④

伴随互联网技术的迅速发展，新兴传播平台的不断涌现，我们已经进入了"全媒体时代"。2019 年 1 月 25 日，十九届中央政治局在人民日报社就全媒体时代和媒体融合发展举行第十二次集体学习。习近平总书记在主

---

① 《地震可以预警　预报难（专家解读）》，搜狐网，https://www.sohu.com/a/321343371_114731，最后访问日期：2021 年 1 月 9 日。

② 《省地震局专家：地质构造纵横交错是余震频发主要原因》，川观新闻，https://baijiahao.baidu.com/s? id = 1636727558229391141&wfr = spider&for = pc，最后访问日期：2021 年 1 月 9 日。

③ 《专家：长宁地震与当地页岩气开采、水坝建设无关》，《新京报》2019 年 6 月 18 日。

④ 《第 45 次〈中国互联网络发展状况统计报告〉》，中国互联网络信息中心网站，http://www.cnnic.net.cn/hlwfzyj/hlwxzbg/hlwtjbg/202004/t20200428_70974.htm，最后访问日期：2021 年 7 月 21 日。

持学习时强调："全媒体不断发展，出现了全程媒体、全息媒体、全员媒体、全效媒体，信息无处不在、无所不及、无人不用，导致舆论生态、媒体格局、传播方式发生深刻变化，新闻舆论工作面临新的挑战。"①

在一个"人人都是发布者、个个都有麦克风"的全媒体时代，信息传播方式从被动到互动，传播手段从一维到多维，传播内容从简单到复杂，传播时效从延时到即时，给"6·17"长宁地震舆论引导工作带来全新的挑战。党的十九大报告指出："高度重视传播手段建设和创新，提高新闻舆论传播力、引导力、影响力、公信力。"② 全媒体时代，突发事件舆论引导既面临难得的发展机遇，又面临前所未有的挑战。只有准确把握全媒体时代舆论传播的规律和特点，主动适应全媒体时代信息传播规律和舆论发展态势的变化，及时掌握全媒体时代舆论引导的方式方法，才能有效引导舆论，及时进行公众沟通。

1. 正面宣传用心用情去做

习近平总书记指出："正面宣传要用心用情做，让群众爱听爱看，不能搞假大空式的宣传，不能停留在不断重复喊空洞政治口号的套话上，不能用一个模式服务不同类型的受众，那样的宣传只会适得其反。"③ 背景、细节、故事，既是公众想听的内容，也是传递主流价值观最好的载体，往往能引发公众的兴趣和思考。

网民评论道："虽然不在四川，但是听到这句话还是鼻头一酸；愿平安""英雄不再无名，向英雄们致敬""愿所有救援人员包括人民子弟兵和消防救援人员注意安全，一个都不能少，平安归来"等。短短几个字，却无比暖心，可见信息内容不见得长篇大论，但一定要深入人心，具有温度、情感、情怀，既能与公众产生共鸣，也能与公众达成共识。

提升舆论引导效果，最高明的做法是春风化雨、润物细无声，对公众产生吸引力和感染力。"6·17"长宁地震的舆论引导努力将新闻视角与个体结合起来，抗震救灾指挥部宣传报道组利用网络传播优势，调动各级综合运用网络直播、短视频等新技术、新平台，采取微视角、提炼微素材，积极打造"小而美、多而精"的网络作品。弘扬主旋律，传播正能量，激发和凝聚了全市党员干部群众不忘初心、团结奋进、众志成城、攻坚克难

---

① 《习近平谈治国理政》第 3 卷，外文出版社，2020，第 317 页。
② 《习近平谈治国理政》第 3 卷，外文出版社，2020，第 33 页。
③ 《十八大以来重要文献选编》下，中央文献出版社，2018，第 217 页。

的强大力量，构建出有温度的舆论场。

地震期间，宜宾市还将市内外有一定影响力的正能量网络平台、网络大V等凝聚起来，鼓励引导他们在灾难面前积极担当，发挥各自特色优势，帮助收集网民意见，转发推送正面帖文，传播抗震救灾正能量。截至6月30日，共推送《宜宾长宁6.0级地震，习总书记作出重要指示！》等正面帖文745条，收集"长宁小车集中出城"等网民动态、网民意见27条。

2. 社会关切有理有节回应

在应对新冠肺炎疫情工作中，习近平总书记多次强调要提高新闻舆论工作的时效性、针对性。2020年2月3日，在主持召开中央政治局常委会会议，研究加强新冠肺炎疫情防控工作时，他强调要"做好宣传教育和舆论引导工作""加强网络媒体管控，推动落实主体责任、主管责任、监管责任"[1]。2020年2月23日，在统筹推进新冠肺炎疫情防控和经济社会发展工作部署会议上的讲话中，习近平总书记指出："要继续做好党中央重大决策部署的宣传解读，深入报道各地统筹推进疫情防控的好经验好做法。要完善疫情信息发布，依法做到公开、透明、及时、准确。要广泛宣传一线医务工作者、人民解放军指战员、公安干警、基层干部、志愿者等的感人事迹，在全社会激发正能量、弘扬真善美，推动社会主义精神文明建设。要适应公众获取信息渠道的变化，加快提升主流媒体网上传播能力。要主动回应社会关切，对善意的批评、意见、建议认真听取，对借机恶意攻击的坚决依法制止。"[2]

"6·17"长宁地震也涉及决策部署的宣传解读问题，尤其是在地震灾后的恢复重建阶段，舆论引导的工作重点转向了灾后重建的政策解读和公众对重建工作的关切回应。对此，各级政府坚持依法依规，依据重建政策精神，认真回应灾民关心的问题，努力化解群众疑惑，受到了群众的一致认可。

"6·17"长宁地震的舆论引导和信息发布工作获得了上级、网民和社会的广泛认可。四川省委书记彭清华充分肯定并批示："'6·17'长宁地震，宜宾信息发布及时，长宁、珙县的信息公开和发布工作也受到社会和

① 《习近平主持中央政治局常委会会议　研究加强疫情防控工作》，百家号·新华社客户端，https://baijiahao.baidu.com/s? id=1657518762094460941&wfr=spider&for=pc，最后访问日期：2021年10月15日。
② 习近平：《在统筹推进新冠肺炎疫情防控和经济社会发展工作部署会议上的讲话》，人民出版社，2020，第15~16页。

网民的肯定，其经验值得总结"；国务院新闻办副主任郭卫民在全国新任县（区）委宣传部长培训班上，对宜宾及时发布地震灾情和抗震救灾情况给予高度评价，并将其作为培训参考案例；"网信四川"以《这2个县的政务微博，为啥获得网友和众多大V点赞？》为题点赞长宁、珙县政务新媒体；全国政务新媒体从业者@江宁婆婆、知名专家@来去之间、@微博政务等也予以高度评价。

第四节　启示与建议

前国务院新闻办公室主任赵启正同志曾指出："突发事件的新闻处置做得不好，往往是对我们伤害最重的。"它可以轻而易举地把我们政府的形象毁到极点，把我们平时做的大量正面宣传一笔勾销。从前述我们对"6·17"长宁地震舆论引导工作的描述和分析来看，政府做到了公开透明发布信息，及时回应社会关切，主动引导社会舆论，效果显著。综观整个过程，有以下启示与建议。

一　强化阵地意识

2013年8月19日，习近平总书记在全国宣传思想工作会议上的重要讲话中，对我国思想舆论领域的总体态势和阵地格局作了全面分析，明确划分了三个不同的地带，强调要主动占领宣传思想阵地。他指出："我们的同志一定要增强阵地意识。宣传思想阵地，我们不去占领，人家就会去占领。我看，思想舆论领域大致有三个地带。第一个是红色地带，主要是主流媒体和网上正面力量构成的，这是我们的主阵地，一定要守住，决不能丢了。第二个是黑色地带，主要是网上和社会上一些负面言论构成的，还包括各种敌对势力制造的舆论，这不是主流，但其影响不可低估。第三个是灰色地带，处于红色地带和黑色地带之间。对不同地带，要采取不同策略。对红色地带，要巩固和拓展，不断扩大其社会影响。对黑色地带，要勇于进入，钻进铁扇公主肚子里斗，逐步推动其改变颜色。对灰色地带，要大规模开展工作，加快使其转化为红色地带，防止其向黑色地带蜕变。这些工作，要抓紧做起来，坚持下去，必然会取得成效。"[①]

---

① 《习近平关于总体国家安全观论述摘编》，中央文献出版社，2018，第104~105页。

习近平总书记对思想舆论领域作了"三个地带"的划分，阐述了每一个地带的基本内涵和主要特点，并针对每一个地带提出了相应的应对策略，对做好新时代突发事件舆论引导工作具有重要的指导意义。做好新时代的突发事件舆论引导工作，要求我们强化阵地意识，按照"守住红色地带、改变黑色地带、转化灰色地带"的基本要求，提高政治站位，坚持正确导向，提升能力水平，牢牢把握突发事件舆论引导的主动权、主导权。

一是坚持正确舆论导向，筑牢全社会抗震救灾的共同思想基础。地震发生后，宜宾市第一时间发声，抢占舆论先机，用主流舆论占领主战场，长宁县主动发布，掌握舆论话语权，让主流声音占领舆论制高点；珙县快速反应，化"被动"为"主动"，这些做法坚持以正面宣传为主，守住了红色地带，在全社会树立了众志成城、抗震救灾的舆论氛围，起到了良好的舆论引导效果。

二是坚持齐抓共管，构建全党动手的大宣传格局。习近平总书记指出："要树立大宣传的工作理念，动员各条战线各个部门一起来做，把宣传思想工作同各个领域的行政管理、行业管理、社会管理更加紧密地结合起来。"① 新形势下做好突发事件舆论引导工作任务繁重，需要多个部门、各方力量齐抓共管，形成大宣传、大新闻、大舆论格局。"6·17"长宁地震发生后，宜宾市各级党委把新闻舆论工作当作党的工作的大事，树立大宣传理念，宣传思想工作部门切实担负起主体责任，发挥主导、组织、协调作用，协调各个部门一起做好突发事件舆论引导工作。其中，宜宾市迅速启动响应，建立工作机制；长宁县各部门通力协作，增强舆情管控力；珙县同频共振，化"单兵"为"强军"等做法，使各个部门在大宣传格局中充分发挥了自己的作用，形成了大宣传的整体合力。

三是坚持创新为要，不断提升舆论引导的能力水平。在信息技术迅猛发展和新媒体迅速崛起的新形势下，掌握好新闻舆论这个重要阵地，强化突发事件舆论引导主导权，打赢新闻舆论争夺战，必须始终坚持创新为要，根据突发事件舆论领域的新情况、新变化、新特点，把握新闻传播规律和新兴媒体发展规律，坚持传统媒体和新兴媒体优势互补、一体发展，形成立体多样、融合发展的现代传播体系。在"6·17"长宁地震中，宜宾市以政务新媒体为阵地，及时、滚动发布灾情信息；长宁县讲述故事，

---

① 《习近平谈治国理政》，外文出版社，2014，第156页。

提升舆论引导力；珙县果断处置，化"压力"为"动力"，主动借助新媒体传播优势，创新传播理念和方法手段，抓住时机、把握节奏、讲究策略，使突发事件舆论引导工作更加体现时代性、富有创造性。

二　认识谣言本质

新冠肺炎疫情期间，最高法网站署名唐兴华的文章强调，与谣言的斗争，本质是一个如何争取群众的问题，[①] 解决谣言问题，依法处理是治标，信息公开是治本。

对此，核心的问题是要廓清谣言问题。什么是谣言呢？谣言就是假消息吗？这个认识是不完整的。那么，什么是谣言呢？

第一，谣言是未经证实的信息，既然未经证实，就意味着有真有假。谣言是一种客观存在，是最古老的传播媒介。在出现文字之前，口传媒介是社会唯一的交流渠道。"谣言传递消息，树立或毁坏名声，促发暴动或战争。"[②] 因此，谣言不是虚假的信息，更不是没有事实根据的惑众之言。

第二，谣言是一种"公共"的非正式媒介。政府和媒体具有信息供给的公共性，但是，当公众对新闻的需求大于制度性渠道的信息供应的时候，当发生的事件威胁了正常生活的理解基础的时候，谣言就会突破个人边界，大量繁殖，不胫而走，成为一个"公共"的非正式媒介。这也是为什么一个大的灾难或丑闻都会引发大量谣言的根本原因。

第三，谣言是一种集体行动，目的是给无法解释的事件寻找一个答案。在一个突发事件中，当不同的消息源散发彼此矛盾的谣言时，整个社会的焦虑和恐惧会加深。谣言不是别的，是我们自身的回响，它反映的是一个社会的欲望、恐惧和痴迷。因此，卡普费雷直截了当地指出："谣言不是从真相中起飞的，而是要出发去寻求真相。"[③]

对于执政者来说，谣言确实具有一定的危害性，用奥尔波特和波斯特曼的话来说就是："从未有一场骚乱的发生不带有谣言的鼓动、伴随和对

---

① 唐兴华：《最高法：武汉 8 人散布的"虚假信息"并非完全捏造，应予宽容》，新浪网，http://k. sina. com. cn/article_5044281310_12ca99fde0200162w7. html，最后访问日期：2021 年 1 月 9 日。
② 胡泳：《谣言的使命》，经济观察网，http://www. eeo. com. cn/2012/1104/235623. shtml，最后访问日期：2021 年 3 月 6 日。
③ 参见胡泳《谣言的使命》，经济观察网，http://www. eeo. com. cn/2012/1104/235623. shtml，最后访问日期：2021 年 3 月 6 日。

暴力程度的激化。"① 这也是为什么政府常常会控制或否认谣言，因为它们担心谣言会引发公众的动荡、恐慌或是不满。

什么样的谣言必须严厉打击？相关文献指出：①谣言涉及疫情状况，造成社会秩序混乱的；②谣言涉及污蔑国家对疫情管控不力等信息，造成社会秩序混乱的；③谣言涉及捏造医疗机构对疫情处置失控、治疗无效等信息，造成社会秩序混乱的；④其他容易造成社会秩序混乱的谣言。可以看出，这四类必须严厉打击的谣言有一个共性，那就是"造成社会秩序混乱的"。

现阶段，我国《刑法》《治安管理处罚法》《电信条例》等法律法规以及《关于维护互联网安全的决定》《互联网新闻信息服务管理规定》等规范性文件有关于谣言的管理条款中，对有关认定缺乏具体的判断标准，显得含糊不清。按照规定，要进行行政处罚，必须有"扰乱了公共秩序"的后果，但怎样才算"扰乱了公共秩序"，始终是相关案件中一个颇有争议的话题。

在新冠肺炎疫情期间，清华大学教授薛澜在接受《财经》杂志记者采访的时候说："中国社会现在处于一个转型时期，面临着各种各样的自然和社会风险，对那些非正式的信息传播渠道更加宽容一些，其实对改善风险认知、增强社会抗风险能力，促进国民福祉和社会安定都是有好处的。"② 因此，对于谣言的认知，还是要给公众留出必要的情绪释放出口和信息空间，树立疏堵结合、以疏为主的理念。

三　注重工作实效

习近平总书记指出："党的新闻舆论工作是党的一项重要工作，是治国理政、定国安邦的大事，要适应国内外形势发展，从党的工作全局出发把握定位，坚持党的领导，坚持正确政治方向，坚持以人民为中心的工作导向，尊重新闻传播规律，创新方法手段，切实提高党的新闻舆论传播力、引导力、影响力、公信力。"③ 综观"6·17"长宁地震舆论引导情况，

---

① 参见胡泳《谣言的使命》，经济观察网，http://www.eeo.com.cn/2012/1104/235623.shtml，最后访问日期：2021年3月6日。
② 《清华大学薛澜：这是一堂风险社会启蒙课》，搜狐网，https://www.sohu.com/a/381848995_120214180，最后访问日期：2021年1月9日。
③ 《习近平谈治国理政》第2卷，外文出版社，2017，第331页。

在传播的方法和手段上，尤其是在新闻发布会的组织召开方面，还有进一步改进和提升的空间。

"6·17"长宁地震发生后，政府先后召开了7场新闻发布会，主动发布信息，引导社会舆论，起到了良好的社会效果，但从进一步提升新闻发布会的质量与实效的角度而言，还可以从以下几个方面做些改进与优化。

一是要尊重新闻发布会的信息发布规律。重大突发事件的舆论引导和信息发布工作，往往离不开新闻发布会。新闻发布会具有权威性高、公开面广、互动性强的特点，是党委和政府阐明立场态度、解释政策措施、回应公众关切的重要形式。经验表明，召开新闻发布会，一般不超过1小时；主发布人介绍情况，尤其是通稿发布，最好控制在8～10分钟，1500字左右；发布与问答两个主要环节的时间比例一般掌握在1:2，底线为1:1。[①]将政府要发布的信息准确精当发布，不长篇大论、自说自话、冗长拖沓，把更多的时间留给记者提问，回应媒体和公众关切，能够最大限度地在信息服务中提升舆论引导的效果。

从"6·17"长宁地震先后召开的7场新闻发布会来看，留给记者提问的时间相对而言较少，还是以发言人发布有关信息为主。这样的新闻发布无疑是有效的，能够把党和政府的态度和举措及时告知全社会。但也存在发布形式单一僵硬影响传播效果、回应社会关切互动不够等问题，不利于及时解疑释惑，增进了解，达成共识。

二是要体现党和政府"以人民为中心"的关怀温度。2020年5月21日下午3点，全国政协十三届三次会议正式开幕。国歌奏唱完毕，会场所有的全国政协委员及工作人员继续伫立，默哀一分钟，以表达全国各族人民的深切哀悼。

默哀一分钟的提议，来自一位政协委员的《关于在全国政协十三届三次会议开幕会默哀的提案》。这位政协委员叫冯丹龙，她于2月19日向全国政协提交了这份简短的提案，5月6日，全国政协办公厅同志致电冯委员，确认大会议程会有一分钟的默哀仪式。冯丹龙说："这体现了我们的党和政府对生命的尊重。"

中国共产党的基本宗旨就是全心全意为人民服务，习近平总书记要求各级党员干部要不忘初心。这7场新闻发布会留下的遗憾足以启示我们，

---

① 上海市人民政府新闻办公室编《政府新闻发布工作实务手册》，文汇出版社，2016，第34页。

一定要"体现我们的党和政府对生命的尊重",这既是党的基本宗旨要求,也是国家治理体系和治理能力现代化的题中应有之义。

三是要将新闻发布会与一般的政务会议区别开来。从 7 场新闻发布会的信息发布情况来看,基本上都是按照"一、二、三……"的逻辑,罗列当前的地震情况以及政府采取的措施。这样的叙事方式,好处是简明扼要。但是,在信息传播手段多元的新媒体时代,这样的信息传播方式很难吸引注意力,也不容易产生共情。

简明扼要传递信息是通常情况下政务会议的风格。新闻发布会和政务会议是不一样的,政务会议是内部沟通,新闻发布会是外部沟通,"内部信息沟通解决的是政府部门内部官僚体制下的信息交流、信息共享问题。外部信息沟通解决的是政府与社会各个主体之间信息传递的良性互动关系,以及全球化背景下政府部门与国际社会之间开放的信息交流与合作问题。"① 内部沟通和外部沟通的方法、手段、特点都是不一样的,在新闻发布会这样一个外部沟通的场合,按照政务会议的内部沟通的方式去运作,沟通效果一定会大打折扣,因此,一定要像习近平总书记所要求的"尊重新闻传播规律"②,按照新闻价值和传播规律来发布信息。

此外,从这次地震的媒体报道来看,报道对象集中在政府声音、救灾战士、志愿者等身上,这就容易出现内容重复的同质化局面。这种同质化及相关报道数量的增多,难免让受众觉得新闻感不足,难以对其产生吸引力,受众可能更喜欢看一些与之不同的信息,从而很容易使谣言找到生存空间。

总之,互联网信息技术快速发展带来的冲击和挑战前所未有,舆论环境、媒体格局、传播方式正在发生深刻变化,重大自然灾害的舆论引导工作必须适应这种变化,尊重新闻传播规律,创新方法手段,切实提高党的新闻舆论传播力、引导力、影响力、公信力。

---

① 卢开圣:《地方政府危机沟通模式研究——以无锡水事件为例》,硕士学位论文,复旦大学,2009。
② 《习近平谈治国理政》第 2 卷,外文出版社,2017,第 331 页。

地方为主的灾后恢复重建

张滨熠 *

摘　要： "6·17" 长宁地震全面转入灾后恢复重建阶段以来，宜宾市委、市政府围绕恢复重建总体目标和五大重建任务，全力推进灾后恢复重建工作。目前，各项工作推进良好，灾区社会生产生活秩序安定。本文结合此次地震中影响较重的长宁县和珙县的实际情况，详细梳理了灾后恢复重建以来，宜宾市县两级党委和政府推进恢复重建工作的主要做法，总结了相关经验和启示，并结合宜宾市实际提出了工作建议，旨在为国内其他地方党委和政府应对自然灾害、开展灾后恢复重建提供可借鉴、有价值的经验参考。

关键词： 长宁；"6·17" 地震；恢复重建

第一节　长宁 "6·17" 地震灾后恢复重建工作的启动

2019 年 6 月 17 日 22 时 55 分，四川省宜宾市长宁县（北纬 28.34 度，东经 104.90 度）发生 6.0 级地震，这是中华人民共和国成立以来宜宾遭受的震级最高、烈度最强的地震灾害。地震发生后，党中央、国务院高度重视，习近平总书记作出重要指示，李克强总理等中央领导同志分别作出批示。省委书记彭清华、省长尹力等省领导多次作出批示，第一时间深入灾区指导抗震救灾和灾后恢复重建工作。中央有关部委和省直有关部门负责同志积极指导抗震救灾、帮助灾后恢复重建。宜宾市各级党委政府深入贯彻落实习近平总书记重要指示精神和省委、省政府决策部署，第一时间科学有序地组织抗震救灾，切实做到灾情初核、人员抢救医治、受灾群众转

---

* 张滨熠，中共中央党校（国家行政学院）应急管理培训中心（中欧应急管理学院）副教授，研究方向为应急管理和应急心理。

移安置、基础设施抢通、信息对外发布、启动灾后恢复重建六项重点工作，努力将灾害损失降到最低。2019 年 6 月 27 日，经四川省委同意，终止地震二级应急响应，正式转入灾后恢复重建阶段。

汶川地震是新中国成立以来发生的破坏性最强、波及范围最广、受灾人口最多的一次地震灾害。震后，国家探索出了重大自然灾害灾后恢复重建的"举国重建"模式。在这种模式下，灾后恢复重建的效率很高，但也凸显出一些问题。党的十九大提出要推进国家治理体系和治理能力现代化，要推进多元主体的合作共治，发挥地方政府的自主能力。在这一背景下，习近平总书记对芦山地震灾后恢复重建工作作出重要批示：强调要探索出一条中央统筹指导、地方作为主体、灾区群众广泛参与的恢复重建新路子。① "6·17"长宁地震发生后，宜宾市认真践行新发展理念，充分借鉴四川省近几年灾后恢复重建的成功经验，坚持和发展灾后恢复重建新路，科学组织实施灾后恢复重建工作。

一　建立灾后恢复重建工作的领导组织机构

为高质量推进"6·17"长宁地震灾后恢复重建的各项工作，统筹整合各方力量，科学高效开展灾后恢复重建工作，宜宾市组建了"6·17"长宁地震灾后恢复重建委员会，由市委书记刘中伯担任主任、市长杜紫平任常务副主任，相关市领导任副主任、委员。委员会负责组织编制灾后恢复重建实施方案，研究拟定有关政策措施；领导指挥、统筹协调、督促检查全市的灾后恢复重建工作。

重建委员会下设办公室，由市委常委、市政府常务副市长赵浩宇任主任负责市重建委的综合协调和日常工作，办公室下设四个工作指导组。①规划和公共服务设施建设指导组：负责督促指导灾后恢复重建规划的组织实施；抓好学校、医院等公共服务和基础设施恢复重建的指导和督促检查；指导抓好地质灾害防治、生态保护与修复等工作。②城乡住房建设指导组：负责督促指导灾区按照质量、速度、环保、安全、廉洁、稳定的"六位一体"总要求，按时完成住房维修加固和重建任务。③舆情管控和社会维稳指导组：负责指导灾后恢复重建的新闻宣传、信息发布、舆情管

① 《努力走出一条中央统筹指导、地方作为主体、灾区群众广泛参与的恢复重建新路子》，中国共产党新闻网，http://cpc.people.com.cn/n/2015/0421/c64102－26881307－2.html，最后访问日期：2021 年 10 月 29 日。

控；指导做好灾区群众工作、灾区社会治安、信访化解、过渡安置等工作。④综合协调和产业发展指导组：负责市重建委会议的准备、组织和各工作指导组的信息汇总上报等工作；负责市重建委议定事项的协调落实和督查督办工作；督促指导促进灾区文化旅游、特色农林业、精深加工业等产业发展；监管抗震救灾和灾后恢复重建资金、物资的筹措分配与使用。

二 确定灾后恢复重建目标

在习近平总书记重要指示精神的指导下，宜宾市坚持一流规划，按照因地制宜、合理布局的原则，科学编制完成《宜宾长宁"6·17"地震灾后恢复重建实施规划》，确定"建设幸福美丽新家园、促进民生保障新提升、塑造城乡建设新风貌、实现生态环境新改善、构建特色产业新体系"的灾后恢复重建目标，安排了城乡居民住房、公共服务、城乡建设和基础设施、生态保护和地质灾害防治、特色产业五大类重建项目。重建规划坚持以人民为中心的发展理念，把保障民生作为灾后恢复重建的出发点和落脚点，通过加快城乡住房、公共服务和基础设施的恢复重建，来全面改善灾区群众的生产生活条件。规划坚持生态优先原则，把生态环保摆在突出位置，将绿色发展理念贯穿到灾后恢复重建全过程中，加大长江经济带、自然保护区、风景名胜区的修复保护力度，持续推进生态建设。规划重视产业振兴，按照"宜工则工、宜农则农、宜商则商、宜旅则旅"的原则，大力培育和发展灾区特色产业，实现可持续发展。规划坚持统筹推进原则，加强部门与部门、部门与区县之间的沟通协调，以速度、质量、安全、环保、廉政、稳定的"六位一体"要求，来加强项目工程管理，推进重建项目建设。对于灾后恢复重建任务实行节点控制，按照"一年基本完成，两年全面完成"的总体时序目标，分类锁定 2019 年 9 月、春节以及 2020 年 3 月、6 月、9 月等重要时间节点的项目开工率和完工率。

三 形成灾后恢复重建政策体系

宜宾市充分借鉴"4·20"芦山地震、"8·8"九寨沟地震灾后恢复重建政策和做法，一个月内制定出台了地震灾后恢复重建实施意见及过渡安置补贴、住房重建补贴、住房重建担保贷款、土地增减挂钩、农村新型社区规划选址等"1+5"核心保障政策，制定了资金管理、物资保障、质量安全、作风纪律要求等 30 个配套执行文件。各受灾县（区）也在此基础上制定了相应的具体操作细则，为灾后恢复重建工作的顺利推进提供了切实有效的政策支撑体系。

四 确立灾后恢复重建的重点任务

重建规划确立了城乡居民住房、公共服务、城乡建设和基础设施、生态保护和地质灾害防治、特色产业五大重建任务。一是城乡居民住房恢复重建。城乡居民住房包含农村居民住房和城镇居民住房两部分。农村居民住房在尊重受灾群众意愿的基础上，结合土地增减挂钩措施，采取原址重建、集中重建、易地搬迁等多种方式，引导农村人口相对集中居住。二是公共服务恢复重建。根据城乡规划和人口分布情况，加快受损公共服务设施恢复重建，逐步完善基本公共服务体系，推进教育、医疗卫生、文化体育、社会保障等民生事业同步发展。三是城乡建设和基础设施恢复重建。完善城乡建设规划，加快恢复交通、农田水利、能源通信等基础设施功能，实施生命通道和旅游环线工程，改善基础设施条件。四是生态保护和地质灾害防治恢复重建。以地质灾害防治、生态保护与修复为重点，强化防灾减灾能力建设、污染防治、工矿区治理，恢复提升灾区生态功能，筑牢长江上游生态屏障。五是特色产业恢复重建。充分挖掘丰富的文化旅游资源、农林资源等，着力延伸产业链、价值链，积极培育生态文化旅游示范区，加快构建以文化旅游业为主导，以特色农林业、精深加工业为支撑的绿色产业体系。

第二节 "6·17"长宁地震灾后恢复重建规划的制定

一 地震灾害损失评估工作的开展

"6·17"长宁地震震级6.0级、震源深度16千米、最大烈度Ⅷ度，是宜宾境内发生的震级最高、破坏性最大的地震，主要涉及长宁县双河镇、富兴乡和兴文县周家镇，地震烈度Ⅵ度以上区域包括长宁县、珙县、高县、兴文县、江安县、翠屏区6个区县61个乡镇，总面积3058平方公里，总人口173.7万人。地震烈度Ⅵ度以上区域共32.98万人受灾，因灾死亡13人，因伤住院236人。地震造成烈度Ⅵ度以上区域居民住房、基础设施、公共服务系统、产业发展、居民家庭财产等方面的直接经济损失共计 52.68 亿元，此外地震还对文旅产业、地质环境和自然资源等造成了不同程度损害。

鉴于此次地震灾区的特殊性和当地社会、经济、自然生态环境、地质基础条件，此次灾害损失评估以乡镇为评估基本单元，重点对受灾人口情况、房屋、居民家庭财产、基础设施、产业、公共服务系统等实物损失进行评估。评估内容涉及三个方面。一是灾害范围评估，根据四川省地震局发布的地震烈度图，通过实地调查和查灾、勘察、鉴定数据，对灾害范围进行评估。二是灾害毁损实物量评估，综合利用县（区）上报数据、实地调查和查灾、勘察、鉴定等多种数据，对受灾范围内人口、直接经济损失及毁损实物量进行校核与评估。三是灾害直接经济损失评估，在灾害范围评估和灾害毁损实物量评估的基础上，按照民政部印发的《特别重大自然灾害损失统计制度》的表格、表示、指标、计量单位，依据灾区政府上报数据、实地调查数据和市级相关部门审核意见，参考灾区社会经济基础数据，评估因灾直接经济损失。

二　灾后恢复重建实施规划的编制

在省委省政府的关心支持下，省发展改革委指导宜宾市编制完成《宜宾长宁"6·17"地震灾后恢复重建实施规划》，8 月 29 日，省发展改革委正式批复同意该实施规划，确定了灾后恢复重建目标，安排了城乡居民住房、公共服务、城乡建设和基础设施、生态保护和地质灾害防治、特色产业五大类重建项目 162 个，后期调整为 161 个。为了保障灾后恢复重建资金的落实，省财政厅、省发展改革委联合印发《关于明确"6·17"长宁地震灾后恢复重建资金省级包干补助及支持政策的通知》，确定灾后恢复重建资金 65.89 亿元，其中省级包干补助 25 亿元，市县财政和受灾群众筹集资金 40.89 亿元。

此外，邀请上海同济城市规划设计研究院，按照"文旅融合、产业提升"的理念挖掘当地文化内涵，编制形成以长宁县双河镇古城历史街区保护、美食田园综合体、乡村振兴片区等修建性详规为主要内容的长宁县重建规划。邀请中国城市规划设计研究院，按照"三区融合、转型发展"理念，遵循历史传承，编制形成了珙县县城新空间战略规划、老城区提升改造规划、居民集中安置点详细规划、鱼竹村乡村示范点规划等。在受灾最严重的长宁县双河镇、珙县珙泉镇鱼竹村，重点规划建设长宁双河古城文博综合体、珙县"洛浦村寨·鱼竹人家"两大灾后恢复重建示范点，全力打造乡村振兴新样板。

此次地震灾后恢复重建规划强调以人民为中心的发展理念，把保障民生作为灾后恢复重建的出发点和落脚点，优先解决受灾群众最关心、最直接、最现实的利益问题，加快城乡住房、公共服务和基础设施恢复重建，补齐学校、医院等民生短板，全面改善灾区群众生产生活条件。结合灾区独特的自然环境和资源禀赋，规划坚持生态优先、绿色发展的原则，扩大旅游业、竹产业、特色农业等绿色产业发展规模。考虑到灾区环境容量和资源承载能力，坚持因地制宜原则，优化布局生产空间、生活空间和生态空间，有效避让灾害风险区和隐患点，合理安排重建用地规模，科学确定重建方式和建设时序。同时，规划把灾后恢复重建与全面建成小康社会、乡村振兴发展相结合，统筹恢复重建与发展提升，以促进灾区长期可持续发展。

第三节 "6·17"长宁地震灾后恢复重建工作的主要做法

一 宜宾市灾后恢复重建工作的主要做法

1. 增强责任意识，切实加强领导

宜宾市深入贯彻落实习近平总书记重要指示精神，严格落实党中央、国务院和省委、省政府决策部署，站在讲政治的高度，把灾后恢复重建作为全市当期最重要的中心工作来推动。市委常委会、市政府常务会专题学习习近平总书记重要指示精神，市委书记、市长多次主持召开重建委会等会议，专题研究灾后恢复重建工作，并带头深入灾区讲专题党课、实地调研，帮助基层解决困难和问题，鼓励和要求灾区党员干部把灾后恢复重建作为守初心、担使命的主战场。为了严格落实责任，明确受灾县（区）为开展灾后恢复重建的责任主体，市重建委办公室印发《宜宾长宁"6·17"地震灾后恢复重建项目责任分工表》，对灾后重建项目逐一明确责任单位、指导督查单位及负责人，切实强化组织领导、落实责任分工、推进工作落实。

2. 强化监督管理，确保高效推进

出台《"6·17"地震灾后重建工作监督管理办法》《关于严明灾后重建有关纪律要求的通知》等规范要求文件，将灾后恢复重建纪律执行情况

纳入党风廉政建设责任制考核，组织参建单位签订廉政承诺书，对重建项目负责人开展廉洁谈话提醒，快查严办各类违规违纪行为，切实筑牢纪律防线。强化资金监管，建立市、县财政联动的常态化监管机制，针对资金筹集、拨付、使用等各环节风险点，开展全过程跟踪问效和监督检查，对重建资金使用的关键部门、薄弱环节、问题易发领域以及重灾区，着重围绕资金筹集、分配和使用的合规性、合理性、时效性以及与之相关的政府采购、招投标、材料认质认价等重点开展监管督查工作。聚焦公建类项目、教育类项目、聚居点等重点领域开展跟踪审计，确保项目规范建设。强化项目监管，每月分析研判，市重建办按月收集项目开工、形象进度、投资完成等情况，适时召集市发展改革委、市住建城管局等相关单位会商研判，及时解决存在问题，联合市委目标绩效办每月两次到受灾县督查重建项目推进情况，对重建项目进展情况进行通报，对发现的重大问题，直接反馈受灾县主要负责同志，督促落实整改，确保重建项目高效推进。强化物资监管，规范建立市、县、乡三级管理台账，做到账实相符。加强物资回收管理工作，对暂未收回的救灾物资，根据实际情况分类制定回收计划，切实做到应收尽收。

3. 排查化解社会矛盾，做好灾区群众工作

坚持把灾区安全稳定作为重中之重，市领导带队深入县、乡、村了解灾区群众实际困难，帮助协调解决灾后恢复重建中的有关问题，及时化解矛盾纠纷。县（区）组织驻乡镇、村（社区）群众工作队，通过发放"政策明白卡""算账明白表"，派出政策讲解员、召开政策宣讲会等方式，向群众讲明讲透重建政策。舆情管控和社会维稳指导组制定"1＋4"工作方案，即1张任务分工清单、4项工作制度（联络员制度、日报告制度、定期和不定期分析研判制度、督导工作制度），到基层开展工作指导。网信、公安、信访广泛收集线上线下舆情，主动处置。公安机关在灾区投入警力，严防灾区违法犯罪行为的发生；工会、团委、妇联、残联等部门联合开展关心关爱行动，司法部门积极开展法律援助，保障灾区生产生活秩序良好，社会大局和谐稳定。为了激发受灾群众"主人翁"意识，推行"一个村（一栋楼）一个自建委"的工作模式，发动村（居）民成立357个自建委员会，充分发挥受灾群众重建家园的主体作用。在灾区开展感恩教育活动，积极营造感恩奋进、自力更生、艰苦创业、团结一心建设幸福美丽新家园的良好环境。

4. 多措并举确保灾区群众温暖过冬

入冬以来，为确保"6·17"长宁地震灾区群众温暖过冬，宜宾市扎实抓好地震灾区过渡安置、生活保障、结对帮扶、住房重建四项工作。在集中安置点创新管理模式，组建临时党支部，成立由社区干部、普通党员、受灾群众构成的自治委员会，共同参与安置点公共事务和重大事项决策，形成了"党支部＋自治委＋社区＋楼院长"的管理体系。针对地震受灾危房户临时居住问题，在采取投亲靠友、租用房屋等安置方式以外，通过设置集中安置点、搭建过渡安置房和就近分散安置，坚持"生活服务＋社会服务"同步保障。在集中安置点提供免费供应水、电、气等基本服务，配备洗衣机、电视、宽带网络等生活设施；设置党群服务中心、老年活动中心、妇女儿童中心、心理咨询室、警务室、医疗服务站、志愿者服务站等公共服务设施，满足群众多样化需求。出台受灾群众过渡期安置补助政策，加强对灾区建材、生活物资等调配和保障工作，严格监控物价水平，切实保障灾区群众日常生活必需，针对猪肉价格上涨，向灾区生活困难群众发放 450 万元价格临时补贴。开展"寒冬送温暖"专项活动，发放棉被 5000 余床、棉大衣 2000 余件、棉衣裤 1000 余套、临时救助金 200 余万元，切实保障受灾困难群众吃穿不愁。

5. 加强地质灾害防治工作

按照"一盘棋"思路，组织全市自然资源和规划系统干部职工进一步加强地质灾害隐患点监测预警和气象风险预警预报工作，对变形加剧的隐患点和险情紧迫的受威胁群众进行应急避险转移安置。按照"横向到边、纵向到底"的原则，组织专业地勘队伍 6 支 143 人对 1354 处隐患点进行专业排查，落实"一点一策"防治措施。启动震后次生地质灾害防治专项规划编制工作，组织专家进行审查，形成专项规划。

6. 科学有序推进地震灾后产业恢复重建

坚持把产业恢复重建作为灾区发展振兴的基石和支撑，将产业恢复重建和脱贫攻坚、乡村振兴、产业转型等结合起来，全力推进灾区产业科学重建、转型重建、提升重建。农业是灾区的主要经济业态，我们应实施特色农业恢复提升工程。充分挖掘长宁县竹资源，建成四川省竹类产品检测检验中心，引进竹品牌龙头企业，与国际竹藤组织、中国大熊猫保护中心、清华大学、四川大学等机构和院校建立合作关系，引领现代竹产业实现跨越发展。加快推进珙县蚕桑产业发展，引导正邦集团、温氏集团、德康生猪、川茶集团在灾区探索建立"企业＋基地＋专合社＋受灾户"抱团发展模式，连片打造现代特色农业园区。围绕灾区特色农业品牌培育，积极申报"双河凉糕""三元枇杷"等为国家地理标志保护产品。

紧扣灾区产业转型发展，全面推进30万吨以下产能煤矿淘汰关停，有序削减水泥、砂砖产能，为发展腾退环境容量。在珙县布局打造绿色建材产业集群，在长宁布局发展竹生态文化旅游业、现代竹产业、绿色食品加工业集群，建设国际竹工艺设计研发中心、长宁县竹木科技创新产业园、双河竹食品产业园等。推进灾区蜀南竹海、兴文石海5A级景区创建，深入挖掘灾区竹文化、茶文化等特色文化，推进文旅融合发展。结合蜀南竹海、兴文石海生态文化旅游示范区建设，采取保留地震遗迹与修复提升相结合的方式，在长宁县双河镇、珙县鱼池村等规划特色镇（村）11个，集中打造千年冷泉葡萄井、龙茶花海等景点，并畅通新建景点与蜀南竹海、兴文石海等重点景区的连接道路，打造精品旅游环线。推行"文旅＋节庆＋竞技"融合发展模式，申报举办中国热气球俱乐部联赛、国家森林城市马拉松系列赛、山地半程马拉松邀请赛、西部苗族芦笙文化节等国内外高端赛事活动。

7. 统筹推进疫情防控与灾后恢复重建

面对突如其来的新冠肺炎疫情，宜宾市坚持疫情防控与灾后恢复重建"两手抓"，制定《宜宾市防控新型冠状病毒感染的肺炎疫情建设工地复工指南》，分步有序推进灾后恢复重建项目复工，全面落实建设单位、施工单位、监理单位等各方主体防控责任，督促各项目单位及时制定疫情防控方案、采取防控措施等。针对2020年春节假期未停工的项目，相关部门主动靠前服务，对人员组织、材料运输、防疫物资等进行周密安排，帮助企业协调资源、解决问题。对未复工的项目，相关部门主动帮助施工单位制订复工措施，在符合防疫条件下按程序尽快复工。

二 长宁县地震灾后恢复重建工作的主要做法

"6·17"长宁地震造成全县126504人受灾，53335人需紧急转移安置，因灾死亡人口9人，因灾伤病人口148人。地震造成城乡居民住房严重受损，医院、教学楼和学生宿舍楼、村级办公阵地、乡镇机关办公楼、工矿企业厂房、电力办公用房、通信基站、桥梁、水库和提灌站不同程度受损，全县直接经济损失达24.285亿元。其中，产业受损情况较为严重。

①农林牧渔业方面。森林受灾面积 250 公顷，受损野生动植物驯养繁殖基地（场）13 个，死亡家禽 2800 只，倒塌损坏畜禽圈舍 24966 平方米，造成直接经济损失达 3951.53 万元。②工业方面。受损企业 39 个，倒损厂房、仓库 36810 平方米，受损设备设施 135 台（套），造成直接经济损失达 9328 万元。③服务业方面。批发和零售业受损网点 1023 个，受损设备设施 1488 台（套）；住宿和餐饮业受损网点 896 个，受损设备设施 2979 台（套）；文化、体育和娱乐业受损网点 5 个，受损设备设施 12 台（套）；其他服务业受损网点 832 个，受损设备设施 2358 台（套），造成直接经济损失达 7294 万元。

1. 强化组织领导，健全工作机制

成立以县委书记为主任，县长为第一副主任，全体县级领导为委员，县级部门、乡镇主要负责人为成员的灾后恢复重建委员会，统筹推进灾后重建各项工作，并下设 17 个工作组，各个工作组要分类推进各项重建工作，做好安全管理、农房重建、项目实施编制、重点重建项目的决定与前期工作。各乡镇、部门根据重建任务设立对应组织架构，形成了上下一体、联勤联动的组织体系，为灾后重建提供了坚强的组织保障。

突出"创新、协调、绿色、开放、共享、安全"六大理念，围绕"城乡居民房屋建设、公共服务设施建设、特色城镇建设、基础设施建设、生态修复治理建设、特色产业建设"六大攻坚工程，聘请上海同济城市规划设计研究院和同济大学建筑设计研究院高起点、高标准、高规格开展规划编制，以规划统揽灾后重建工作。注重把重建规划与乡村振兴示范区建设统筹结合，充分考虑竹文化、凉糕文化、乡村旅游等元素，切实做到因地制宜、彰显特色。

推行"政府引导、分类实施、群众主体"的重建模式，公建类建筑的加固重建由县级相关部门和各乡镇负责主体实施，民房加固重建采取镇村主导"一个受灾村一个自建委"机制，充分发挥群众主体作用。同时，建立县领导分村包片、机关企事业单位党支部包村、党小组包社、党员和干部帮重灾户（D 级危房户）的"四级干部三包一帮"责任机制。按照轻重缓急将灾后重建分工作为应急保障、恢复重建、提升发展三大类，第一时间对道路、水、电、气、网等基础设施进行了抢修保通，按时解决了受灾学校秋期复学和便民服务设施、医院养老设施正常运转等紧迫性问题。将灾后项目建设分为重建项目、提升项目两阶段推进，采取"一张图推项

目"工作方式，倒排工期、挂图作战，确保实现"一年基本完成，两年提升跨越"的重建目标。

2. 制定政策文件，规范重建工作

制定出台了《"6·17"长宁地震城乡住房重建和维修加固补助资金实施办法》《长宁县"6·17"地震城乡住房重建担保贷款贴息办法》《地震灾区城乡建设用地增减挂钩项目》《"6·17"长宁地震农房维修加固实施办法》《"6·17"长宁地震农房重建实施办法》等政策文件，从政策层面引导和规范民房重建工作。创新"一张表明政策"工作方法，把出台的资金补助、土地增减挂钩、贷款贴息等政策转化为算账公式，让群众了解政策、打消顾虑。完善了"一户一档"、"一户一表"、重点类别管理等台账，细化灾后城乡住房重建和维修加固分类管理工作，实行"一户一策、逐户销号"工作法，有力有序推进城乡房屋重建工作。

为保障灾后重建项目依法有序推进，精选法律专家22名组建灾后重建顾问团队，利用专家专业优势，加强各类合同审查，为灾后重建提供优质高效的法律服务。由法律专家顾问团队审议出台《建设工程施工合同》，作为长宁县灾后重建指导范本；制订"合同合法性审查流程图"，严控审查程序，规避法律风险。聘请建筑行业内具有资深项目管理经验的专家6名，对6个重点乡镇进行定点驻场监督，其余9个乡镇由县质安站监督人员进行机动监督，做到定期检查、及时反馈、解决问题。

3. 组建村（居）建房委员会，确保高效重建

坚持"自主、自愿、自治"原则，以村（社区）为单位，由村（居）民委员、党员、群众代表、农村工匠等组成建房委员会，成立村（居）建房技术质量指导组，负责各自村（社区）城乡住房重建维修加固相关工作，参与施工管理和竣工验收等工作，把知情权、选择权、管理权、实施权和监督权交给群众。以村（居）两委为主体，将"两代表一委员"、村（居）民代表、部分群众充实到村（居）议事决策力量中。在恢复重建过程中，积极发扬基层民主、尊重群众意愿，让群众参与各项补助资金评议与发放、农房评估与建设等工作，让恢复重建各项政策落实、资金落实，项目组织实施工作公开、公示、透明，让资金使用在群众的监督下阳光运行。成立村（居）督导检查工作组，以村（居）民监督委员会和村级纪检监督组织为主体，动员群众广泛参与重建资金使用、物资调配、施工质量的全程监督，确保灾后恢复重建各项工作科学、规范、高效、廉洁推进。

4. 加强灾后恢复重建资金监管

印发《长宁县"6·17"地震社会捐赠救灾资金和物资管理使用暂行规定》《长宁县"6·17"地震灾害救灾资金管理实施细则》《"6·17"地震救灾款物管理提醒事项》等，实现灾后恢复重建资金管理制度化。通过建立联络员制度、信息报送制度、定期巡视制度等方式，指导各部门（单位）和乡（镇）财务人员开展资金监管工作，进一步规范资金拨付、使用、监督等流程，确保工作环节"无遗漏"。将救灾资金全部纳入财政绩效评估范围，开展事前绩效评估，按照绩效目标实现程度和预算执行进度"双监控"要求，抓实各项资金管理，确保资金运行安全高效有序。组成民政物资组、药品物资组、应急物资组等多个小组，深入灾区宣传政策、审核物资台账、清点数量并记录，派驻受灾严重乡镇监督救灾资金和物资发放，加强救灾资金物资的监督管理。组成专项检查工作组，按照"专款专用、专账核算"管理要求，组织专人对地震应急抢险救灾资金使用情况所涉及的部门和乡镇进行全覆盖检查。积极筹措地震灾后重建项目资金，争取发行"6·17"长宁地震灾后重建专项债券资金项目。抽调专人下沉到乡镇对受灾群众过渡期安置补助、城乡住房重建担保贷款贴息等相关政策进行业务培训和宣传解读，通过强化培训提升财务管理业务能力和水平。

5. 做好地质灾害治理恢复重建工作

成立地质灾害专项治理灾后恢复重建工作领导小组，设地灾调查防治、项目申报规划、数据统计、用地保障、信息宣传、后勤保障六个工作组，明确工作职责和责任分工。建立工作联席会议制度、周工作例会制度，由领导小组组长召集相关部门对地灾防治项目推进工作进行专题研究，加强部门沟通与联系，讨论研究对隐患点进行边治理边监测的新经验、新方法；每周组织地灾防治项目施工、监理、审计单位召开交账会，确保项目推进中出现的新问题能够得到及时化解。每周组织施工、监理、跟审等单位督查项目进度，对不合格的治理点现场开出整改意见书，责令立即整改；对多次整改仍达不到质量要求的治理点，由监理单位对施工单位发出经济处罚通知书，把好安全关、质量关、进度关。

6. 做好灾后恢复重建政策宣传

派出业务培训工作组到各乡镇，就建筑质量监管工作、"一户一档"建档、《城乡住房重建和维修加固补助资金实施办法》、《地震灾区城乡建设用地增减挂钩项目》、《城乡住房重建担保贷款贴息办法》等相关政策和文件进行宣传和解读,确保基层干部能全面了解恢复重建政策。将过渡安置补助、贷款贴息、土地增减挂钩等政策用一张表标明,配套设置算账公式,帮助受灾群众明确意愿算清账。利用赶集天召开集中答疑工作会,对镇村干部及群众提出的问题进行集中解答。通过设立政策咨询点、召开院坝会、发放政策明白卡等形式,进一步提升群众对恢复重建政策的知晓率,引导群众积极参与恢复重建。以"结对共建在一线"实践活动为载体,各乡镇、各县级机关党支部和各村(社区)党支部进行结对共建,指导各村(社区)开展恢复重建工作,并对恢复重建相关政策进行宣讲。坚持恢复重建督查巡查工作常态化,由县纪委监委、县委组织部、县委目标绩效办组成监督检查与组织保障工作专班,督导镇村两级恢复重建宣传工作进展,对恢复重建工作推进缓慢、群众政策知晓率不高的乡镇予以通报,并将督查结果纳入各乡镇年终目标考核。

7. 做好灾区群众信访维稳工作

长宁县成立由信访联席会议召集人任组长,相关部门组成的信访维稳工作组,严格落实信访工作"党政同责""一岗双责",压实县、乡两级领导干部责任,增强履职尽责意识,提升信访工作水平。各受灾乡镇成立矛盾纠纷化解领导小组,组织专门力量,开展政策宣传,及时化解矛盾。各受灾乡镇组织召开灾后重建信访维稳工作会,实行每日零报告制度,每日研判、每日分析、每日化解,每周汇总上报矛盾纠纷。围绕恢复重建重点项目和突出信访问题,深入一线走村入户。通过入户走访、接待群众、参加院坝会等方式,倾听群众呼声,了解群众需求,掌握群众救灾物资诉求、灾后重建意愿等,认真填写"社情民意收集台账",及时向镇纪委、村支"两委"反映群众的思想动态和意见建议,群众的呼声和利益诉求及时地反映到上级部门,有效减少沟通过程中的信息失真,真正为群众排忧解困。

8. 营造灾后恢复重建良好环境

印发《"6·17"地震灾后重建矛盾纠纷化解工作方案》,重建委成立专项工作组,指导协调重大疑难矛盾纠纷化解;重灾乡(镇)成立专项小组,每日开展涉灾矛盾纠纷动态化解。组织法治部门、宣传部门、社会组织等到受灾场镇开展法治宣传,提供法律咨询。充分利用传统媒体,在长宁电视台、竹海长宁报、长宁新闻网开设了灾后重建专题、专栏,灵活运用新媒体，及时发布灾后重建信息，精心策划新闻选题，每周召开重建选题策划会，安排专人组成报道组收集重建素材，多形式全方位宣传报道灾后重建工作。实行 7×24 小时值班制度，采用人工＋软件巡查方式加大网络巡查力度，监测发现并及时处置涉及灾后重建的舆情信息；县网信、公安、维稳等部门每周集中分析研判，梳理舆情风险点，研判舆情态势，制定应对预案，提出工作建议。县维稳、网信、公安等部门及时互通信息，紧密协调配合，依法严厉打击散布谣言、干扰破坏灾后重建的行为，积极营造良好舆论的环境。

9. 疫情防控与灾后重建两手抓

长宁县在全力做好疫情防控的同时，不断加强项目建设服务保障，全力推动灾后重建项目有序复工。为全力做好复工后的疫情防控工作，除了做好施工人员入场前的健康摸排、登记，强化施工期间施工人员的体温检测和施工区域的消毒、消杀外，施工方在防疫物资储备上也做好准备。为确保全县灾后重建任务如期完成，克服疫情给项目复工带来的不利影响，长宁县不断加大服务保障力度，加强统筹协调，积极帮助复工项目解决防疫物资紧缺、复工用工短缺、建筑材料运输不畅等困难，切实推动全县灾后重建项目有序复工。

三　珙县地震灾后恢复重建工作的主要做法

1. 快速成立领导组织机构

成立由县委书记任主任，县长任常务副主任的灾后重建委员会，下设重建委员会办公室和 13 个工作组，并将灾后重建委员会办公室作为阶段性的常态化机构，统筹推进灾后恢复重建工作。同时制定出台《珙县"6·17"地震灾后重建委员会议事决策办法》《关于进一步提升决策效率　强化决策执行　高效推进灾后重建工作的意见》《珙县"6·17"地震灾后重建工作监督管理办法》等 13 项规章制度，确保整个灾后重建工作高效有序开展。结合珙县实际情况，科学编制规划方案，聘请中国城市规划设计研究院负责珙县灾后重建（城乡建设）规划编制工作。成立工作专班，分行业分区域全面开展地震灾害损失评估，并建立《"6·17"地震珙县灾害损失评估台账》，在此基础上结合县域经济发展新城、新型城镇化建设、乡村振兴战略、公共服务提升等重点工作，系统谋划恢复重建类项目。

2. 强化灾后重建监督检查

制定《珙县"6·17"地震灾后重建工作监督管理办法》《关于严明灾后重建有关纪律要求的通知》《珙县"6·17"地震灾后重建督查工作方案》，严明抗震救灾"九个严禁""十项禁令"和21条监管措施，明确了纪委监委、目标绩效办、审计局等成员单位监督责任，定期梳理每日、每周、每月工作开展情况上报县灾后重建办。将灾后重建工作纳入年度目标考核，纪律执行情况纳入党风廉政建设责任制考核，所有参与项目决策和实施的公职人员签订"廉洁自律承诺书"，压实工作责任。由县纪委监委牵头成立追责问责组，加强对救灾纪律执行、干部作风等情况的检查指导。抽调专人组建审计监督组和认质认价组，开展全程跟踪审计和认质认价，加强灾后重建资金、物资、项目建设的监督检查。坚持以资金物资安全有效使用和项目建设廉洁规范推进为重点，针对物资资金募集、接收、拨付、分配、使用和项目建设决策、招投标、环评、实施、竣工验收等各环节存在的风险点，实行全过程、全链条跟踪检查。

3. 引导群众积极参与灾后恢复重建

制定《民主管理制度》《民主决策制度》，由社区干部、普通党员、受灾群众共同参与安置点公共事务和重大事项决策。提升群众参与重建的主动性和积极性，在政府引导下积极组建居民住房维修加固自建委员会，做好政策宣传、民情收集、质量监督、资金监管等工作。自建委员会实行受损情况民主评议、加固方案民主制定、维修资金民主管理、施工单位民主选择，充分尊重群众意愿。坚持城区整栋、农村整户原则，由自建委员会与施工单位、技术工匠、受灾群众共同制定房屋加固维修施工方案，确保维修加固方案成本节约、科学可行。自建委员会质量监督组常驻施工现场，严把质量关，发现问题及时整改，做到施工全程公开透明。工程完工后，楼栋住户全体参加验收，在保障群众知情权的同时，有效促进了施工质量的提高。

4. 强化政策宣传助推灾后恢复重建

全面梳理受灾群众安置、补助标准、办理流程等政策，印发《抗震救灾宣传手册》《"6·17"地震珙县政策明白卡》和各类政策宣传告知书10万余份，将地质灾害防治、土地增减挂钩、工程质量验收等内容作为宣传重点，确保每户"一册一卡一书"发放到位。按照"属地单位＋职能部门"模式组队，充分利用机关干部结对、文明城市创建、贫困村（户）帮扶等机会，通过召开干部大会、村民代表大会、院坝会等多种形式进行宣传，提升群众政策水平。坚持"线上＋线下"全覆盖宣传，定期在"珙泉发布"微信公众号上推送灾后重建信息，公开灾后重建过渡安置、住房维修加固等政策，动态收集整理先进典型、感恩教育案例，并进行广泛宣传。受灾乡（镇）分别成立专项工作小组，专职负责解答受灾群众疑惑，排查化解矛盾纠纷，消除不稳定因素，确保灾后重建工作平稳有序推进。

5. 加强抗震救灾资金的使用和管理

明确由发改、民政、经信等部门牵头做好抗震救灾物资、资金接收、管理等工作，建立救灾物资"入口"和"出口"两本台账，定期通过"珙县发布"微博、微信公众号公开捐款收支情况。制定《长宁"6·17"地震珙县抗震救灾专项资金管理办法（试行）》，按照"统筹兼顾、突出重点、科学安排、合理规划、专款专用"原则，根据受灾程度、轻重缓急、资金来源渠道等因素分配，将资金专项用于抗震救灾及恢复重建。加强抗震救灾专项资金筹措、分配、使用情况全过程监督管理，保证资金安全、有效使用。

6. 开展受灾群众心理援助工作

对接中国科学院心理研究所、中国心理学会等，在心理援助专家的指导下，建立珙县心理援助工作站，开展为期1年的心理援助专家服务。先后举办县委中心组（扩大）学习会专题辅导班、妇女心理创伤疗愈培训班、心理危机干预操作和心理咨询师业务能力培训班等，培训心理援助队伍300余人，创建心理援助本土服务团队。录制心理危机干预知识专题视频，印制宣传小册子，通过公众号、微博、散发宣传册等多种形式，开展震后心理疏导。通过团体辅导、个别访谈、大讲堂等方式，积极开展心理健康教育辅导。

7. 确保地震灾后社会稳定

组建地震灾后恢复重建委员会社会稳定工作组，成立维稳工作办公室，设立舆情工作专班，召开专题工作会议，多渠道摸排涉稳隐患，梳理薄弱环节和不稳定因素，制定工作预案，加强风险防控。印发《关于做好"6·17"地震珙县灾后重建项目社会稳定风险评估工作的通知》，加强源头防范、降低不稳定风险，走访重点人员和群体，开展志愿服务和巡回值守，做到心理疏导一批、重点稳定一批、合理诉求解决一批。畅通信访接待渠道，及时获取群众诉求，化解基层矛盾，加强舆论监控，及时准确发布信息。针对灾后重建领域出现的违法犯罪行为，依法从严从重打击，形成强力震慑，发布《关于依法打击抗震救灾领域违法犯罪行为的通告》，提前预防介入，确保灾区社会稳定。

8. 发挥党组织的战斗堡垒作用

坚持把灾后恢复重建作为"不忘初心、牢记使命"主题教育的主战场，将县级领导干部和科级领导干部下沉到抗震救灾和灾后恢复重建一线，带头参与编制重建规划、研究相关政策、推进重大项目。深化城乡党组织结对共建，通过组织联建、党员联管、活动联办、资源联筹、城乡联治等互联模式，加强对受灾地区人才、资金、项目等帮扶，做好心理疏导、政策宣传、险情排查等工作。发挥共产党员先锋模范作用，组织党员组建"党员先锋队""党员突击队"，参与搭建安置临时住房，开展常态化走访和帮扶困难群众，逐户填写"珙县抗震救灾干群连心卡"，帮助群众解决实际问题。

9. 加强灾后新增地质灾害隐患点的防治

针对震后新增地质灾害隐患点，落实专职监测员，督促监测员迅速进入工作状态，严格落实"雨前检查、雨中巡查、雨后核查"工作制度。组织新增专职监测员进行集中培训，对地质灾害隐患点受威胁群众开展避险演练。发放夜间巡查电筒、崩塌点监测望远镜、预警报警器等监测设备，为新增专职监测员补充购买汛期人身意外伤害保险。严格落实提前避让、主动避让、预防避让"三避让"措施，对变形加剧隐患点、新增隐患点及紧迫类（较紧迫类）隐患点受威胁群众实施过渡安置，确保群众生命财产安全。

第四节　启示与建议

一　长宁地震灾后恢复重建的启示

1. 建立高效顺畅的灾后重建组织领导机制

灾后恢复重建是一项长期的、涉及面广泛的系统工程，高效顺畅的组织领导机制是高质量推进灾后恢复重建工作的前提基础。国家发展改革委、财政部、应急管理部于2019年印发的《关于做好特别重大自然灾害灾后恢复重建工作的指导意见》中，再次强调落实灾区所在省份各级人民政府主体责任，要创新体制机制。"6·17"长宁地震发生后，宜宾市委、市政府主要领导牵头组建了灾后恢复重建委员会，指导督促灾后恢复重建工作，统筹安排重建资金，研究协调解决重建实施中的重大问题。重建办下设四个工作指导组，加强与各受灾区县、市直相关部门的联系沟通，坚持每周例会制度，研究通报灾后恢复重建重点工作推进情况。各工作指导组还建立了本组重点督办事项清单，定期收集汇总办理情况，对未按要求办理事项及时督促办理，强化督查督办。重建办还设置了舆情管控和社会维稳组，开展网络舆情监测、研判处置以及新闻发布、引导舆论的工作，有助于及时掌握社会关切，排查化解社会矛盾。受灾县（区）是灾后恢复重建的责任主体，在市重建委的基础上，对应也成立了恢复重建工作的领导组织机构，具体负责实施规划的组织实施，制定年度计划，落实执行有关政策措施。市县区形成"条块结合双主体、上下联动一体抓"的领导管理机制保证了灾后恢复重建工作的有序推进。

2. 科学编制灾后恢复重建规划

宜宾市坚持规划先行，市发展改革委员会会同受灾县抽调专人成立实施规划编制专班，在省发展改革委专家组指导下，充分借鉴芦山地震、九寨沟地震灾后恢复重建规划经验，邀请行业专家、召集相关部门多次会商讨论，形成《宜宾长宁"6·17"地震灾后恢复重建实施规划》。此次规划坚持和发展灾后恢复重建新路，结合城乡融合发展、乡村振兴、县域经济发展、乡镇行政区划调整、生态建设等，明确重建原则和目标，提出"城乡居民住房、公共服务、城乡建设和基础设施、生态保护和地质灾害防治、特色产业"五大类重建任务。按照"以灾定损，以损定建"原则，将项目分为恢复重建、发展提升两类，其中，灾后恢复重建类项目纳入目标考核，两年内必须完成；发展提升类项目聚焦交通大环线建设、产业转型提升、城镇体系完善及生态环境修复等领域，着眼长远发展。将灾后恢复重建与乡村振兴、产业发展、脱贫攻坚等结合，充分利用灾后恢复重建提供的发展机遇，把防灾减灾预防问题纳入项目规划中，因地制宜编制长宁县、珙县灾后恢复重建项目规划和发展提升项目规划，推动灾区可持续发展。宜宾市政府负责统筹解决恢复重建资金，科学分配省级财政包干补助资金，积极争取国家有关部门、省级有关部门给予资金支持，加大市县财政投入，通过发行债券等拓宽融资渠道，鼓励引导国有企业援建重建项目，广泛发动社会力量参与重建。

长宁县聘请上海同济城市规划设计研究院和同济大学建筑设计研究

院，完成双河镇古城历史街区保护修建详规等 5 项规划编制，完成双河镇人文地景及重点公共设施勘察项目等 5 项施工图设计；完成双河镇葡萄、大水聚居点，西溪、东溪水环境综合治理工程，文庙修复、葡萄井修复项目施工图设计。结合蜀南竹海、兴文石海生态文化旅游示范区建设和双河镇行政区划调整实际，把震中双河作为引领重建的重点和核心来打造，明确了"两海驿站、文化双河"的重建提升发展定位，突出打造古城文博综合体、旅游服务综合体、美食田园综合体，合理规划布局城镇集中安置点，将功能优化、风貌塑造、业态培育有机结合，集中精力、财力、物力打造双河核心示范镇。

珙县精心打造鱼池村灾后重建样板示范区，专门成立了鱼池村灾后重建现场指挥部，负责推进鱼池村灾后重建统筹协调和组织实施工作；由县级领导牵头，选派精干力量，组建综合协调、住房重建、环境治理、交通建设、产业发展、党建引领 6 个工作组，确保项目建设高效推进。按照市委、市政府"城镇看双河、农村看鱼池"的总体目标，坚持高起点定位、高标准规划、高水平建设，建设集中安置点 14 个，结合"洛浦新寨·鱼竹人家"文化旅游综合体，形成农旅结合、特色鲜明、产业兴旺的发展定位，全力打造灾后恢复重建乡村样板示范区。按照"一心三片"布局，规划建设集行政中心、文化中心、乡居广场、农副产品营销等多样化服务功能为一体的综合服务中心，打造以水产养殖和休闲农家旅游为主的滨水综合发展区、蚕桑综合发展为主的丘陵桑蚕种植区、立体竹业发展为主的高山林业种植区。规划建设蚕桑研究院、苗族蜡染传习馆、游客接待中心等配套设施，打造灾后重建农旅融合体验示范区。

3. 充分发挥受灾群众在灾后重建中的主体作用

根据灾后重建的国际经验，公众（特别是受灾群众）在灾后重建中参与的程度越深，灾后重建的效率与质量越高。[①] 灾后重建涉及群众的切身利益，每一项重建规划和重建项目都要遵循"以人文本"原则，倾听群众心声，充分考虑群众的意愿和诉求，在决策前与群众充分沟通，政策制定公开透明，才能促进灾区社会的和谐稳定，促进灾区长期的可持续发展，因此，受灾群众积极参与成为灾后恢复重建的重要社会基础。基层政府坚持"自主、自愿、自治"原则，以村（社区）为单位组成建房委员会，把

---

① 王宏伟：《国外地震灾害恢复重建的经验与借鉴》，《国家行政学院学报》2008 年第 5 期。

知情权、选择权、管理权、实施权和监督权交给群众，让群众参与到方案制定、资金管理、施工单位选择、物资调配、施工质量监督的全过程管理中，有效促进了城乡住房的恢复重建。

4. 强化政策引领和政策宣传工作

宜宾市制定出台了地震灾后恢复重建实施意见及过渡安置补贴、住房重建补贴、住房重建担保贷款、土地增减挂钩、农村新型社区规划选址等"5+1"核心保障政策，为灾后恢复重建提供了政策支撑。精心制订一张能够让群众看得懂、算得清、用得上的住房恢复重建政策明白表，将出台的资金补助、贷款贴息、土地增减挂钩等政策转化为一套数据化、表格化的计算公式，帮助受灾群众算好补助账、支出账，真正让群众读懂政策，消除顾虑，增强信心。基层政府派出业务培训工作组到各乡镇，就相关政策进行宣传和解读，确保基层干部能全面了解恢复重建政策。利用赶集天召开集中答疑工作会，对镇村干部及群众提出的问题进行集中解答。通过群众代表大会、院坝会等形式，进一步提升群众对恢复重建政策的知晓率。

5. 强化重建工作的监督管理

宜宾市级层面抽调专人强化重建督查工作，每十天发一期督查通报，抓好规划执行监管、项目规范建设监管、项目施工监管工作。对重建任务进行细化分解，形成时间表、任务图，开展专项督办，定期对工作成效、经验做法、存在问题进行通报。坚持问题导向，明确重点任务，逐一梳理问题清单、责任清单、任务清单，明确工作要求和时限，全力确保各项工作按期推进。长宁县坚持恢复重建督查巡查工作常态化，由县纪委监委、县委组织部、县委目标绩效办组成监督检查与组织保障工作专班，督导镇村两级恢复重建工作进展，对恢复重建工作推进缓慢，群众政策知晓率不高的乡镇予以通报，并将督查结果纳入各乡镇年终目标考核。珙县出台相关政策，严明灾后重建工作等监管措施，进一步明确了纪委监委、目标绩效办、审计局等成员单位的监督责任，定期梳理每日、每周、每月工作开展情况上报县灾后重建办。

二 建议

1. 恢复重建同时要提升基层防灾减灾能力

地震灾害的发生会诱发一系列诸如崩塌、软土震陷、滑坡、泥石流、地裂缝等地质次生灾害。地震灾害持续时间一般较短，造成的危害和影响较易评估，而对次生灾害的发现、预防、损失估算、处置则会持续很长时间。国内外的经验表明，有些地震灾害造成的地质和建筑等相关隐患，甚至可能潜伏几年的时间。因此，对灾区可能出现的次生灾害，必须长期高度关注，进行科学评估。① 对于一些高风险区域要严格监管、及时预警、妥善处置，以避免灾区再次遭受次生灾害的打击，因此，进一步提高灾区对自然灾害的综合防范和抵御能力，也是灾后恢复重建工作的重要内容。首先，对地震重点监控防御区域的防震减灾措施要进一步强化，对于农村住宅和乡村公共设施必须严格执行规定的抗震设防标准，要适当提高学校、医院等公共场所的抗震设防标准，在公共场所设立相应的逃生通道和避难场所。其次，要进一步促进基层的应急准备和应急处置能力的提升。应急管理部门和各个基层单位还应在现有应急预案的基础上进一步完善优化，提升预案的可操作性和针对性，多开展基于应急预案的演练活动。最后，还需进一步增强公众的防灾减灾意识，在各级各类学校、各级企事业单位、广大农村广泛深入宣传防灾减灾的基本知识，加强逃生避险、自救互救等基本技能的学习和演练。

2. 探索构建多元化的灾后重建资金支持体系

资金支持是灾后重建的重要保障，灾后重建资金主要源于中央和省级政府的财政拨款，来自银行、社会、单位和个人的资金较少，资金投入主体比较单一，因此，需要政府拓宽资金筹措渠道，创新资金支持机制，探索建立政府财政、银行、企事业单位、社会资本出资的多元化灾后重建资金支持体系。通过创新市场化的投融资机制，采取灵活多样的方式，逐步提升金融支持的广度和深度，引导社会资本合作参与灾后恢复重建。同时，也要优化重建资金的投向结构，促进实施产业重构，提升资金使用效率。②

3. 合理布局产业结构促进可持续发展

灾区恢复重建任务紧迫艰巨，既要保证经济社会的恢复重建，又要实现生态系统的恢复重建，这就需要合理布局产业结构，实现资源的优化和有效配置。产业布局的优化和调整可以借鉴主体功能区建设的思路，从灾

---

① 高伟凯：《关于地震灾后重建工作中的几个紧迫问题》，《红旗文稿》2008 年第 12 期。
② 潘兆宇、王玉峰：《芦山地震灾后重建的资金支持研究——以四川省宝兴县为例》，《农村经济》2014 年第 8 期。

区的现状和统筹发展的要求出发，摸清灾区的环境、资源现状和承载能力以及发展潜力等，针对区域内不同的生态环境和经济社会特征，划分不同的主体功能区，有针对性地分类指导推进重建项目。① 对于生态环境脆弱区和地质灾害风险区，以保护修复生态系统为首要目标，进行适度开发。对于适宜开发的区域，根据灾后实际的环境资源承载能力，进行科学的灾后评估，因地制宜地开展恢复成本低、恢复周期短、次生灾害风险小的项目，以促进灾区生产生活尽快恢复和经济社会的可持续发展。对于可以重点开发的区域，可制定优惠的特殊政策，激励和吸引项目投资，加快这一区域的经济社会发展。

4. 激励社会组织参与灾后恢复重建

作为现代公共治理的一个重要理念，伙伴关系体现了治理主体的多元化及其相互之间的协同作用，政府、企业、社会组织、个人、社区等都有可能参与到公共管理的过程中。② 灾后重建是一项复杂系统的长期工程，在发挥政府主导作用的同时，社会组织是灾后重建不可或缺的重要结构性资源。社会组织参与将给灾区带来各种各样的资源，带来新的人财物流动和文化，有助于推动灾区加快同外部的联系，推动灾区快速发展。此外，社会组织能够在政府、群众、其他社会资源和社会力量之间搭建起桥梁，协助政府更好地推动恢复重建工作。由于社会组织具有行动优势，可以在灾害发生后深入灾区一对一地与灾区群众沟通交流，能够比较全面地了解个人、家庭的受灾情况、面临的困难和压力、可调动的社会资源等，有助于帮助基层政府科学评估受灾群众的需求，为顺利开展重建工作提供参考。社会组织的这一优势为政府和群众之间的信息沟通搭建了桥梁，有助于加强政府与民众间的对话，提升政府决策的精准度。在充分了解群众和基层社区需求的基础上，社会组织还可以发挥多方联动的优势，推动多元主体之间积极互动、整合多元资源共同服务于灾区重建。为此，政府部门要创新管理机制，制定相关政策去支持、激励、引导好社会力量参与灾区重建。

5. 重视精神家园的重建，提升灾区群众的幸福感

灾害损失是一项复杂的系统工程，除了灾害造成的直接经济损失和人

---

① 陈筱、邓玲：《空间优化视域下的灾区主体功能区建设》，《软科学》2010 年第 2 期。
② 朱希峰：《平等合作：从灾后重建看政府与社会工作服务组织的伙伴关系》，《社会杂志》2009 年第 3 期。

口伤亡外，灾害对环境、社会以及受灾群众的无形影响将是长期存在的，因此，恢复重建不仅仅是生活家园和生产家园的重建，还应该包括精神家园的重建。精神家园建设包括维护群众的心理健康、修复受灾群体的社会关系、树立积极向上的理想信念、恢复和保护传统文化等诸多内容。地震灾害对受灾群众造成了一定心理冲击和创伤，因此，受灾群众的心理援助非常重要，可以以受灾村（社区）为单位，探索建立社区生活与心理重建相结合的"社区心理援助模式"，组织经过培训的志愿者和社会组织提供主动的、多层次的、长期的心理援助服务。可以通过个体辅导、团体辅导等多种形式帮助受灾群众稳定情绪，树立积极向上的心态去面对困难，重建家园。已有研究表明，社会支持网络的建立有助于帮助人们恢复心理健康，和谐友好的邻里关系可以帮助社区居民之间增加信任，促进他们较快地适应和融入新的生活。因此，在开展心理援助的同时，还应帮助灾区群众重新建立新的邻里关系和社会结构。灾后重建理论认为民族文化和文化传统是民族的根脉所系，受灾地区的文化传统和文化多样性不能忽视，应将文化重建和文化保护、传承结合起来。① 随着灾后恢复重建工作的不断推进，灾区重建发展的最终目标应是包括经济、社会、文化精神、环境等多方面协调发展的综合结果，尤其是精神家园的重建是灾区社会持续向前发展的基础性内生动力，需要长期关注。

6. 将巨灾保险制度纳入综合防灾减灾体系

党的十八届三中全会通过《中共中央关于全面深化改革若干重大问题的决定》中，就明确提出"建立巨灾保险制度"②。巨灾保险制度可以有效地管理巨灾风险，将市场化的风险评价、风险转移分散和损失补偿手段引入灾害管理体系，可以完善灾害补偿机制，放大财政补贴的效应。我国现行的灾害补偿、救助制度主要是由中央和地方各级政府对居民的基本生活和住房进行补助，这加大了政府的财政负担，由于政府财政经费有限，也不可能对灾害损失给予充分的补偿，只能保证灾区居民的基本生活和简单再生产。而自然灾害易发高发的山区丘陵地区，地质环境较差，遭受地震灾害后当地居民很难恢复到原来的生活水平。如长宁地震住房重建补助，农村居民的最高补助标准为 4.5 万元，而当地居民建房的实际支出一般在

---

① 陈蓓蓓、李华燊、吴瑶：《汶川地震灾后重建理论述评》，《城市发展研究》2011 年第 3 期。
② 《十八大以来重要文献选编》上，中央文献出版社，2014，第 518 页。

15 万～20 万元，政府补助远远不能弥补地震造成的损失。因此，用保险形式补偿各种灾害风险损失是当今世界上普遍采用的一种行之有效的方法。灾害损失由保险业承担一部分，不仅可以减轻政府财政的负担，还能够给受灾群众提供较为及时的经济补偿，这对于解除群众的后顾之忧、稳定民心具有显著作用。为此，需要将巨灾保险业尽快纳入到综合防灾减灾体系中，推进灾害保险体系的建设。

灾后心理援助与心理重建

张力文[*]

摘　要： 本文通过对"6·17"长宁地震后心理援助和心理重建的过程分析和典型案例分析，对各个阶段的心理援助服务、各种不同模式的心理援助以及产生的效果进行分析，与国内外的心理援助和心理重建模式进行对比研究，结合"6·17"长宁地震的特点，分析此次灾后心理援助和心理重建工作的成效与不足，并提出相应的对策建议。

关键词： 心理援助；心理重建；自然灾害；"6·17"长宁地震

重大自然灾害发生后，可能导致受灾人群产生各种心理困扰和心理创伤，这就需要对受灾人群提供心理援助和社会性的关怀，以帮助他们恢复到正常的心理健康水平，并通过长效的援助机制最终实现心理重建和精神家园的重建。灾后心理援助已经成为各国政府应急管理工作中的一项重要课题，被看作一个国家和社会文明与进步的重要标志。"6·17"长宁6.0级地震和"5·12"汶川特大地震、"4·20"芦山地震、"8·8"九寨沟地震等相比，具有地震本身的特殊性和地域人群的特殊性，对当地基层干部和公众造成的心理影响也具有特殊性，各个群体对心理援助与心理重建的需求表现出差异性。再加上应急管理机构改革转换阶段性的特征与背景，提供心理援助的主体、形式与前述的灾后心理援助相比，同样具有阶段性特点。本文旨在通过对"6·17"长宁6.0级地震灾后心理援助和心理重建过程的分析，并与国内外的心理援助模式进行对比研究，结合"6·17"长宁6.0级地震的特点，分析此次灾后心理援助和心理重建工作的成效与不足，提出相应的对策建议。

---

*　张力文，中共四川省委党校（四川行政学院）应急管理培训中心副教授，研究方向为应急管理和公共卫生。

第一节 "6·17"长宁6.0级地震灾后
心理援助与心理重建的重要意义

面对暴发的大规模自然灾害，创伤及压力会直接或间接影响到见证灾难的每一个人。无论是灾区群众、现场的救援人员甚至是通过媒体报道目睹灾难发生的普通民众，大多会产生不同程度的心理反应和情绪行为变化。因此，无论是政府的应急管理体系建设还是危机事件的处置与善后，都需要高度关注灾后心理援助和心理重建，将灾后心理援助作为自然灾害救援体系中的重要组成部分。构建完善的灾后心理援助和心理重建的体制和机制，这对于提高地方政府应急管理能力、保障公民心理健康、维护社会秩序等方面都有着十分重要的现实意义。

一 灾后心理援助是自然灾害救援体系中的重要组成部分

重大自然灾害不仅威胁着人们的生命财产安全，作为一种心理应激源，会使人们产生不同程度的心理反应、情绪变化和行为异常，若不能及时得到有针对性的心理危机干预，可能会引发创伤后应激障碍（PTSD），甚至留下终身难以磨灭的心理创伤。由于灾害造成的多米诺效应会在短期之内在整个地区甚至国家范围内引起心理恐慌，随着救援工作的展开、生产生活的恢复，灾害造成的恐慌会逐渐减少，但是灾害所造成的心理压力或创伤会在灾害受难者心中留下长久的影响。因此，重大自然灾害发生后，需要对受灾人群提供心理援助和社会性的关怀，以帮助他们恢复到正常的心理健康水平，并最终实现心理和精神家园的重建。①

心理援助与生命营救、物质救援一样，已成为灾难救援体系和行动中重要的组成部分。灾后心理援助被看作一个国家和社会文明与进步的重要标志，是一个国家是否充满人文关怀精神的标志，成为各国政府应急管理工作中的一项重要课题。② 自然灾害引发的群体心理危机的特点决定了心理援助是一项长期、艰巨的工程，必须构建长效的工作机制，直到受灾地区民众的心理功能完全恢复。因此，无论是政府的应急管理体系建设还是

---

① 刘正奎、吴坎坎、张侃：《我国重大自然灾害后心理援助的探索与挑战》，《中国软科学》2011年第5期。

② 宋晓明：《重大突发事件心理危机干预长效机制的构建》，《政法学刊》2017年第5期。

危机事件的处置与善后，都需要高度关注心理恢复和重建，构建完善的灾后心理援助体制和机制，对于提高地方政府应急管理能力、保障公民心理健康、维护社会秩序等方面都有着十分重要的现实意义。

我国的心理援助工作最早始于 1994 年新疆克拉玛依大火后。2003 年"非典"疫情发生后，北京大学精神卫生研究所对患者及密切接触者提供了心理危机干预服务，这是我国进行的首次大范围、全方位的心理危机干预行动。北京师范大学心理学部正式成立了心理危机干预中心，作为一个常设机构开展危机应对与危机干预的研究和服务工作，这是我国公共危机心理援助走向专业化的开端。2008 年"5·12"汶川特大地震发生后，灾难带给人民的巨大的个体、家庭和集体的心理创伤引起了我国政府和全国人民高度的关注。由政府部门、部队、群众团体和学术团体等组织的大批心理援助队伍进入地震灾区，使得灾后心理援助得到前所未有的重视，并开始被纳入我国灾后重建计划。我国政府近年来也越来越关注灾后心理援助工作，在国务院制订的《中国精神卫生工作规划（2002－2010 年）》中，明确规定："发生重大灾难后，当地应进行精神卫生干预，并展开受灾人群心理应急救援工作，使重大灾难后受灾人群中 50% 获得心理救助服务。"

2008 年以后，我国又发生了青海玉树地震、甘肃舟曲特大泥石流、芦山"4·20"地震等重大自然灾害，灾后心理援助工作的重要性得到进一步重视和规范，我国的灾后心理援助工作开始走向科学、有序和可持续的道路。

心理创伤的修复是一个漫长而复杂的过程，重大自然灾害所导致的心理创伤持续时间很长，无法通过短期的应急心理危机干预得到解决，在灾后恢复重建阶段还需要后续的心理援助持续跟进。为此，在应急心理危机干预阶段的工作结束后，需要专业机构在做好应急心理危机干预工作总结的基础上，向相关政府部门就恢复重建阶段的心理援助服务提出建议，政府部门才能更科学地将心理重建纳入当地灾后重建的规划中。个体的心理健康对于灾后和谐社会的构建有着重要的影响与价值，帮助灾区广大群众消除灾后心理阴影并进行有效的心理重建工作，不仅是满足其心理成长的迫切需要，也是建设和谐社会、落实科学发展观的具体体现。

二 "6·17"长宁6.0级地震造成的心理影响具有特殊性

1. 数次地震叠加、余震频繁发生，导致灾民出现二次心理创伤

此次地震灾区在地质构造上处于华蓥山断裂带中南段，地表断层较

多，处于地震活跃地段，近年来呈现震级越来越高、间隔时间越来越短、破坏力度越来越大的态势。本次地震所处的川东南地区，自 2018 年 12 月以来 5 级以上地震活跃，本次地震南侧约 14 千米处曾在 2018 年 12 月 16 日发生四川兴文 5.7 级地震，2019 年 1 月 3 日发生四川珙县 5.3 级地震。此次地震余震频发，截至 2019 年 7 月 16 日 08 时，共记录到 3.0 级及以上余震 64 次，其中 5.0~5.9 级地震 4 次，4.0~4.9 级地震 6 次，3.0~3.9 级地震 54 次。①

　　个体在受到自然灾害冲击时，心理会产生应激反应。应激反应是否会达到心理障碍的程度，通常取决于刺激的强度以及个人的心理弹性和心理健康程度。地震作为重大的自然灾害，对所有人来说都是重大刺激，因此出现心理障碍的风险也较高。个体在遇到地震灾害事件时，通常会出现混乱、不安、恐惧、紧张、惊慌等情绪反应，产生退缩和逃避等行为，这些反应是生物有机体在生存经历过程中建立起来的生存预警和保护机制，目的在于促使个体采取适当的行为措施以避免并抗击外界对生命健康的威胁。地震影响的是人最基本的安全感和稳定感，进而对人的心理造成创伤，甚至是产生创伤后应激障碍。"6·17"长宁地震本身已导致灾民精神紧张、心理恐惧，加上此次地震后余震不断，个体会产生条件反射，余震一发生便更加恐慌不安、心情烦躁，带给灾民的心理创伤伤害更容易泛化，产生二次创伤。很多灾民即使来到离震区很远的地方，脚下的土地依然会令其没有安全感和稳定感。余震造成灾情不断变化，受损房屋倒塌时有发生，后续转移安置的群众数量不断增加，一定程度上提升了社会关注度和工作难度，让当地基层干部和群众产生害怕、无助、焦虑、无望的心理，无法恢复到正常的生产生活状态。灾后心理援助机构和人员需要根据当地灾民的心理危机特点和心理需求，制定有针对性和适宜性的心理援助方案，帮助灾民尽快建立和恢复稳定感和安全感。

2. 抗震救灾和灾后重建工作交叉进行，基层干部面临多重压力

　　2019 年 6 月 27 日 12 时，四川省终止"6·17"长宁地震二级应急响应。2019 年 8 月 2 日零时起，宜宾市政府决定终止长宁"6·17"地震一级应急响应。2019 年 7 月 8 日，宜宾市成立地震灾后恢复重建领导小组，标志着抗震救灾工作开始转入灾后恢复重建阶段。长宁 6.0 级地震二级应

---

① 《宜宾长宁"6·17"地震灾后恢复重建实施规划》，宜宾市人民政府，2019 年 9 月。

急响应终止，地方政府的应急管理重心转为灾后重建等工作。虽已进入灾后重建阶段，受到余震的影响，抗震救灾和灾后重建工作交叉进行。基层干部需要随时进行应急处置和调整灾情统计，灾损评估和群众安置安抚工作任务繁重。震后很快就进入汛期，当地需要同时推进次生灾害防范工作，对地质灾害隐患点进行排查，完成隐患点治理，全力防止余震、滑坡、泥石流等重大灾害接续发生。加之地方政府机构改革刚刚完成，水利、自然资源、林业、住建、地震等部门与应急部门在灾害治理"防"与"救"方面的职能分工还不够清晰，消防救援队伍"垂直管理"与地方灾害"属地管理"还没有理顺，灾后重建工作任重道远。

2020 年的新冠肺炎疫情给灾后重建带来了很大的冲击，在打好新冠肺炎疫情防控阻击战的同时，又要打赢灾后恢复重建攻坚战，确保疫情防控、灾后重建"两手抓、两不误"。基层干部面临工作任务重、工作压力大、工作时间长、不确定情况多的问题。在多重叠加的压力之下，持续高强度的工作和长期积蓄在心底的悲痛使基层干部们身心疲惫，从而引起了一系列的生理和心理反应，例如，心跳加快、血压升高、难以入睡、正常的食欲和消化变弱、感觉迟钝、头痛背痛、胸口痛等，同时产生抑郁、焦虑、内疚、悲伤、倦怠等负面情绪。这些负面情绪如果强度过大或者长时间持续，会导致他们的感知、注意产生局限，思维迟滞，行动刻板，对社会判断和评价产生影响，正常处理事件的能力会大大削弱，严重者可能出现创伤后应激障碍。因此，需要推动基层干部心理援助制度化和常态化，让基层干部获得组织部门和上级领导的关心关爱政策支持，由专业的心理援助机构在灾后及时协调专业力量给予一线公职人员和党员干部必要的心理危机干预，提升基层干部应对压力和自我调适的能力。

3. 学校校舍受损严重、复课难度大，教师学生心理援助刻不容缓

"6·17"长宁地震发生时，正值学生在校期间，他们面临着生命和安全的威胁，并且要面对有同学、老师、亲人受到伤害的情景。地震的突发性与破坏性往往让缺乏自我调节与保护能力的学生心理反应更加剧烈，更容易出现一些应激反应，包括急性应激反应、创伤后应激障碍等，前者在灾后很快会出现，后者也可能很久才出现。地震后灾区大量学校校舍不同程度受损，为保证师生安全，避免造成二次伤害，及时疏散在校学生成了不少学校的第一要务。多数学生已经在震后安全回到家中，滞留在校的学生大多离家较远或父母在外务工。

此次地震导致县城和乡镇的学校受损严重，据统计，地震导致珙县共有 36 所学校受损，83 栋楼舍需维修加固和拆除重建，涉及 20000 余名学生的复课问题。部分校舍被鉴定为禁止使用，排危加固维修工作量大、时间紧，复课难度大，部分学生需要异地安置。地震除了给灾区学生带来心理影响之外，给他们的学习和生活也造成了一定的影响。地震导致灾区学生的社区环境和居家环境改变，部分社会关系中断或瓦解，他们地震前正常的生活秩序遭到严重破坏。异地就读的学生离开了自己的家乡和父母，来到一个陌生的地方读书，这些都可能会加剧地震对灾区青少年的负面心理影响。对于在灾害中失去亲人、受伤甚至致残的儿童和青少年，他们的心理重建需要更长时间，灾难的创伤如果长期积累会导致严重的发展困难，可能形成人格障碍。

对于学生来说，灾后进行积极的心理危机干预最能有效地减少灾难对他们的负面影响，基本生活、学习条件的恢复可以缓解灾后的负向心理反应。灾难对学生的影响往往超乎我们的想象，灾后学生心理重建是个较长的过程，需要全社会的共同参与。因此，建立一个全方位的有助于学生心理重建的社会支持系统就显得尤为必要。

第二节　案例基本情况

2019 年 6 月 17 日 22 时 55 分，绝大多数人已经进入梦乡，一切安宁祥和。突然，大地发出巨响，房屋剧烈摇晃，墙壁撕裂，屋子里的物品乱飞，人们从睡梦中惊醒，所有人一片惊骇。短暂的喘息之后，大地继续摇晃，惊恐的人们纷纷从屋子中跑出，惶惶然不知所措。各级党员干部与学校的老师们没有只顾自己逃命，他们为了人民群众和学生的安全，毅然冒着生命危险，战斗在抗震救灾第一线。地震发生后，省、市、县各级政府和相关部门紧急启动了心理援助应急预案，调动和整合各方资源，立即开展灾后心理援助工作。

一　四川省各部门迅速启动应急预案，开展震后心理援助

1. 四川省卫健委紧急启动，全面部署震后心理救援工作

6 月 17 日宜宾长宁地震发生后，四川省卫生健康委第一时间紧急启动

地震心理救援工作。6月18日，指导省精神医学中心制定《"6·17"宜宾长宁6.0级地震心理危机干预应急预案》，以宜宾市精神卫生中心力量为主，同时调集国家、省级精神卫生专家三批支援、指导宜宾市开展心理危机干预应急工作。按全省统一部署，宜宾市精神防治中心组建了心理危机干预团队，开展心理危机干预工作。在国家卫生健康委和省级心理专家支援指导下，一是将地震受伤人员和家属心理放在首位，分别对长宁县中医院、长宁县人民医院、珙县人民医院、珙县巡场发科骨科医院、宜宾市矿山急救医院、宜宾市第二人民医院、宜宾市第一人民医院等救治的地震伤员及亲属开展心理干预。二是加强临时安置点的心理干预工作，先后在长宁、珙县地震重灾区居民临时安置处分别设置多处心理救援服务点。三是突出重点人群的心理干预，有序对地震伤亡者亲友、地震直接受灾者、直接受灾者亲友、特殊群体，如妇老幼、学生及参加紧急救援工作的人员，尤其是消防人员、基层干部等开展心理辅导、心理健康宣教、心理健康资料发放、入户心理评估与心理干预等。四是强化心理服务网络建设。在专家指导下整合多种资源，建立横向与纵向的心理服务网，培养多层次心理工作者。

6月28日，四川省卫健委为指导各地做好"6·17"长宁地震伤员后续康复治疗和心理干预工作，不断提高伤员救治水平，提供及时、准确的后续康复治疗决策咨询，组建了地震伤员后续康复治疗和心理干预省级专家组，指导全省地震伤员后续治疗和心理干预工作，参加伤员康复治疗和心理干预专题会议，分析、研判及评估伤员康复治疗和心理状况，必要时参加应急处置工作。为制定、修订康复治疗和心理干预相关政策、行动方案提供专业咨询。

2. 团省委迅速派出前线小组，统筹开展心理援助志愿服务

地震发生后，共青团四川省委高度重视，立即启动应急预案，赓即向省应急管理厅报到待命，省群团中心、省青志协3名同志立即备勤，第一时间奔赴灾区。团省委工作组到达长宁县，与当地团县委汇合前往震中双河镇，组织成立抗震救灾青年志愿者服务队，深入安置区开展群众需求摸排，针对灾后群众不能进行正常的生产生活的特点，通过提供社会心理服务，帮助其恢复生活节奏，同时扩大社会交往，以更好地适应应激期帐篷安置的阶段。与当地政府和社会组织联合搭建"青青儿童乐园"，以保障儿童灾后应急阶段生命安全，帮助儿童更好地适应应急阶段各种变化的环境。组织专业志愿者提供亲情陪伴、快乐课堂、心理疏导等服务，为儿童提供专业的灾后心理疗愈课程，帮助其更好地处理应对灾难的情绪等，以降低儿童在重大危机干预事件后出现创伤后应激障碍的可能性。

二 宜宾市教育与体育局系统及时启动灾后学校心理援助，保障儿童和学生安全健康

宜宾市教育与体育局立即启动了灾后学校心理援助，成立了"宜宾市灾后学校心理援助专家团队"。在短暂的筹备会之后，专家团队就奔赴长宁、珙县灾区开展心理援助。6月21日，宜宾市教育和体育局印发了《长宁6·17地震灾区学校心理应急援助项目方案》，积极预防、及时控制和减小灾难对学校师生的影响，促进灾后心理健康重建，维护学校稳定；通过对师生开展宣传和健康教育，普及灾后心理问题的预防及应对知识，提高灾区师生心理自我调适能力；通过调研排查重点人群，对重点人群开展心理健康辅导，促进灾后常见心理问题的早期发现和干预。

1. 珙县"灾后学校心理援助小组"迅速行动

珙县教体局迅速组建了"珙县灾后学校心理援助小组"，由珙县教师学习与资源中心综合部部长陈明高负责具体工作。2018年，宜宾市教体局开展了心理扶贫项目"双益工程"，珙县有11名教师参加了这次培训。正是这次培训，为珙县组建灾后学校心理救助团队奠定了基础，双益工程的学员成为灾后心理救助的团队骨干。灾后第一天，"双益"学员就主动站到了学校心理辅导的岗位上。

地震发生后，有少数学生出现了应激反应，有发烧的、晕倒的、拉肚子的，学校及时与医院联系进行了治疗和观察。在灾难发生的瞬间，孩子们最需要的是稳定感，老师们陪在身边，老师的镇定和安抚会缓解孩子的焦虑。余震接连发生，让大家的恐惧心理进一步加剧。心理辅导老师在辅导学生的时候，带给了孩子们接纳、理解与支持，起到了很好的早期心理危机干预的作用。接下来，县灾后心理救助团队在救灾安置点、受灾学校调研走访，开展个体及团体辅导，同时开展线上（QQ、电话）咨询和线下咨询，珙县心理团队在校、安置点轮流当值。

2. 长宁团县委快速建立起"青青儿童乐园"

6月19日14时，据地震发生不到40个小时，随着安置点的逐步搭建和完善，长宁团县委在省、市团组织领导的指导下，在多家公益机构的参与共建下，经过一天的筹备，在双河镇灾区安置点搭建起"青青儿童乐

园"。儿童乐园是面向安置区的小孩开放的儿童友好空间，为孩子们提供了一个有志愿者看守的安全玩耍场地。同时孩子们还会在专业志愿者的带领下，开展体验式游戏和防灾减灾知识学习，进行心理疏导，以此来帮助灾区的孩子们尽快走出震后恐惧，学会在不断的余震中保护自己。乐园的开设也帮助家长们腾出时间去处理过渡安置的事宜。

3. 安置点建立起"帐篷儿童之家"

6月20日上午，长宁县妇联在双河中学安置点建立起了"帐篷儿童之家"。珙县妇联分别在巡场镇金河新区、迎宾广场、珙泉镇荷花校区等安置点搭建起了8个"珙县灾区儿童之家"，1个"妇女儿童之家"。每个安置点的儿童之家分别安排10名优秀幼儿教师、心理学专家等组成巾帼志愿服务队，分上午、下午两个时段，分别用音乐、语言、绘画活动等丰富多样的形式开展安全知识宣传、心理疏导干预、学业辅导、手工活动、感恩励志故事宣讲等服务活动。志愿服务队还在安置点发放心理自助手册，走访住户和服务儿童。灾区又传来了孩子们的欢声笑语。

51岁的袁守秀带着2岁的孙子参加了"儿童之家"的首堂趣味课程，她表示，感谢党和政府，灾后她和孙子的生活得到了妥善照顾，现在孩子又有了学习和玩耍的地方，小孙子很喜欢"儿童之家"的小伙伴及幼儿教师，她很感激。

4. 长宁县成立"灾后学校心理援助服务工作组"

灾情发生后，长宁县教育和体育局为减少和预防地震对学校师生造成的负面心理影响，促进师生心理健康，拟定"6·17"震后工作方案，迅速组建了一支灾后学校心理援助服务工作组。组长由张学元局长担任，与市教体局专家团队共同对灾区师生开展心理援助工作。团队工作由教育股牵头，于2019年6月20日晚在市局专家团队的指导下召开了筹备会，会议确定了此次心理援助的总体思路、服务目标和工作方案。心理服务工作分两个组开展，一组由宜宾学院应用心理学教授何奎莲院长带队，另一组由叙州区二中高级心理教师李景梅老师带队，两组根据灾情需要，分别前往龙头镇官兴义务教育学校和硐底镇新堡小学开展工作。两组人员到达学校后，深入了解教师们的现状，温暖陪伴老师们并为他们作灾后心理辅导培训，缓解教师们的压力，为教师们辅导学生提供了帮助。专业老师分头进入各个班级，采用绘画、彩色橡皮泥、开展"动物园"活动、见面谈心会、集中与个别的形式开展心理援助活动，陪伴孩子们度过一段温暖的时光。

三 宜宾市医疗系统迅速反应，开展专业心理危机干预

1. 宜宾市第四人民医院心理危机干预医疗队第一时间赶赴灾区

2019年6月18日，宜宾市第四人民医院第一时间启动了公共事件心理危机干预应急预案，在宜宾市卫健委的统一安排部署和指导下，医院成立了心理危机干预应急领导小组，制定了心理干预的实施方案，派出了三支心理危机干预医疗队，开赴地震灾区和伤员收治医院进行心理干预工作。三支医疗队分别服务珙县片区、长宁片区灾民和宜宾市属医疗机构，对在院伤员进行了心理评估，区分了有轻度心理问题、中度心理问题、重度心理问题的人群，对重度心理问题的人群进行了药物治疗，对住院患者和地震伤员及时开展心理疏导。

第四人民医院心理危机干预医疗队在长宁和珙县共设立了42个心理咨询点，为伤员及家属、灾区救援人员、志愿者、受灾群众等重点群体开展心理健康咨询和心理教育。深入灾区安置点开展心理卫生知识宣传，同时开展现场心理咨询、团体心理辅导等工作。

2. 宜宾市康复医院立即派出心理危机干预医疗队

"6·17"长宁地震发生后，宜宾市康复医院立即启动应急预案，在上级部门的统一部署下，医院立即启动应对长宁地震公共事件心理危机干预应急预案，分别派出4组心理危机干预医疗队，共18名医务人员，3辆救护车开赴长宁县、珙县地震灾区医院及宜宾市第一人民医院、第二人民医院，对受伤人员进行心理初步评估及干预。由党委副书记夏劲杰带队的心理危机干预医疗一分队和党员先锋队前往珙县人民医院、珙县矿山急救医院、珙县发科医院开展心理危机干预；曾旭副院长组织心理危机干预医疗二分队前往长宁县中医院和长宁县人民医院开展心理危机干预。心理危机干预医疗三、四分队前往宜宾市第一人民医院、宜宾市第二人民医院开展心理危机干预。以党员先锋队为代表的心理危机干预团队在开展过程中亮明旗帜、亮明身份，对部分受灾群众开展初步评估与干预，具有很好的先锋模范作用。

四 各级专家赶赴灾区现场，科学指导心理援助工作

1. 国家心理咨询专家组进行心理卫生干预专业指导

6月19日，北京回龙观医院心理援助教授孙春云，四川大学华西医院

心理卫生中心主任医师邓红、主任医师郭万军 3 人组成的国家心理咨询专家组，对宜宾灾后心理危机干预工作进行医疗技术指导，按照初步筛查、评估、分流、干预的程序，对长宁、珙县区域直接受灾者、直接受灾者亲人及朋友、紧急救援工作者及其家属和朋友，以及部分社会成员进行心理干预。国家专家组到长宁县中医院、珙县人民医院、宜宾市第一人民医院、宜宾市第二人民医院等地震伤员安置医院以及重灾区域长宁双河、珙县的地震灾民安置点，进行心理救援需求评估、心理疏导及干预 100 余人次；省级专家组对宜宾市第四人民医院、宜宾市第二人民医院、高县精神康复医院、江安精神康复医院的 70 多位心理危机干预人员分两次进行了集体督导和心理危机干预相关理论及技术知识培训。在国家派出专家组的指导下，以宜宾市第四人民医院为主的 60 人组建了 13 个心理干预专家组，分片包干负责长宁县和珙县的受灾群众心理干预，从地震发生后开始以伤员心理干预为主，从 20 日开始转向以社会干预为主。

2. 中国科学院心理所全国心理援助联盟专家及时赶赴灾区

中国科学院心理所受中国妇女发展基金会、四川团省委、珙县妇女儿童工作委员会办公室、珙县妇联和总工会等邀请，于 6 月 19 日晚陆续派出全国心理援助联盟秘书处成员前往灾区。6 月 20 日至 21 日工作站成员到达后立即开展工作，首先对受灾人民、救助群体及部分行政人员进行访谈，了解心理现状并提供应对建议。随即用专业知识引导群众了解现阶段的灾后应激期心理反应，正常化受灾群众灾后心理不适反应，并且教授放松法如呼吸训练，推荐线上专业平台帮助群众促进睡眠。另外，工作站还为当地社会组织提供工作开展的建议和方向，帮助其提升专业性，更好地发挥心理援助作用。

6 月 22 日，根据前期走访和调研的结果，联合县妇联共建珙县灾区儿童之家。在儿童之家站点建立稳定的活动时间及集体秩序，帮助儿童恢复生活节律建立稳定感，开展团体辅导活动，建立、恢复其社会支持系统。使用音乐、舞蹈、绘画等形式帮助儿童表达适应情况和情绪状态。开展国学课、体育课等丰富儿童之家活动安排。通过心理援助手册开展当地志愿者培训使其了解灾后心理反应，以便其与儿童和家长沟通。同时在金河安置点走访住户、派发中科院研发编写的《灾后心理救援手册》《"我要爱"亲子手册》等科普读物，以更大范围地普及灾后心理健康知识，帮助成人更好地识别自己和儿童的应激反应，采取合理的应对措施。

3. 宜宾市灾后学校心理援助项目专家组赴灾区走访

6月20日，宜宾市灾后学校心理援助项目专家组珙县心理援助专家团队，在组长黄绪富的带领下来到珙县开展工作。专家团队走访了体育中心和县政府广场安置点，了解了部分学生灾后心理状况。专家组成员按照预定方案，结合当天走访情况进行研讨，制定出符合学生需求的灾后心理辅导课程，同时研讨和初步制定"珙县灾区心理援助方案"。6月22日宜宾市灾后学校心理援助项目专家组组长何奎莲教授带领宜宾学院心理教育团队来到珙县开展活动，专家团队和珙县心理求助团队在"珙桐公社"培训会上，提出心理援助工作的相关要求。

五 各部门不断探索创新，完善心理援助工作机制

1. 全国心理援助联盟建立心理援助宜宾工作站

中科院心理所全国心理联盟秘书处与宜宾市妇联、宜宾市教育局、珙县妇联和珙县教育局的领导达成共识，建立为期一年的心理援助宜宾工作站。6月20日，中国妇女发展基金会、中国科学院心理研究所、中国心理学会支持的心理援助宜宾工作站在珙县正式建站。在宜宾市妇联协助，珙县政府、组织部、党校等部门的支持下，中科院心理所刘正奎教授、张雨青教授，全国心理援助联盟秘书长吴坎坎、副秘书长刘洋等组团奔赴灾区重点支持珙县灾后心理重建。工作站的工作人员在开放帐篷和临时安置点的儿童之家进行走访，发放心理自助手册，并针对有需要的人群开展了个体心理危机干预、团体心理辅导，同时进行心理援助工作者培训工作。工作站分别依托宜宾和珙县的妇联系统和教育系统开展儿童之家示范、妇女干部专题培训、妇女干部心理骨干队伍建设、心理健康教育示范课、心理健康教育评课和赛课、教育系统心理骨干队伍建设等系列工作，在开展灾后社会心理服务试点的同时，协助宜宾市特别是受灾地区建立社会心理服务体系的骨干队伍，全面推动当地社会心理服务体系建设。

2. 长宁县探索帐篷党建"三进"安民心

地震发生后，长宁县迅速在7个集中安置点全面成立临时党支部，探索推行"帐篷党建"模式，通过常态化开展走访慰问、政策宣讲和心理疏导工作，确保了群众思想在帐篷统一、困难在帐篷解决、矛盾在帐篷化解。一是走访慰问进帐篷。坚持"两访一会"制度，各党小组坚持每天早晚走访两次帐篷、每晚召开一次碰头会议汇总情况，精准排查帐篷内受灾

群众基本信息和变化情况，第一时间了解掌握群众思想动态和困难诉求，对五保户、空巢老人、留守儿童和残疾人等特殊群体，安排专人实行"一对一""一对多"的联系帮扶。双河社区居民周文智说："党员干部时不时就来看望我们，问我们有没有需要帮助的，我们心里很温暖。"二是政策宣讲进帐篷。通过党小组成员进篷宣讲、制发过渡安置期生活补贴宣传单、设立"帐篷快报"宣传栏、开通帐篷广播等形式，将习近平总书记对抗震救灾的重要指示精神以及中央、省级、市级领导的批示精神、救灾补助政策等第一时间传递到安置点的每个受灾群众，让群众感受到了党中央的关心、组织的温暖，增进了受灾群众的信任和理解。三是心理疏导进帐篷。通过开辟"帐篷夜话""帐篷党课""帐篷儿童之家"等，组织熟悉群众工作和心理咨询的教师、医生、志愿者等，对受灾老人、妇女和儿童进行心理疏导，稳定和安抚受灾群众情绪，引导他们重拾生活信心、主动开展自救，实现了灾区群众保稳、保食、保住、保医的"四保"目标。

3. 珙县大型集中安置点设立心理援助服务点

四川省、宜宾市、珙县工会高度关注抗震救灾安置点群众的身心健康，在珙县5个大型集中安置点设立了5个心理援助服务点，邀请拥有心理咨询师资质的工会"5·1"玫瑰志愿者、社会志愿者、专业医生对受灾群众积极开展心理咨询援助。工会心理服务志愿者迅速投入各个抗震救灾安置点中，耐心与受灾群众沟通，巧妙引导他们释放压力、缓解焦虑情绪，包括心理健康、情绪调控、压力调适、应急沟通等，针对面临的实际困难，更好地关注到群众的内心世界，让他们在无助、困惑或迷茫时能够倾听有人、安慰有声。这对进一步做好灾区群众及遇难者家属的思想和心理调适工作，确保灾区人员情绪稳定、社会安定，具有重要的作用。

4. 珙县设立心理援助办公地点和值班电话

6月24日，"珙县灾后学校心理援助小组"在珙县县教师学习与资源中心，设立了心理救助办公地点，向社会公布了联系电话，安排专职教师值班，接受来自学校和社会的心理求助，帮助各单位员工开展心理援助活动。

5. 长宁县妇联开通12338心理援助热线

长宁县妇联开通了12338心理援助热线，为广大妇女提供了电、信、访、网多渠道的求助机制，实现了热线、实体、微信全覆盖的妇女维权服务模式，完善了上下联动、全方位受理的妇联维权工作机制，把服务的手臂直接延伸到了基层最广泛的妇女群众之中，对推动消除广大群众震后心理阴影，建设和谐家庭、幸福长宁具有重要作用。妇联在全县16个妇女微家点进行一对一心理咨询，帮助妇女缓解灾后心理压力，疏导情绪，解决实际困难。

六　开展多种专业培训，规范心理援助队伍

1. 心理危机干预医疗队成员培训

宜宾市第四人民医院为了在灾后第一时间做好心理干预工作，心理危机干预应急领导小组组织专家，从地震后可能的反应、心理危机是什么、如何识别心理危机、如何帮助处于心理危机中的人、如何调节自身的情绪问题五个方面，对心理危机干预医疗队成员进行培训。对心理应激反应的四个阶段（冲击或休克期、防御退缩期、适应期、成长期）的不同反应及表现特征进行解读，关注伤病员、灾区群众生理变化以及情绪、行为等的变化，通过多方面的综合评估，构建良好的应对方式去应对心理危机。通过培训，进一步提高了心理干预工作人员对心理危机干预重要性的认识，增加了心理危机干预知识和技能，为及时发现并消除伤病员和灾区群众心理安全隐患提出了应对策略。

2. 地震灾后学校心理救助工作团队危机干预培训

6月26日至27日，四川省心理学会、宜宾市教体局等五单位联合组织，对"6·17"长宁县和珙县地震灾后学校心理救助工作团队进行为期两天的危机干预培训。参训教师表示他们作为地震的亲历者，只有自身压力得到缓解，情绪得到调整，专业能力得到提升，才能更好地对学生和家长开展心理援助服务工作。

3. 灾后心理救援能力提升培训

7月2日至4日，宜宾市卫健委组织的"灾后心理救援能力提升培训班"分别在宜宾市第四人民医院、长宁人民医院和珙县人民医院举办，由四川大学华西医院心理卫生中心临床心理治疗师陈月竹开展心理危机干预人员临床专业技能提升培训。参与"6·17"长宁地震心理危机干预的医务人员及从事精神、心理专业的医务人员参加了培训。通过培训维护心理救援人员心理的健康，提升心理干预人员的临床专业技术能力，建立和完善心理救援长效工作机制。老师结合理论开展培训，让大家积极参与到体验活动中。通过这次培训，缓解并疏导了医务人员的压力，引导大家勇敢地面对地震，以乐观的态度坚守自己的工作岗位。

4. 震后教师心理建设能力提升培训

7月5日至6日，宜宾市震后教师心理建设能力提升培训在长宁县进行，其中内容包括：西南民族大学蔡琳博士的专题讲座"心理问题的评估与转介"；宜宾学院何奎莲教授的专题讲座"焦点解决短期教育技术的基本理论及操作方法"，以及宜宾学院刘维鸿教授的培训现场督导。培训让老师们在较短的时间内知道心理救助可以做什么、不能做什么、该怎么做，在震后心理救助工作中能规范有效地工作。专家们还对部分有心理咨询基础的教师进行了心理咨询督导的培训，以期在未来的工作中开展心理教师工作的同辈督导。参加这次培训的教师都觉得受益匪浅，心理援助能力得到了提升。

5. 心理危机干预操作和心理咨询师业务能力培训

7月27日至28日，珙县心理危机干预操作和心理咨询师业务能力培训班在县委党校开班。中科院心理研究所专家李慧杰、崔东明受邀现场授课，90余名来自各乡镇、机关单位的妇女干部和心理咨询爱好者参加培训。培训内容分为心理危机干预相关知识、心理危机干预实际操作、心理危机症状的评估和心理危机干预方法四部分。培训采用理论讲解、实际操作和互动体验等方式相结合。此次培训，一方面缓解了培训参与者因地震产生的恐惧、焦虑和紧张等情绪，另一方面能够帮助珙县快速建成一支本土专业的心理援助工作队伍，发挥辐射带动作用，吸引和培育更多人员投入到心理危机干预工作中，帮助灾区群众走出心理阴霾，恢复正常生产生活，重建幸福美丽新家园。

6. 全国首个妇女儿童心理援助骨干培训

8月5日至9日，全国首个"妇女儿童心理援助骨干培训"在宜宾市珙县党校成功举办。该培训由中国妇女发展基金会、中科院心理研究所援建"6·17"长宁地震宜宾工作站专家组成员、中华女子学院家庭发展研究中心执行主任张静主持，主题为"珙桐花开——力量与自我"。张静老师融合了医学、社会工作和心理学的专业知识，将小组课程设计为5个单元，分别为：①寻找：我是谁？②回顾：过去的我；③观察：现在的我；④行动：力量的我；⑤展望：未来的我。理论与实务同步推进培训的骨干小组课程吸引了自愿参加培训的女干部和志愿者。为了不影响大家白天的工作安排，心理援助宜宾工作站将首个"妇女儿童心理援助骨干培训"的培训时间按照组员建议定在每天晚上。尽管白天工作辛苦，但不同岗位的女干部却特别积极主动地在每个夜晚来到张静老师的小组课堂里开心地学习，她们给这个小组取名为"珙桐花开小组"，大家敞开心扉在不同的游戏环节释放各自的情绪，彼此信任，彼此接纳，互相支持，互相温暖，为珙县灾后的妇女儿童心理援助工作出谋划策。与此同时，组员们针对大家提出的工作压力、经济压力、父母健康压力、孩子教育压力、女性身体健康压力、家庭压力、睡眠障碍压力、充电学习和考试压力、震后精神压力、人际压力10 大压力事件展开了"出点子、想办法、齐讨论、共应对"的行动倡导。全体组员一致认为自己在骨干小组课程中学到了很多知识，受益匪浅，并表示今后会继续关注学有所用，助力于珙县在地的妇女儿童服务。

7. 推荐乡村女教师到上海参加心理健康培训

为了帮助广大乡村女教师获得更多的素养和技能提升机会，激励她们继续为乡村教育事业做出贡献，中国青少年发展基金会携手上海家化联合股份有限公司共同开展关爱乡村女教师公益活动，通过心理健康培训帮助乡村女教师提升能力，缓解压力，服务更多乡村青少年。8 月 4 日至 10日，长宁团县委联合县教体局推荐了 3 名乡村女教师（少先队辅导员）到上海参加心理健康培训，提升教师开展心理援助工作的实际能力。

七 开展"走出去，请进来"活动，丰富心理援助形式

1. 珙县县委组织部开展干部职工心理援助

7 月 9 日，中共珙县县委出台了《珙县关爱和激励干部人才在抗震救灾和灾后恢复重建中担当作为的十一条措施》（珙委发〔2019〕10 号）。为进一步落实该措施，帮助受灾干部职工正确认识灾后的心理变化，释放灾害带来的痛苦情绪和压力，珙县县委组织部聘请了来自中国科学院心理所、四川省委党校、宜宾学院等单位的心理学专家，组建了珙县震后心理危机干预专家组。

7 月 6 日至 26 日，珙县县委组织部印发《关于开展全县干部职工心理危机干预的通知》，邀请中科院心理所研究员中国心理学会副秘书长刘正奎、中科院心理所全国心理援助联盟秘书长吴坎坎、中国心理学会心理危机干预工作委员会副秘书长李慧杰等专家 16 名，在珙县县委县政府、巡场镇和珙泉镇开展干部群众灾后心理危机干预和团体辅导活动，通过个案咨询、集中咨询、召开专题会议等方式对县直各部门的党员干部以及巡场镇、珙泉镇的干部群众开展全面心理咨询，覆盖一半以上党员干部及部分群众，为干部群众重拾信心开展灾后恢复重建提供了很大的帮助。

参加活动的干部职工表示，心理危机干预辅导对缓解自身紧张情绪和压力很有作用，不仅要在政府机关开展，更要面向群众开展，尤其要关注妇女儿童和老人的灾后心理健康状况。专家组在工作期间共开展个案咨询55人次，开展团体心理辅导工作4次，共有150余人参加；同时还发放灾后心理自助手册500余份，发现干部群众对心理辅导需求很大。7月30日，刘正奎教授应邀为"中共珙县县委理论学习中心组（扩大）学习会"作"灾难后心理应激空间及干部心理危机干预"的讲座。

2. 留守儿童参加"箐箐少年梦，时代好队员"夏令营

2019年8月16日，在团中央、团省委的关心下，团县委联合教体局组织94名来自灾区的贫困留守儿童在成都开展为期五天的暑假公益夏令营活动。活动以"箐箐少年梦，时代好队员"为主题，以渐进式活动体验的方式，引导孩子们逐步融入，获得情感体验并内化至个人行为中，学习自我激励的方法，掌握与人交往的策略，并拥有积极向上的信念。

在整个活动期间，多次组织孩子们开展团队建设游戏、心理辅导、亲子活动、"救援臂膀"安全知识技能学习演练、结营晚会等各种益智游戏和互动交流，通过和孩子们交朋友、作伙伴，倾听他们的诉说、心声和愿望，引导他们保持积极乐观的心态、培养健全的人格。

3. 启动宜宾市地震灾区青少年心理健康关爱项目

2019年10月30日，为保护青少年身心健康，促进青少年全面发展，由共青团长宁县委联合四川省青年志愿者协会、四川协力公益发展中心、四川联动青年社会力量应急服务中心、绵阳市涪城区为乐志愿服务与研究中心、长宁县梅硐职业中学主办的宜宾市地震灾区青少年心理健康关爱项目——长宁县梅硐职业中学项目点正式启动。由辅导队分成三组，分别对学生进行人际关系的心理团体辅导和心理安抚。在专业老师的辅导下，学生们敞开心扉，全身心地投入到游戏中，慢慢地露出了久违的笑脸。

4. 壹基金开展送温暖活动及心理辅导活动

2020年1月6日，由宜宾共青团携手壹基金关爱地震灾区农民工子女的温暖包发放仪式在长宁县梅硐镇中心小学校举行。"温暖包"公益项目是壹基金针对受灾害影响儿童的应急生活及心理关怀需求，于2011年特别设立的项目。共青团长宁县委副书记李相廷就深入贯彻落实中央、省委、市委、县委对留守及困境儿童关爱保护的各项决策部署，扎实推进共青团关爱留守儿童"童伴计划"，实施关爱行动、深化关爱服务、维护青少年权益、促进青少年健康成长做了工作部署。团县委的心理关爱老师通过对少先队员们开展心理疏导活动，引导孩子们深切感知社会各界对广大留守儿童的殷切关爱，增强其自尊心、自信心。学生们表示："有了新棉衣，冬天我就不冷了。感谢社会热心人士的关心和帮助，我们一定把这份关爱化作努力学习的动力，用优异的成绩回报所有好心人。"

第三节　国内外灾后心理援助和心理重建的相关经验与启示

灾后心理援助和普通心理服务有很大的不同之处。一是服务人群不同，灾后心理援助服务面对人群范围广泛，其目的是让受灾群众尽快恢复到灾前水平。特别要指出的是，灾后心理援助的对象绝大多数是正常人，而不是病人。二是主动提供服务，其目的是确定不同人群有何种需要，防止恐慌和焦虑情绪的大面积蔓延。根据灾难发生时人们心理危机反应的不同阶段，灾后心理援助划分为急性期、灾后冲击早期和恢复期三个时期，每个时期有着不同的服务重点。此外，心理援助对象是幸存者、工作者、组织还是社区，是儿童、成年人还是老人，其服务重点和内容也各有侧重。一般来说灾后心理援助的主要内容有心理评估、信息给予、问题解决、心理教育以及针对死亡通知、追悼仪式、纪念日等特殊事件的干预和其他拓展服务等。本文通过对近年来国内外灾后心理援助的实践和经验进行研究，期望总结出一套切实可行、符合中国各地特点的心理援助模式。

一　日本阪神大地震后心理援助的经验与启示

1. 政府主导开展心理援助研究

日本在 1961 年出台了《灾害对策基本法》，之后陆续出台各种法律法规，建立了较完备的现代化防灾减灾及灾后心理重建体制。1995 年阪神大地震后，对《灾害对策基本法》做了修订，更加重视心理援助，由政府建立心理创伤治疗中心，同时设置心理创伤治疗研究所，对心理创伤及创伤后应激障碍等进行调查研究[①]，建立灾害前对问题人群的甄别及前期关注

---

① 夏金彪：《中国需要学习美国和日本的心理援助与重建经验》，《中国经济时报》2009 年 5 月 14 日，第 3 版。

体系。所谓问题人群，指在灾害前已有一定心理障碍或心理问题的群众。对这样一个特殊人群的情况有所了解的亲人、朋友、教师等，应在灾害发生前，尽早对其身体状况及精神状态进行确认，以便在灾后进行迅速、有效的心理救助，防止二次伤害。对于患有心理疾病的人群来说，中长期的援助在灾害援助中最能发挥作用。阪神大地震后，日本实施了长达十年的重建工程——"不死鸟计划"，心理救援亦纳入该计划。同时，日本政府建立了心灵创伤治疗中心，设立了心灵创伤研究所，并在灾区中小学物色"教育复兴负责教员"及"学校个人生活指导员"，对学生实施灾后心理援助。后来，日本把这个经验扩展到应对其他的灾难或事故上。①

2. 广泛联合各个领域实行共救

日本在应对灾害中总结了许多经验教训，其中最重要的一点，就是不单纯依靠政府的行政力量，而是广泛联合各个领域、发动民间团体实行"共救"。在儿童心理重建方面，建立了医疗和福利部门（精神科医生、护士、心理辅导人员、保健员），教育部门（教师、保育员、学校个人生活指导员）以及家长、救灾志愿者联合救助的机制；医疗和福利机构设立心理援助小组、社区医院、保健站和精神科医生，对儿童及其监护者（家长或老师）进行心理援助，并定期与教师、保育员等教育机构人员进行沟通、协商；在教育领域（学校、幼儿园、保育所），设立学校个人生活指导员，并与教师、保育员密切配合，及时向医疗和福利机构提供儿童的精神情况，多方紧密合作，共同进行学生心理创伤救助。②

3. 建立以教师为中心的学校灾后心理应急系统

学校教师在灾前的防灾教育、对问题儿童的甄别、关怀、心理辅导，灾难发生时的引导、疏通，灾后的心理援助等过程中都具有非常重要的作用。教师对学生日常生活、行动表现最为熟悉，能掌握个体特征及差异，能在最短时间内做出适合不同学生的正确判断，并采取适当的策略。这就要求建立以教师为中心的学校灾后心理应急系统，灾前对教师进行定期的培训，使其掌握有效的心理辅导技能。③

---

① 宋晓明：《重大突发事件心理危机干预长效机制的构建》，《政法学刊》2017年第5期。
② 胡媛媛、李旭、符抒：《日本灾后心理援助的经验与启示》，《电子科技大学学报》（社会科学版）2012年第5期。
③ 程奇：《国外灾难心理危机干预研究综述》，《福建医科大学学报》（社会科学版）2009年第2期。

4. 建立心理辅助志愿者信息库

灾后心理重建是一个长期的、繁琐的工程，除了专业的医护人员外，还需要大批的心理辅助志愿者参与其中。面对突发的灾难，能够迅速、有效地征集到心理辅助志愿者对灾后心理重建的前期工作具有相当重要的意义，因此建立心理辅助志愿者信息库无疑能为此提供必要的保证。志愿者信息库的建立，可由官方或民间慈善机构组织承担。录入信息库的内容可包括志愿者具备的专业知识、能够提供的心理辅导技能、能够从事支援活动的时间、自身的禁忌等。[①] 救助者在救助过程中，同样要面对伤亡，他们在帮助弱势群体的同时，自身也会产生一系列的心理应激反应，如恐惧、焦虑、无助、挫败感等。因此，对志愿者等参与救助人群的心理援助也不可忽视。在灾害发生前，志愿者本人应通过学习和训练，掌握可用的防灾知识，建立自信；灾害发生后，利用各种缓解压力的技术帮助他们减轻心理压力，并适度安排休息，使他们尽快从紧张的精神状态中得到恢复。

二 我国历次地震后心理援助的经验与启示

1. 政府主导灾后心理援助工作

"5·12" 汶川特大地震后，将灾后社会心理援助及时纳入整体救灾体系，已成为政府和社会各界的共识。2008 年 6 月，国务院颁布实施的《汶川地震灾后恢复重建条例》就明确规定应开展灾后心理援助工作；同年 8 月，《国家汶川地震灾后恢复重建总体规划》将 "心理康复" 作为精神家园恢复重建的重要组成部分。2012 年 6 月，国家减灾委员会制定下发《关于加强自然灾害社会心理援助工作的指导意见》，对及时恰当开展自然灾害社会心理援助工作和探索适合中国国情的社会心理援助工作机制提出了明确要求。2013 年 5 月 1 日正式颁布实施的《中华人民共和国精神卫生法》第二章第十四条规定："各级人民政府和县级以上人民政府有关部门制定的突发事件应急预案，应当包括心理援助的内容。发生突发事件，履行统一领导职责或者组织处置突发事件的人民政府应当根据突发事件的具体情况，按照应急预案的规定，组织开展心理援助工作。"

"4·20" 芦山地震发生后，四川省卫生厅于 2013 年 4 月 25 日印发了

---

① 张雪琴：《国外重大灾害心理援助机制和组织方式的研究》，《现代预防医学》2011 年第 6 期。

《关于组派心理卫生队伍赶赴地震灾区开展心理干预工作的通知》，按照"早介入、多层次、全方位、广覆盖，分重点、高质量"的原则以及心理卫生服务工作全覆盖的目标要求，组建了领导小组和专家指导小组。

2. 心理援助实行属地化管理

灾害发生后，为避免各方心理援助人员一拥而上，保障消除干预盲区和重叠区，以及防止造成受灾群众二次伤害等情况，所有援助工作必须紧紧依托当地政府和相关部门，由当地救援指挥部根据属地的灾难损失和需求情况，及时统一调配社会各界的救援力量，有序、规范和科学地组织抗震救灾，及时反馈救援的进度、难度和问题建议等信息，做到救灾信息的共享和畅通。① "4·20"芦山地震灾后社会心理援助工作由四川省卫生厅及时统一部署，雅安市及受灾县卫生行政主管部门进行属地化管理，统一调配和组织协调，所有心理救援力量到达灾区后及时报告当地卫生主管部门，服从统一派遣，将每支心理救援力量都整合到抗震救灾的全过程中。②

3. 创造符合当地特色的心理援助模式

心理援助工作必须本着"只帮忙不添乱"的原则，也就是要以受灾当地的救灾需求为中心。心理援助工作一定要根据灾区实际情况，比如当地民俗文化等，采取相应的心理干预模式。玉树地震后，北京大学精神卫生研究所通过现场定性访谈发现，对于玉树的普通群众来说，由于信仰、传统文化的影响和经济方面的考量，尽管藏医藏药是问诊就医时的首选，但他们并不排斥和拒绝向其他医疗系统（比如传统中医和西医）求助。③ 在有深厚文化传统和宗教信仰基础的地区开展心理援助，首先应当尊重该地区的宗教信仰和文化传统，而不是把文化传统简单地视为应当消除的迷信；应当与该地区的宗教信仰和文化传统相结合，尽可能维护、发展和巩固宗教机构在转介和分诊方面所扮演的角色。

4. 在灾区建立心理援助工作站

"5·12"汶川特大地震发生后，为了开展长期的心理援助，各专业机构和社会团体对灾后心理援助的工作模式做了大量有益的探索。在众多尝

---

① 陈雪峰、王日出：《灾后心理援助的组织与实施》，《心理科学进展》2009 年第 3 期。
② 张素娟：《芦山地震灾区的社会心理援助与重建——汶川模式的良好实践》，《中国减灾》2014 年第 7 期。
③ 马婧杰、马显明：《对民族地区灾害心理援助的几点思考——以玉树震后心理干预为例》，《攀登》2013 年第 1 期。

试和探索中，在当地建立心理援助工作站是最为持久而有效的工作模式。①
在灾区建立心理援助工作站，根据与当地不同部门的合作，形成基于社
区、基于学校、基于医疗卫生系统和综合模式的灾后心理援助具体工作模
式。在基于学校的教育模式方面，依据校长—班主任—骨干教师—学生的
思路，逐步渗透，多管齐下，覆盖教育系统各个层面，以帮助灾区学生、
教师乃至家长舒缓情绪、获得情感支持。在社区模式方面，通过"调研—
培训—评估"程序，围绕地方政府灾后重建的中心任务（如维护社会稳
定、加快永久性住房建设），为当地政府和受灾群众搭建信息沟通平台，
并通过社区农村干部心理辅导培训工作，在社区干部中培养心理辅导员。
在医疗模式方面，地方医院依据"评估—诊断—干预"的程序对社区群众
和教师群体开展了一系列工作，建立高危人群心理档案，开展心理治疗。
同时也在灾难深重的地区选择重点乡镇和社区，长期、稳定地开展灾后心
理重建综合模式的探索与实施，并建立覆盖整个灾区的心理服务热线及计
算机网络服务体系，培训一支以当地教师和咨询师为主的线上和线下服务
队伍，成为各个灾区灾后心理援助的有力保障。

第四节 "6·17"长宁地震心理援助和心理重建的成效与不足

"6·17"长宁地震发生后，省、市、县各个层级和各个系统、各个部
门迅速做出反应，快速启动应急预案，有序开展心理援助工作，取得了良
好的干预效果，但是也存在灾后心理援助工作缺乏统筹协调机制、对基层
干部的心理援助重视不足、灾区缺乏长效的心理重建机制等问题。

一 "6·17"长宁地震心理援助和心理重建的成效

1. 灾后心理援助工作快速启动

"6·17"长宁地震发生后，四川省、宜宾市、珙县和长宁县各个部
门在数小时内迅速做出反应，快速启动应急预案，采取心理危机干预的
工作模式，以迅速、宏观、浅层、短期为特点，这是灾害发生后心理援

---

① 刘正奎、吴坎坎、张侃：《我国重大自然灾害后心理援助的探索与挑战》，《中国软科学》
2011年第5期。

助工作中第一时间应该启动的方法。心理危机干预是针对较大范围人群开展的心理援助方法，对受灾人群进行简单的心理辅导，使他们能够较快恢复正常的心理状态。美国心理卫生协会指出，降低灾难事件的相关应激反应的严重性和持续时间是紧急情况下心理危机干预的主要目的，致力于促使大多数置身于灾害事件中的人能够在短期的心理干预之下达到正常心理状态。①

这个阶段是整个灾后心理援助的核心部分，关系着后续工作的顺利开展。应急阶段心理危机干预包括基本的生存和安全方面的保障，更侧重于对受灾者心理需求的评估，包括认知、行为、情绪、生理等方面的信息。"6·17"长宁地震心理援助的工作者们将这些评估结果反馈到各个主管部门，以便有针对性地开展后续的心理援助工作。同时，针对灾民进行的心理安全知识的宣传和及时有效地开展心理危机干预工作，减轻了灾民的痛苦，使自然灾害造成的心理伤害能够最大限度地减少，降低了地震和余震造成的相关心理应激反应的严重性和持续性，阻止了灾害心理应激反应的进一步扩散与恶化。心理危机干预工作也唤起了灾民积极参与抗灾救灾、主动帮助他人的意识，提高了救灾和转移安置的效率，为灾后心理恢复和心理重建打下了坚实的基础。

2. 灾区形成了覆盖面广的心理援助

"6·17"长宁地震后，通过四川省、宜宾市、长宁县/珙县三级心理援助工作的部署与落实，在灾区形成了覆盖面较广的心理援助网络。心理援助的覆盖面一方面是指心理援助覆盖的服务人群，另一方面指心理援助的服务内容。

从心理援助覆盖的人群来看，教育系统、团委、妇联组织的心理援助服务覆盖了儿童、学生、教师、妇女、安置点灾民这些群体。卫生系统开展的心理援助服务覆盖了医院患者、医务人员、救援人员、安置点灾民等群体。组织部门、工会组织的心理援助覆盖了基层的党员干部、公职人员和安置点灾民等群体。通过各部门的分工合作，心理援助基本实现了灾区的全人群覆盖。

从心理援助服务的内容来看。第一，灾后心理危机干预需要让处于危机状态下的个人稳定化和反应正常化，各级专家带来了心理危机干预的宣

① 转引自张侃《国外开展灾后心理援助工作的一些做法》，《中国减灾》2012年第3期。

传小册子，在发放宣传资料进行知识普及的同时，让灾民们意识到他们的反应都是"正常人群对不正常事件的正常反应"。第二，心理危机干预的老师在安置点和帐篷中及时开展形式多样的团体辅导，特别是针对儿童、学生的团体辅导，用画画、音乐、舞蹈的艺术形式，可以有效帮助他们放松心情、宣泄情绪、促进表达、分享感悟、相互支持和帮助。第三，针对灾民的心理应激反应进行筛选，针对有比较严重心理创伤的个体，通过个别访谈可以帮助他们稳定情绪、减少恐慌、增加安全感，鼓励人们尽快恢复正常生活，并提升他们将来应对挑战的能力。将诊断出具有心理疾病的人员转介进行专业治疗，并由支持系统中的精神专科医院、康复中心等提供专门的心理治疗。第四，灾区的心理援助热线可以满足各种人群的需要，不单是心理问题会求助热线，很多由生活事件引发的心理困惑、情绪困扰、人际关系、青少年的学习等问题都可以成为求助的原因，甚至一些日常生活的困难、信息缺乏等问题也有可能导致求助。从广义的角度来说，凡是会引起内心压力增加而暂时不能承受的情况都可以求助减压热线，这符合地震后大量人群亟待心理援助的需求。第五，通过大讲堂和讲座集体辅导方式开展心理危机干预工作，既可以为广大党员干部群众普及相关知识，又可以起到良好的心理援助社会效果。

3. 专业机构助力灾后心理援助

"6·17"长宁地震灾害发生后，中国科学院心理研究所全国心理援助联盟和中国心理学会心理危机干预工作委员会主动作为，第一时间与珙县对接，详细了解灾情，精心制定开展心理援助的方案，在自身工作任务较重的情况下，派出精干专家力量到珙县建立心理援助工作站，开展为期一年的灾区心理援助工作。临危受命的16名心理援助专家冒着余震不断的危险来到地理位置较为偏远的珙县，与灾区人民"亮真心、共患难"，积极投身到抗震救灾和灾后重建工作中。他们走机关、到农村，风尘仆仆地看灾情、治"心伤"，他们走街串巷、进村入户，走遍灾区的山山水水、沟沟坎坎，在珙县留下了一串串坚守初心、担当使命的艰辛足迹。

来到珙县后，专家们心里装着灾区人民的"心伤"，顾不上休息，直奔抗震救灾和灾后重建最前沿，在金河新区帐篷安置点、在下坪洞临时社区、在受灾严重的地方，他们积极开展成人和儿童的心理健康教育及辅导工作。为增强灾区党员干部群众的心理承受能力，专家们先后来到珙县政府办、县委组织部、县妇联、县总工会、县残联、县财政局、巡场镇、珙泉镇、底洞镇、孝儿镇等机关单位和村（社区），为广大党员干部和群众开展个别心理疏导和团体辅导。他们通过团体辅导、个别访谈、大讲堂辅导等方式，开展心理危机干预工作，让接受治疗的人们放松心情、宣泄情绪、促进表达、分享感悟。同时，专家们还精心录制了心理危机干预知识专题视频，印制了宣传小册子，通过珙县发布微信公众号、微博、电视台、广场 LED 显示屏、随机散发宣传册等形式，为广大党员干部群众普及相关知识，具有良好的心理援助社会效果。

4. 灾后培养起一支当地的心理援助人才队伍

无论是从在四川持续进行心理援助及干预工作的经验看，还是从心理援助工作的长期性看，心理援助及干预工作的立足点都应放在培养当地心理援助人员力量上。"锻造土专家、留下后来人"这个策略从人力资源及财力、物力等方面来看都是最为经济可靠的。经过培训的当地人员具有的语言与文化的优势，外来支援的专业人员是无法比拟的。尽管地震后心理援助工作获得专业机构和专家的支援，但地震及其诱发的余震给人们造成的心灵创伤需要更长时间才能修复，为当地建立一支永远不走的本土专业心理援助队伍尤为迫切。

"6·17"长宁地震后，珙县和长宁实现了灾区外部的督导和培训师与灾区内的专业力量的有效结合，最大限度地扬长避短，较系统地培养起一支在灾区能长期提供专业服务的团队。由当地组织部门、卫生部门、教育部门、妇联、团委等主办的心理危机干预操作和心理咨询师业务能力培训、灾后心理救援能力提升及医务人员减压培训、震后教师心理建设能力提升培训、灾后妇女心理创伤疗愈团辅活动等一系列培训活动也由此展开。培训重点采取理论讲解、实际操作和互动体验相结合的方式，内容涵盖心理危机干预相关知识、心理危机干预实际操作、心理危机症状的评估和心理危机干预方法等方面。通过专业培训，有效发挥辐射带动作用，吸引和培育更多人员投入心理援助工作，帮助受灾干部群众抚平"受伤"心灵，走出阴霾，增强灾后重建信心，积极恢复正常的生产生活，重建幸福美丽新家园。此外，珙县还继续开展了相关心理学专业培训，探索适合珙县当地实际情况的心理援助模式，科学引导珙县地震灾后心理援助，促进对外心理援助工作实现深入可持续发展。

二 "6·17"长宁地震心理援助和心理重建的不足之处

1. 灾后心理援助工作缺乏统筹协调机制

"6·17"长宁地震后，灾后心理援助没有建立统一的组织及执行机构。参与心理援助的部门较多，但大多各自分派工作组进行援助，缺乏统筹管理与协调机制。这主要是因为我国现有的法律对灾后心理援助的规范不完善，没有针对灾害心理援助工作的管理部门，灾害发生后的社会心理援助工作缺乏必要的制度建设，没有形成规范的社会心理援助体制和机制，造成负责灾后心理援助的部门职责不清，管理层级过多。如果是重大自然灾害，从中央到地方需要经过层层的决策指挥，对心理援助工作的迅速、及时展开造成了阻碍。

在案例调研过程中，本课题组找不到一个机构统筹协调灾后心理援助工作，心理援助工作分散在卫生、教育、团委、妇联、组织部等各部门。各部门在地震发生后各自调动系统内的资源开展心理援助工作，事业部门接受地方政府和行政机关的指挥调配，但部分社会组织直接介入灾区，无法对其进行管理和协调，也不能充分发挥他们在心理援助方面的专业优势。

"6·17"长宁地震的特点是余震不断，大家都时刻保持高度警觉和焦虑状态，成人也多表现出创伤后应激反应，儿童则往往在白天表现得很兴奋、新奇，在晚上出现一些创伤反应和退行性行为，因此各类人群灾后心理援助的需求非常大。灾后心理援助工作涉及的对象不仅是心理疾病患者，更重要的是面对绝大部分的正常人群开展心理危机干预工作，工作范围包括专业的心理咨询与治疗、群体心理健康促进以及社会文化活动的开展。不同政府部门、事业单位、社会组织和学术团体从各自的角度出发，各自为阵开展心理援助工作，很难实现心理援助的合力效应，部分反复开展的活动反而给灾区群众带来了困扰。

2. 对基层干部的心理援助重视不足

"5·12"汶川特大地震后，有不少专家学者呼吁要关注灾民、学生、遇难学生家长、救援人员等群体的心理健康。作为灾区的基层干部，他们既是抢险救援和灾后重建的组织者和领导者，也是家破人亡、身心俱伤的灾民，却成为被心理危机干预忽略的人群。基层干部在急难险重或应急救灾之后，在过度劳累和身心俱疲的情况下，容易产生抑郁情绪或心理危机。直到"5·12"汶川地震重灾区多名基层干部出现了一系列身心疾病甚至自杀事件后，相关部门才意识到灾区干部亟须得到生活和心理援助这一现实。时隔十年，我国仍然没有建立起针对基层干部心理援助的相关制度和工作机制。"6·17"长宁地震后相关部门仍然没有第一时间重视和开展基层干部的心理援助工作。

本课题组在2019年7月初到宜宾灾区进行调研时，基层干部纷纷表示他们承受了巨大的心理压力，有余震不断带来的恐慌与焦虑，有抢险救灾带领群众转危为安的紧迫重任，有攻坚克难化解矛盾全面重建的艰巨任务，也有不能兼顾照顾家人的自责与内疚。他们中的很大部分希望组织安排专家为他们开展心理危机干预，调整基层领导干部的心理状态，传授缓解压力和心理疏导的方法，以便能够以更好的工作状态投入灾后重建工作中。在中共四川省委党校四川行政学院的建议和推动下，珙县县委组织部获得了中科院心理所全国灾后心理援助联盟的支持，针对基层干部开展为期一年的心理援助项目。

3. 灾区缺乏长效的心理重建机制

地震后灾区家园的重建，不仅仅是基础设施和房屋的重建，更需要精神家园的重建。心理援助不是一蹴而就的短期危机干预，也不是临时处置的心理急救，而是帮助灾区群众打一场持久战，帮助灾区开展心理重建是一个漫长的过程。灾后心理重建不仅仅是治疗灾后直接产生的心理创伤，更需要面对灾区人群复杂的心理问题和障碍，特别是长期的心理问题和人格障碍。

在"6·17"长宁地震的灾后重建中，受到经济、政治、文化等宏观因素的影响，以及生活保障、就业保障、社会保障等灾后个体生存发展境遇因素的影响，灾后心理援助和心理重建具有复杂性。《宜宾长宁"6·17"地震灾后恢复重建实施规划》中没有专项心理重建的方案，没有对各种人群的心理重建工作进行规划和部署，各部门也缺乏长期开展心理援助的工作机制。每个部门和社会组织派出各自的心理援助队伍，大多在完成上级安排的任务后就会离开。只有中国妇女发展基金会、中国科学院心理研究所、中国心理学会支持的心理援助宜宾工作站在珙县会开展为期一年的心理援助工作。随着灾后重建工作的进展，从依赖外部心理专家的心理危机干预到以外来志愿者为主体的心理救援，应该逐步过渡到以当地力量为主体的心理服务，这是心理援助工作的阶段性战略转变，也是心理重建工作的必然要求。

第五节 建议

2018 年 12 月 4 日，为贯彻落实党的十九大提出的"加强社会心理服务体系建设，培育自尊自信、理性平和、积极向上的社会心态"① 的要求，国家十部门联合印发了《全国社会心理服务体系建设试点工作方案》。该方案中明确提出要建立健全心理援助服务平台，将心理危机干预和心理援助纳入各类突发事件应急预案和技术方案，加强心理危机干预和援助队伍的专业化、系统化建设。在自然灾害等突发事件发生时，立即组织开展个体危机干预和群体危机管理，提供心理援助服务，及时处理急性应激反应，预防和减少极端行为发生。在事件善后和恢复重建过程中，对高危人群持续开展心理援助服务。社会心理服务体系是社会治理体系中的核心内容之一，是连接心理学学科体系与社会治理体系的中介和桥梁。社会心理服务体系如何服务于应急管理工作，如何在自然灾害应急管理工作中发挥应有的作用，需要相关部门进一步研究和探索。应急管理是全过程管理，将"事前的预防与应急准备"作为重点，才能将自然灾害带来的损失降到最小，心理危机干预工作亦是如此。

在应急管理体制改革进程中，需要将心理援助有效纳入应急管理部门灾害救援管理体系中，并将其作为应对灾后心理危机的关键环节，帮助受灾群众和救援人员平复心理创伤。要想实现这种良性的管理模式，不能够单纯依靠某一个机构，应当加强灾后心理援助法律保障，建立政府主导的灾后心理援助制度，推动公职人员和基层干部心理援助制度化，重视对心理受创的教育工作者开展心理援助培训，健全长效的心理援助与心理重建机制，形成全社会共同参与的综合服务体系。

一 加强灾后心理援助法律保障

长期以来，我国灾后心理援助缺乏立法保障，相关法规不健全，灾后的心理援助长期在国家和地方突发事件应对预案中受到忽视。"5·12"汶川特大地震后，灾后心理援助虽然得到政府和社会的高度重视，但是，如果缺乏国家立法和健全的制度保障，灾后心理援助工作未来很难有可持续

① 《习近平谈治国理政》第 3 卷，外文出版社，2020，第 38 页。

性。因此，需要通过立法尽快完善心理危机干预法律制度体系，保障灾后实施心理援助的工作机制，让各级主管部门及专业机构各司其职，将心理援助和心理重建纳入制度化、规范化、法制化轨道，做到有章可循、有法可依，确保突发事件后的心理援助在人、财、物、组织机构、运行机制等方面的投入。

2017 年，由国家卫计委等 22 个部门联合发布的《关于加强心理健康服务的指导意见》中明确提出要："将心理危机干预和心理援助纳入各类突发事件应急预案和技术方案。"《中华人民共和国精神卫生法（2018 修正）》第二章第十四条明确规定："各级人民政府和县级以上人民政府有关部门制定的突发事件应急预案，应当包括心理援助的内容。发生突发事件，履行统一领导职责或者组织处置突发事件的人民政府应当根据突发事件的具体情况，按照应急预案的规定，组织开展心理援助工作。"因此，国家和地方政府需要制定《突发事件心理援助应急预案》，根据突发事件类型、过程、后果等，明确心理危机干预和心理援助的责任、人员、指挥、协调等具体事项，以保障有组织、有计划地开展心理危机干预和心理援助。

二 建立政府主导的灾后心理援助制度

由于我国自然灾害多发频发的现实，客观上对社会民众的心理健康存在严重而深远的影响。汶川特大地震和玉树地震等破坏力巨大的自然灾害给社会民众带来了长期影响，这是我国积极建立自然灾害心理援助机制的现实基础。如何通过自然灾害心理援助制度的建立和完善，来实现灾害应急期社会民众心理健康的救助和恢复期社会民众心理健康的调适，以及发展期社会民众对于自然灾害的避险和适应，这都是在即期和长期能够实现自然灾害对于社会民众损害最小化的最佳路径。灾后心理援助虽然是专业的服务，但它是整个灾后救援、恢复、重建工作的重要部分，因此要配合其他援救工作同步展开。建立政府主导、统一组织的执行机构，是我国科学有序开展灾后心理援助的必要条件。地方政府在灾害救援中处于不可动摇的主导地位。在自然灾害发生时，政府部门迅速做出反应，在组织救援的同时，还要协调管理各个不同部门、不同组织、不同方面的工作，组织协调包括心理援助在内的各种灾害救助工作，与其他救援力量合作，通过统一的指挥、协调管理，规范灾后心理援助的工作。

地方党委政府需要结合社会心理服务体系建设的工作，成立专门的机构统筹管理心理援助工作，健全责任体系，明确开展心理援助的工作主体、实施主体和责任主体，充分发挥各级党委政府的主导作用，积极采取各项措施推进心理援助。在参与自然灾害灾后心理援助的多元主体中，能够提供技术支持和实际参与的主体主要是事业单位、专业机构与社会组织，它们应该能够在政府专门机构的主导下，共同协作，实现资源的有效配置，做到迅速、高效的实施救援，使受灾者的心理创伤得到及时有效的干预和治疗，最大限度地减少自然灾害造成的心理危机，帮助受灾者进行灾后心理重建。

借鉴 2020 年新冠肺炎疫情防控心理援助的工作模式，可以构建由政府主导、事业单位和专业机构支持、企业和社会组织参与的心理援助机制。灾后心理援助工作要由地方政府指挥部统一指挥、协调管理，主要进行需求收集、力量统筹、提供物资支持，并通过与事业单位的协作进行医疗救助与交通通信支持等。作为心理援助专业工作的主要提供者，高校、医院、研究所等事业单位和专业机构搭建心理援助的平台，包括线上工作平台与线下工作基地，主要提供心理援助技术支持和专业技术人员支持。企业和社会组织要充分调动在灾区当地的社会资源，根据政府的统一安排组织心理专业志愿者参与心理援助的工作，提供针对不同人群的心理危机干预和心理援助服务

三 推动公职人员和基层干部心理援助制度化

和普通灾民相比，公职人员和基层干部在灾情面前往往承受着多重压力，除了灾后繁重的工作压力之外，还有舆论压力、职务压力和家庭生活压力。他们每天接收和上报各种各样的灾情信息，承担着各种现场救援、灾后重建和处理社会矛盾的任务，很容易出现替代性创伤，产生应激相关问题，如焦虑、抑郁、恐惧或愤怒、内疚等情绪，也有相应的行为失当与生理不良反应等。由于长期在一线工作，会出现情感枯竭、工作无效、人际关系及人情淡漠等职业倦怠的情况。在心理上，呈现个人疑病、强迫、焦虑或抑郁等症状化的问题，去世的亲人、相似的症状等引发了原本隐藏的心理问题。甚至有的公职人员和基层干部会表现出躯体化症状，如失眠、过度兴奋、厌食或暴饮暴食等。

灾区的公职人员和基层干部是国家治理的基层工作者，是连接灾区群

众的重要桥梁，是灾区群众的精神依托。他们的心理与行为健康不仅关系到他们个人及家庭的安全与健康，还关系到他们所治理的辖区内成千上万人的安全与利益。他们饱满的精神面貌和良好的工作能力，将会给灾区群众传达积极向上的信号，有利于群众树立重建家园的信心和生活的希望，有利于灾后重建工作的顺利开展。灾区公职人员和基层干部的心理援助和心理健康工作不仅仅是卫生部门的工作，而且是一项涉及面很广的综合工程，需要一个统一的强有力的组织领导机构来协调，各部门才能各尽其能、共享资源、通力合作。因此，地方党委政府应针对公职人员和基层干部的心理援助作出制度性安排，由上述专门的心理援助机构制定灾后公职人员和基层干部心理援助政策和方案，健全完善心理服务网络体系，在灾后及时协调专业力量给予一线公职人员和党员干部必要的心理危机干预。通过建立完善的干部思想状况定期分析排查制度、分级谈话谈心制度、党员干部"一对一"沟通交流互助制度、领导干部挂点包员制度、休假调养或交流轮岗制度，制定领导对口联系、走访慰问、住院探望等一系列制度，把人文关怀作为根本出发点，对干部思想上关心、政治上关注、生活上关爱，使干部有归属感和荣誉感，增添干部干事创业的活力，营造和谐共事的良好氛围，为基层干部提供保障心理健康必需的社会支持系统和长效心理援助机制。

灾后心理援助是一个长期性、持续性和专业性的工作。在灾后心理重建期，建议各级党委组织部门同时开展基层干部心理健康促进工作，通过各级党校行政学院整合当地的专业师资力量，将灾后心理援助的课程纳入党员干部培训体系中，构建集理论教授、实训课程、团体辅导、现场教学于一体的立体培训课程，通过综合性的系统培训，提升基层干部应对突发事件和心理危机干预的能力。

四 重视对心理受创的教育工作者开展心理援助培训

地震发生后，灾区广大教师和教育工作者以高度的社会责任感，坚守岗位，积极投身抢险救灾和过渡安置工作，为确保学校安全复课和尽快让孩子们走出心理阴影作出了不懈的努力。然而，经历了抢险救灾、复学复课繁重工作的灾区教师和校长们也已身心俱疲，对灾区广大教育工作者进行科学有效的灾后心理援助显得非常必要。"5·12"汶川特大地震及国内外大量研究和实践证明，重大灾害性事件由于具有突发性和紧急性，会造成人的心理失衡，产生心理危机。尤其是有亲人、学生伤亡的情况下，如果得不到及时的心理干预与疏导，必将会对以后的学习和生活带来重大的影响，进而给社会带来不良影响。心理工作者除了要注重教师由于灾难造成的心理压力外，还要关注他们在安置及重建过程中可能产生的心理问题，防止在这个过程中造成二度伤害。因此，通过康复培训计划的实施，促进灾区中小学教师掌握心理康复教育的知识和方法，提高他们自身心理康复能力及帮助学生康复的能力，是促进灾区学校心理康复和心理健康教育工作持续、有效开展的重要措施。

五　健全良性长效的心理援助与心理重建机制

众多研究结果表明，灾难心理创伤可以持续数年，甚至少数个体终生迁延不愈，所以持续的灾后心理援助服务，必须建立一种良好的长期运行机制。[①] 心理援助和心理重建的良性长效机制是指能长期保证心理援助制度正常运行并发挥预期功能的制度体系，它具有规范性、稳定性和长期性特点。构建该机制的目标是把心理援助纳入突发事件应急管理的整体工作，组织属地专业技术力量，借助各类机构组成的心理危机干预网络，积极预防、及时控制和缓解突发事件后的心理危机，促进突发事件后的心理重建，为政府有效处理突发事件提供决策依据。地方党委政府需要依托"健康中国""平安中国""社会心理服务体系建设"的政策框架和体系，将心理援助建设纳入灾后重建整体规划，拨付专项经费，制订政策性、常规化、覆盖面广的心理援助计划。

在灾区学校重建、社区重建、公共设施重建的规划中，设置学校心理辅导室、社区心灵驿站、心理服务中心，配备专职的心理辅导员，建立心理辅导员考评体系。努力构建覆盖整个灾区的心理援助网络体系，比如心理辅导热线、自杀预防热线、心理援助网站、1＋1 或 1＋n 社会支持网络等。吸纳规范的外来心理援助专业力量，建立心理援助联盟，充分发挥外来心理援助机构的作用。

灾害心理援助工作需要建立长效的宣传教育机制，加强社会支持系统的建设，帮助人们增强对自然灾害造成的心理伤害的抵抗能力，宣传心理

---

① 刘正奎、吴坎坎、张侃：《我国重大自然灾害后心理援助的探索与挑战》，《中国软科学》 2011 年第 5 期。

危机干预的基础知识，在灾害发生时能够及时地相互帮助、相互扶持，在有效的时间里进行心理干预。这个长效机制对灾害的心理援助是一个长期的过程，包括灾害的预防期、应急期和恢复期等时间过程，体现了灾害心理援助长期性工作的必要性。灾后 3 ~ 5 年内是各种灾后应激障碍的高发期，也是培养当地心理援助力量的关键期。地方政府需要建立心理援助专业队伍培养机制，为当地培养一支既能服务于日常心理健康工作，又能在危机状态下开展心理援助的专业队伍。

在政府已经承担大部分灾区重建工作的情况下，需要鼓励事业部门和民间组织通过积极动员事业力量和社会力量，与政府共同建立起长期有效的多元主体心理援助机制，长期对灾民的心理健康状况进行有效的评估，同时开展援助工作，将出现严重创伤后应激障碍的灾民转介到专业机构进行长期的治疗。通过长期心理援助机制的有效建立，可以最大限度地促进社会力量和事业性力量投入，减轻政府单方面财政负担的同时，更好地达成灾后心理援助的目标。心理重建是灾后发展阶段的工作重点，这一部分的工作可以主要由社会组织负责完成，包括心理健康活动的宣传、社会教育团体辅导、学校咨询宣传活动、个别人员心理咨询等，还包括在专业的心理疾病治疗机构或医院进行个别造成创伤性应激障碍人员的心理治疗。政府部门的工作主要集中在物资支持和信息联络方面，包括灾后重建、全面恢复生产生活等，致力于为心理援助工作提供客观条件的支持。

后 记

2019 年 6 月 17 日 22 时 55 分，四川省长宁县（北纬 28.34 度，东经 104.90 度）发生 6.0 级地震。此次地震是新中国成立以来宜宾市遭受的震级最高、烈度最强的地震灾害。地震对当地文旅产业、地质环境和自然资源等造成了不同程度损害。地震发生后，四川、重庆、云南、贵州多地有明显震感。震中人员伤亡、财产损失较大，社会关注度非常高。特别是余震频发且震级时有起伏，社会关注度较高。灾害发生后，在党中央、国务院的关怀和省委、省政府的领导下，宜宾市委、市政府团结带领全市干部群众，圆满完成抗震救灾和灾后恢复重建各项工作。截至 2021 年 1 月，提前半年实现"两年全面完成恢复重建"目标。"6·17"长宁地震是当地应急管理体制改革后应对处置的首个重大自然灾害，地方灾害风险治理体系和治理能力经受了一次磨合期的全面考验与检验，具有体制及范式转换背景下典型案例研究剖析价值。

为及时总结和提炼经验和教训，进一步完善地方灾害治理体系，提高治理能力，"6·17"长宁地震发生后，中共中央党校（国家行政学院）应急管理培训中心（中欧应急管理学院）随即将其列入"国家应急管理案例库"重点开发的综合性案例，组建专门的研究团队，开展及时跟踪研究。案例研究课题负责人钟雯彬作为中组部、团中央第 18 批赴川博士团团长，当时正挂职宜宾市副市长，在地震发生后担任四川省"6·17"抗震救灾应急救援省市联合指挥部副指挥长和救灾物资资金管理组组长，并牵头灾区学校学生疏散安置与灾后复课、恢复重建，参与了综合协调、信息发布、灾后恢复重建、舆情引导等工作。在参与并亲历应急处置与灾后恢复重建全过程中，收集了大量第一手宝贵资料，与各级各部门以及灾区干部群众进行了深入交流、访谈，及时整理出翔实的抗震救灾大事记。中共中央党校（国家行政学院）在震后半个月（2019 年 7 月初）即组织了应急管理、法学、经济学、政治学等跨学科专家组赴宜宾市，通过召开座谈会、深入现场、灾民访谈、走访安置点等方式，围绕抗震救灾和灾后重建工作进行了长达一周的蹲点跨学科深入调研。这也是中共中央党校（国家行政学院）针对典型案例首次开展的跨学科蹲点调研，在全方位了解基层情况的基础上，发挥专家智囊作用，助力宜宾抗震救灾与灾后恢复重建。其后，案例研究团队围绕抗震救灾和恢复重建全过程，以及地方应急管理体制机制改革、应急响应、转移安置、舆论引导、恢复重建、心理援助与心理重建等专题，于灾后一个月、三个月、半年、一年后分批数次赴宜宾市以及长宁县、珙县开展进一步的现场调研、入户访谈、资料收集，与当地干部群众召开座谈会，并与市、县、乡、村以及有关部门的负责人开展深入研讨，收集梳理了大量充足翔实的开发资料。研究团队还参与了2019年8月13日至15日宜宾市委党校承担的"宜宾市地震灾后重建和应急处置专题培训班"的需求调研、课程设计、课程讲授与教学管理，与授课老师、参训学员进行了深入研讨，奠定了研究基础。这些在不同阶段花费大量精力收集到的翔实资料、数据，经系统汇总梳理，时隔两年多，依然具有相当大的价值。不仅可以相互补充，从不同阶段和不同视角全方位呈现地方灾害治理的完整面貌，也为我国应急管理干部教育培训和科研咨询工作提供了鲜活生动的素材与研究样本，为案例教学、演练式教学储备了丰富的资源。

本书通过深入调查研究，还原、复盘了四川宜宾"6·17"长宁地震抗震救灾与灾后恢复重建的全过程，对所涉及的重点处置环节与关键问题进行分析，提炼出具有地方特色与时代特征的有效做法和工作模式，并对体制转型脆弱期的治理体系短板与治理能力不足进行客观分析与反思，提出进一步提高基层防范与应对重大自然灾害能力的方向和途径。

本书是国家应急管理案例库2020年度资助开发的重点案例研究成果。研究团队成员主要来自中共中央党校（国家行政学院）应急管理培训中心（中欧应急管理学院）、中共四川省委党校（四川行政学院）。案例研究课题负责人为中共中央党校（国家行政学院）应急管理培训中心的钟雯彬。各章具体分工如下：前言、总报告、后记，钟雯彬；地方应急体制改革与深化，李明；震后应急响应研究，游志斌；基于特殊县情的受灾人员转移安置，陈旭；地震舆论引导工作研究，王彩平；地方为主的灾后恢复重建，张滨熠；灾后心理援助与心理重建，张力文。全书统稿，钟雯彬。孙娣、刘萌远协助开展案例研究相关工作。在案例调研与访谈过程中，我们得到了宜宾市委、市政府以及相关方面的大力支持和帮助。宜宾市委、市政府主要领导、分管领导对案例开发研究给予了有力支持；时任宜宾市"6·17"长宁地震灾后重建办公室副主任朱莉、应急局副局长聂太明多次参与调研、研讨，提供大量资料文献，进行协调工作，并对全书有关数据与信息多次核实把关；四川省应急厅等省级部门、宜宾市级有关部门以及长宁县、珙县县委和县政府等均给予了支持与配合；宜宾市委党校、宜宾市应急局承担了本案例开发的项目管理工作，付出了辛勤劳动，在此一并表示衷心感谢。

《中华人民共和国国民经济和社会发展第十四个五年规划和 2035 年远景目标纲要》围绕把握新发展阶段、贯彻新发展理念、构建新发展格局的核心要义，统筹发展和安全，从坚持总体国家安全观、建设更高水平的平安中国的战略高度，对应急管理事业发展作出了重大部署。重视程度之高、篇幅字数之多、部署任务之实，前所未有。地方灾害治理工作机遇与挑战并存。针对近年来我国灾害治理工作中出现的短板和不足，2022 年 2 月印发的《"十四五"国家应急体系规划》提出了强化体制机制建设，强化灾害风险防控，强化重大工程建设，强化应急能力建设，强化基层能力建设等补短板、强基础的任务举措。希望本案例的研究能够切实为地方灾害治理体系与治理能力现代化建设提供有益的参考与借鉴。由于笔者能力与水平有限，书中难免存在疏漏甚至错误之处，希望读者批评指正。

笔者

2022 年 2 月

图书在版编目（CIP）数据

地方灾害治理研究：以四川长宁"6·17"6.0级地震为例 / 钟雯彬等著 . -- 北京：社会科学文献出版社，2022.3

（应急管理系列丛书 . 案例研究）

ISBN 978 - 7 - 5201 - 9713 - 7

Ⅰ.①地… Ⅱ.①钟… Ⅲ.①地震 - 灾害管理 - 风险管理 - 研究 - 长宁县 Ⅳ.①P315.9 ②D632.5

中国版本图书馆 CIP 数据核字（2022）第 020935 号

应急管理系列丛书·案例研究

地方灾害治理研究
——以四川长宁"6·17"6.0级地震为例

著　　者 / 钟雯彬 等

出 版 人 / 王利民
责任编辑 / 岳梦夏
责任印制 / 王京美

出　　版 / 社会科学文献出版社·政法传媒分社（010）59367156
　　　　　地址：北京市北三环中路甲 29 号院华龙大厦　邮编：100029
　　　　　网址：www.ssap.com.cn
发　　行 / 社会科学文献出版社（010）59367028
印　　装 / 唐山玺诚印务有限公司

规　　格 / 开　本：787mm × 1092mm　1/16
　　　　　印　张：19.25　字　数：321 千字
版　　次 / 2022 年 3 月第 1 版　2022 年 3 月第 1 次印刷
书　　号 / ISBN 978 - 7 - 5201 - 9713 - 7
定　　价 / 118.00 元

读者服务电话：4008918866